실리콘 디코디드

Silicon decoded

이 대 실

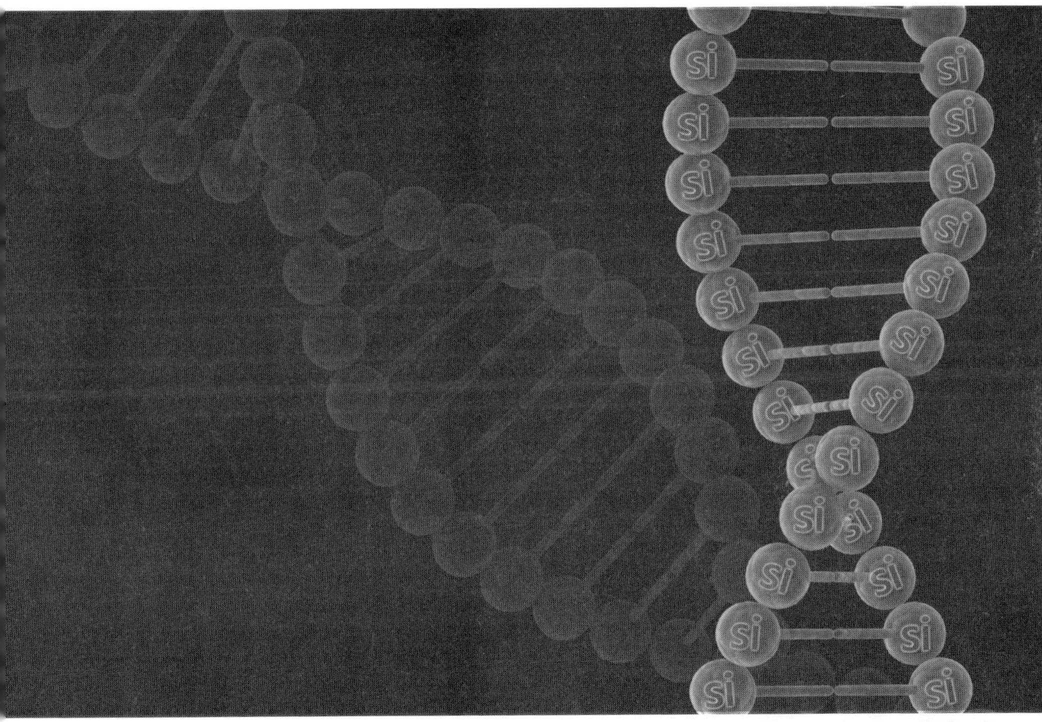

한림원출판사

등/장/인/물/

1. 김도이 박사 : SAMi사 생화학연구실 실장
2. 방소연 연구원 : 생화학연구실의 미생물배양담당, 이다도 박사의 연인
3. 이서희 박사 : 생화학연구실 연구원, 유전공학실험담당
4. 서창수 박사 : 생화학연구실 연구원, 효소정제와 효소반응 담당
5. 장미리 박사 : NMR분석실 연구원
6. 김소라 박사 : DNA분석실 연구원
7. 서두일 박사 : 전기물성분석실 실장
8. 박 훈 박사 : 생산공정연구실
9. 박서영 박사 : 시제품제작실장
10. 김춘추 박사 : SAMi사 연구소 소장, 구천덕 부장의 직속상관
11. 구천덕 박사 : SAMi사 바이오소재연구부 부장, 김도이 박사의 직속 상관
12. 김수덕 박사 : 김도이 박사 아버지, 극한미생물 전문가
13. 박서우 박사 : Sub-P 연구소장, 김도이 박사 할아버지의 친구
14. 박수지 박사 : Sub-P 제약회사 연구원, 암석미생물 유래 천연물 추출과 신약개발, 김도이와 연인관계로 발전
15. 나우근 박사 : ISO사 연구소장
16. 김준수 부장 : ISO사 기획실 부장
17. 이다도 박사 : ISO사의 전자개발소재팀장, 방소연의 남자친구
18. 이서구 연구원 : 이다도 박사 실험실 연구원
19. 손서보 장관 : 비상재해대책위원회 위원장 및 환경부 장관

목/차/

1. 규소란?

1

규소란?

규소(硅素, silicon)는 지구 지각에 가장 많은 원소다. 원소주기율표 4족에는 탄소(carbon, 원자번호 : 6)와 규소(silicon, 원자번호 : 14), 게르마늄(germanium, 원자번호 : 32), 주석(tin, 원자번호 : 50) 그리고 납(lead, 원소번호 : 82)이 있는데, 이 중 규소가 가장 많다. 규소는 대부분 안정한 규사(모래, SiO_2) 형태로 존재하는데 흙과 암석의 주성분이다. 규사가 가장 많이 활용되는 생활용품에는 유리와 도자기를 들 수 있고, 각종 석재와 시멘트와 같은 건축소재와 생활소재에서 널리 이용된다.

또한 현대생활에서 빼놓을 수 없는 카메라와 현미경, 망원경, 휴대폰에 쓰이는 광학렌즈도 규사와 금속염의 혼합체로 만들어진다. 순수 규사(SiO_2)로 이루어진 석영(quartz)은 과학자들을 완전히 매료시켰다. 단일결정체 석영은 높은 열에도 안정하면서도 수축이 거의 없고 다이아몬드만큼 단단하여 천체망원경 렌즈로 사용되어 우주의 밤하늘을 들여다 볼 수 있게 하였다. 그리고 석영기구는 적외선 그리고 자외선도 완벽하게 투과시키기 때문에 광합성연구자의 애장품이기도 하다. 화학자들의 석영사랑은 여기에 머무르지 않는다. 분석화학자들은 고가의 석영증류장치를 이용하여 고도로 순수한 물을 만들어 실험에 사용하곤 한다. 일반 유리증류장치에 흘러나오는 극미량의 금속염이온이 정교한 분석실험에 방해되기 때문이다.

규소원소의 활용은 여기에서 끝나지 않는다. 정보통신산업에서 가장 핵심요소인 반도체가 규소원소로부터 만들어지는 것은 누구나 다 안다. 초순도의 규소 원소는 비금속과 금속의 특성을 모두 갖는 준금속으로 반도체소재로 가장 적합한 전기화학적 물성을 가지고 있기 때문이다. 이제 규소는 전자산업뿐 아니라 우리 생활에 없어서 안 될 가장 소중한 자원이 되었다.

모든 과학자들은 규소원소의 특성을 알아보기 위해서 맨 먼저 하는 일이 규소원소와 탄소원소와의 비교다. 탄소와 규소는 원소주기율표 상에서 같은 4족에 속해 있어서 화학적 물성이 비슷하고 상호보완적인 관계를 갖고 있기 때문이다. 우선 지구생물의 기반인 탄소원소를 보자. 탄소는 다양한 생체구성물을 만들 수 있는 화학적 성질을 갖고 있고, 에너지의 저장과 전환을 가능하는 물성을 가지고 있다. 탄소가 없었다면 생명체도 없고 지구표면의 에너지순환체계도 없었을 것이다. 여기에서 지구생물이 흙과 모래로 구성된 규소환경에서 잘 적응하여 살아가고 있는데 주목할 필요가 있다. 규사(SiO_2)가 탄소생체분자와 보완적이면서 반응성이 낮아서 지구생물에게 해를 끼치지 않는다는 말이다. 과학자들은 생명체에서 탄소원소를 대체할 다른 원소를 찾는다면 규소원소뿐이라고 서슴없이 말한다. 화학적인 성질이 유사하기 때문이다. 우리 몸의 뼈와 머리카락, 관절에는 규소원소가 0.0058% 존재하는데, 이는 혈액에 있는 철분(0.00067%)보다 약 9배나 많다. 분명히 규소원소는 생체에서 필수적인 기능을 담당하고 있지만, 그 규소생체분자의 생합성과 구조-기능에 대해서는 아직 미궁으로 남아있다.

여기에다 규소만의 특별한 화학적 특성도 있다. 규소화합물들은 탄소화합물과 달리 온도에 매우 안정하여 극한환경이나 외계환경에서도 잘 견딜 수 있다. 외계생물이 있다면 탄소원소 대신 규소원소로 대체되었을 지도 모른다고 추정하는 근거다. 규소가 안정하면서도 탄소처럼 다양한 형태의 규소화합물로의 변신이 가능하기 때문이다. 결국 규소도 탄소와 같이 생명의 원소인 셈이다. 흥미롭게도 우리 주변에서는 아직도 규소-탄소기반 생명체의 흔적을 쉽게 찾을 수 있다. 벼와 대나무, 속새풀 등과 같은 식물체에서 규소를 발견할 수 있고, 또 동물의 뼈와 깃털, 발톱, 해면 등에도 규소가 있다.

혹시 누가 아는가? 이미 우리 주위 어느 구석에서 규소기반 생명체가 조용히 살고 있는지. 아니 규소기반 외계생명체가 땅속 깊은 곳에서 동면하면서 새로운 서식환경을 기다리며 또 기다리고 있는지.

2. 아득히 먼 옛날

2

아득히 먼 옛날

아득히 먼 옛날 태양계 내부에선 수많은 유성과 소행성들이 떠돌고 있었다. 그때 서로 부딪치고 뭉치면서 하나의 별이 생성되기 시작하였다. 그리고 자체 중력으로 더 많은 유성들을 끌어당기면서 큰 행성으로 발전하였다. 바로 지구의 탄생이었다. 우주의 공간에서 한없이 떠돌다가 만난 떠돌이별들의 집합소였다. 날아온 작은 별들은 각기 다른 원소들과 분자들을 가지고 있었다. 지구는 우주의 축소판이라 하여도 과언이 아니었다. 그리고 계속 날아오는 유성들의 충돌로 지구표면은 온전한 곳이 없었으며, 그 중에는 외계생명체를 담고 있는 유성들도 있었다. 우주의 메시지를 담은 생명의 씨앗이었다. 규소-탄소기반 생명체였다. 화학적으로 안정한 규소화합물로 세포들을 감싸고 있어서 수만 수억 년이라는 기나긴 시간 동안 우주공간을 날아오면서도 자신의 몸체를 안전하게 지킬 수 있었다.

시간이 지나면서 지구표면은 서서히 안정을 찾아갔다. 유성의 충돌도 잦아들었고, 지구 내부구성물들이 서서히 자리를 잡아가면서 지진과 화산의 발생빈도도 줄어들었다. 또 대기권의 온도가 내려가면서 지구공전과 자전에 따른 독특한 환경과 기후의 주기성을 갖게 되었다. 그때 유성에 실려 지구환경에 들어온 생명체들이 꿈틀거리기 시작하였다. 뜨거운 대기권에는 아직도 탄산가스와 유황가스, 질산가스 등으로 가득 차있었지만, 규소-탄소기반 생명체들은 생명의 엔진을 서서히 가동하기 시작하였다. 초기 지구환경은 현존하는 탄소기반 생물들이 거의 생존이 불가능하였지만, 규소생체분자로 무장한 규소-탄소기반 생명체들은 초기 지구환경을 여유롭게 헤쳐갈 수 있었다. 당시 극한환경을 이겨낸 규소-탄소기반 생물들은 본능적인 생체방어기능을 발휘하면서 자체의 몸체를 최대로 키웠다. 거대식물들은 규소뿐 만아니라 유황과 탄소, 질소성분까지 취하여 안전을 도모하였고, 공룡과 그 시대의 동물들도 마찬가지였다. 특히 공룡은 규소로 보강된 강한 뼈를 갖고 있었기 때문에 거대한 몸체를 지탱할 수 있었고, 또 생존하여 번성할 수 있었다. 하지만 거대몸체가 환경적응에 유리한 것만은 아니었다.

지구표면에서 기이한 현상이 일어났다. 규소를 활용하는 규조류가 등장하였고, 이어서 광합성미생물(cyanobacteria)과 녹조류가 크게 번성하면서 지구표면과 대기권을 서서히 바꾸기 시작하였다. 탄소동화작용을 통해 탄산가스를 취해 산소로 바꾸어 내뿜었고, 산성의 유황가스와 질산가스, 탄산가스를 중성의 금속염으로 전환시켰다. 지구차원의 대이변이었다. 그 결과 지구표면에는 깨끗한 물과 산소로 채워지기 시작하였고 중성의 쾌적한 대기권으로 바뀌었다. 물과 산소 그리고 질소로 채워진 지구환경에서는 규소-탄소기반 생명체들에게는 적합한 서식조건이 아니었다. 아니 규소 원소가 없어도 살아갈 수 있는 지구환경이 조성되었고, 또 유황화합물에서 에너지를 얻는 대신 광합성에서 얻어진 탄수화물에서 에너지를 얻어 살아갈 수 있었다. 무겁고 에너지가 많이 소요되는 규소생체분자가 오히려 거추장스러운 생체구성물로 바뀌고 말았다. 새로운 지구서식환경에서 규소-탄소기반 생명체는 서서히 규소를 떨구어내고 탄소기반 생명체로 변신하기 시작하였다. 그 결과 몸짓이 크고 거동이 느린 고생물들은 새로운 지구환경에 적응을 못하여 하나씩 멸종되어갔다. 공룡도 그 중 하나였다. 결국 긴 진화과정을 거치면서 규소-탄소기반 생명체들은 거의 사라졌고, 탄소기반 생명체들이 지구의 주인으로 등장하였다. 그 당시 생물의 흔적이 화석이나 석유형태로 남아 있을 뿐이다. 재미있게도 석유 속에 남아

있는 많은 유황성분도 그 시대를 대변해주고 있다.

그러한 지구적 환경변화과정에서 규소-탄소기반 생물 중 일부는 생존을 위해 처절하게 변신을 꾀해야했다. 그 변신을 통해 새로운 지구환경에 적응했다면 생존할 수 있었지만 그렇지 않으면 멸종할 수밖에 없었다. 다시 말해 규소-탄소기반 몸체를 털어버리고 탄소기반 생명체로 변신하여 생존의 길을 찾았다. 또 다른 적응방법으로 지구에 남아있는 극한환경지역을 찾아 나서야했다. 초기 지구환경과 가장 유사한 곳이었기 때문이었다. 바로 지구의 끝이라고 할 수 있는 화산온천이나 심해화산 분출구가 바로 그곳이었다. 지금도 유황화합물을 먹이로 활용하던 생명체들은 유황화산지역이나 깊은 바다 속 화산지역에서 명맥을 유지하고 있는 것을 볼 수 있다. 특히 호열성 미생물과 고세균(archaea extremothermophile)들이 그 부류였다. 또 다른 생존방법은 탄소기반 생명체 속으로 들어가 공생관계를 유지하면서 그 명맥을 유지하는 길이었다. 공생체로의 변신이었다. 마치 미토콘드리아(mitochondria)가 고등생물 세포 속에 들어가 생체에너지의 공급을 담당하며 살아남은 것과 같았다. 바로 공생관계를 유지하는 공생체로의 변신이었다. 그러한 공생체 중에는 지각변동으로 지하암반 속에 갇히면서 기나긴 동면에 처한 경우도 있었다. 그 공생체들은 또 다시 탄산가스와 유황가스가 진동하는 세상이 돌아오길 기다리고 또 기다렸다. 지구지각 깊숙이 묻혀 있던 암석미생물들도 그러했다. 아니 규소기반 외계미생물이 우리를 기다리고 또 기다리고 있었다.

3. 심해화산 호열균 채취

3

심해화산 호열균 채취

SAMi사는 세계 굴지의 전자회사로 차세대 반도체소재의 개발에 몰두하고 있었다. 연구기획팀은 세계기업들의 연구동향은 물론 학계, 언론매체, 학술지, 특허정보를 수집하였고, 더 나아가 국제학술대회에도 전문가를 파견하여 최신연구동향까지 청취하였다. 이를 토대로 SAMi사는 차세대 반도체소재로는 반전도성 음전하-규소고분자라고 결론을 내리고 개발에 착수하였다. 일차로 용해성 규소고분자에다 전도성을 높이는 작업이었다. 음전하를 균일하게 도입하여 전자이동속도를 높이는 작업이었다. 용해성 규소고분자에 음전하를 가진 황산기(sulfate group)를 부착시키는 일을 1차 목표로 설정하고, 그 황산기를 효과적이고 규칙적으로 부착시킬 수 있는 수단을 찾아야 했다. 바로 황산화효소(sulfation enzyme)였다. 그 황산화효소를 갖고 있는 대상으로 심해화산의 분출구에서 서식하는 호열균을 일차로 선정하였다. 심해화산 호열균들은 황산금속염(metal sulfates)을 에너지 생성뿐 만아니라 생합성에도 활용하기 때문에 황산화효소를 갖고 있다고 판단하였다. 이를 위해 SAMi사 연구소는 생화학연구실장 김도이 박사를 남태평양의 깊은 바다 속에 보내어 호열균을 채집케 하였다. 심해화산의 분출구에서 서식하는 호열균들을 잡아오는 일이었다.

이뿐 만이 아니었다. 이들은 기능성 음전하-규소고분자를 생합성하는 미생물을 찾아 깊은 땅 속까지 뒤지고 있었다. 분자반도체(molecular semiconductor)를 개발하기 위해서는 정교한 규소고분자의 합성과 가공기술이 무엇보다도 시급하고 절실하기 때문이었다. 그간 사용한 나노기술(nanotechnology)이 한계에 봉착하였기에 분자수준의 가공능력을 찾고 있었다. 이러한 정교한 가공기술은 생명체만이 가지고 있었기 때문이었다. 그래서 차세대 분지반도체소재의 가공기술을 확보하기 위해서라면 심해화산은 물론이고 지옥의 불구덩이라도 서슴없이 들어가야 할 상황이었다.

김도이 박사는 심해 탐사선에 탑승하였다. 처음 타보는 심해 탐사선이라서 흥분과 긴장이 교차되었다. 탐사선이 서서히 깊은 바다 속으로 들어가면서 암흑천지 속으로 빨려 들어가는 느낌이었다. 온 몸에서는 땀이 베어나오고 바짝 움츠린채 화면만 뚫어지게 쳐다보았다. 숨을 거의 멈춘 상태로 조금 씩 암흑세계에 적응하면서 탐사선 외부에 부착된 카메라를 통해 캄캄한 바다 속을 여기저기 응시하였다. 수심 1,100m 쯤에 도달하였을 때 괴상한 해저생물들이 나타나기 시작하였다. 모양이 제각각인 해저생물들은 높은 수압에서도 물속을 자유로이 유영하고 있었고, 불빛이 전혀 없었지만 그들만의 암흑세상을 만끽하고 있는 듯하였다. 그 중에는 번쩍거리는 형광불빛을 자체 발광하면서 제 짝이나 먹이를 찾아가는 희귀한 해저생물들도 있었다. 탐조등의 강한 불빛을 비추어도 아무런 반응을 하지 않았다. 어두운 바다 속에서 오랜 동안 살면서 눈이 퇴화된 해저생물이었기 때문이었다. 낮은 해수온도와 수백 기압의 수압에서도 살아가는 다양한 해저생물들의 생존력이 궁금했다. 이 극한생물들은 무엇을 먹고, 어떻게 번식하는지 놀라울 뿐이었다. 심해환경은 지구가 아닌 또 다른 별이라는 생각을 하였다.

수심 2,000m에 도달하였을 때 탐사선 계기판에 부착된 수압계가 200기압을 나타내면서 노란 수압경고등이 깜박거리기 시작하였다. 지금보다 20% 더 수압이 증가되면 위험하다는 1차 경고신호였다. 선장은 해저화산의 위치를 모니터에서 확인하고 잠수정을 서서히 화산분출구를 향해 운전해 갔다. 바로 그때 외부온도가 5도에서 35도로 갑자기 상승하면서 수온경고등이 깜빡이기 시작하였다.

김도이 박사는 눈을 크게 뜨고 약간 몸을 움츠리면서 선장의 얼굴을 쳐다보면서 "선장님. 온도가 갑자기…."

선장은 웃으면서 "허허. 괜찮아요. 화산분출구에 근접했다는 신호죠."

선장은 좌우상단에 부착된 강한 탐조등을 켜고 화산 분출구를 찾아 조심스럽게 접근하였다. 화면에 나타난 화산분출구는 굴뚝과 같은 형태로 회색분출물을 계속적으로 뿜어내고 있었다. 이상하게도 분출구 주변에는 한 번도 본 일이 없는 붉은색 게들과 새우들이 모여 있었는데, 조명불빛을 받아도 움직이지 않고 그대로 있었다. 불빛을 감지하는 기관이 퇴화되었기 때문이었다. 또 분출구의 둘레는 갈색 황토와 같은 덩어리로 감싸여 있었고, 그 갈색덩어리가 바로 심해화산 호열균의 집합체였다.

이때 잠수정 선장이 김도이 박사에게 "심해화산 분출구에 도달했습니다. 이런 곳에도 생명체가 있다는 것이 신기하지요?"

김도이 박사는 혹시 해저화산이 폭발하지나 않을지 우려하는 마음이 교차하였고, 암흑천지인 깊은 바다 밑바닥에서 정적의 공포감으로 아직도 마음을 졸이고 있었다. 그리고 약간 긴장한 모습으로 "놀라운데요. 처음 보는 광경입니다."

김도이 박사는 심해에 서식하는 생물들을 보면서 또 다른 생명의 세계가 펼쳐져 있음을 알았다. 심해화산의 분출기둥에 달라붙어 살아가는 갈색의 호열균들의 환경적응력에 감탄할 뿐이었다. 이 녀석들은 일반 미생물과 달리 유황화합물을 취하여 에너지원으로 활용하는 능력도 가지고 있었다.

'그래. 분명히 이 녀석들은 규소고분자에 황산기를 부착시킬 수 있는 효소를 가지고 있을 거야.'라고 중얼거렸다.

이렇게 척박하고 극한 해저환경에서 생명을 유지하며 살아가는 것 자체만으로도 경이로웠다. 또 분출구 주변에서 살아가는 게와 새우들도 마찬가지였다. 미세조류와 침전한 해양생물의 사체, 그리고 해저화산의 호열균들을 먹이로 취하여 최소 생명을 유지하는 심해바닥의 청소부이기도 하였다. 암흑의 깊은 바다 속에서는 마치 외계생명체의 세상인지 의심할 정도로 전혀 다른 생태계가 조성되어 있었다.

그때 김도이 박사는 마음을 진정시키고 차분히 선장에게 "잠수정을 분출기둥 옆으로 옮겨주시고, 로봇 팔로 갈색과 검붉은 덩어리들을 채취해 주십시오."

덩치가 큰 선장은 여유롭게 "알았습니다."라고 대답하고, 조심스레 탐사잠수정을 화산 분출기둥으로 접근시켰다. 로봇의 운전대를 조정하여 화산 분출기둥을 향해 로봇 팔을 잠수정 밖으로 내밀었다. 로봇 팔이 분출원통에 부착된 울퉁불퉁한 갈색덩어리와 검붉은 덩어리를 떼어서 잠수정 외부에 있는 시료보관함에 넣기 시작하였다.

세 번째 시료를 채취하고 있을 때 갑자기 화산분출기둥에서 회색구름과 같은 강한 분출물이 솟구쳐 올랐다. 잠수정이 흔들리면서 경고음이 "뚜-뚜-"하고 울렸다. 외부온도 계기판은 120도를 나타내었고, 빨간색 경고등이 빠르게 깜박였다. 김도이 박사는 당황하여 선장의 얼굴을 쳐다보았으나, 선장은 침착하게 시료 채취를 마저 마치고 잠수정을 서서히 뒤로 이동시켰다. 그리고 선장은 모선 상황실과 교신하면서 해저화산활동을 보고하였다.

"화산분출이 강해지고 있습니다. 일차 시료는 채취했는데 어떻게 할까요?"

모선의 상황실에서 모니터를 보고 있던 구천덕 바이오소재연구부 부장은 원격 계기판과 모니터를 보면서 "잠수정은 이상 없습니까?"

선장은 아무 일도 아니라는 듯이 퉁명스럽게 "네. 이상 없습니다."

구천덕 부장은 눈을 크게 뜨고 원격모니터를 계속 뚫어지게 보면서 "현재 외부온도가 85도인데 괜찮습니까?"

선장은 "저희가 분출구에서 뒤로 물러나 있어서 괜찮습니다."

구천덕 부장은 김도이 박사에게 "채취한 시료가 충분합니까?"

김도이 박사는 "다소 부족합니다. 두 번 정도 더 시료를 채취했으면 합니다."

구천적 부장은 "알았어요. 그렇다면 30분 정도 더 기다려봅시다."

선장도 "네. 알겠습니다."라고 대답하고 화산의 분출활동을 지켜보고 있었다.

이때 더욱 강력한 화산분출물을 뿜어져 나왔고 그 분출불이 잠수정을 덮으면서 시야를 가리기 시작하였다.

상황실 구천덕 실장은 "무슨 일입니까?"

선장은 차분히 "강한 분출물이 많아서 시야가 확보되지 않습니다. 잠수정을 더 뒤로 대피하여 기다리겠습니다."

20분이 지난 후 화산분출이 서서히 가라앉았다. 선장은 다시 잠수정을 근접시켜 시료를 2번 더 채취하여 시료보관함에 넣고, 마지막으로 게와 새우도 몇 마리 잡아넣었다. 그리고 시료보관함을 탐사선 내부로 안전하게 이동시켰다. 선장은 시료를 충분히 채취했다고 모선 상황실에 보고하고 탐사선 엔진을 가동하기 시작하였다.

구천덕 부장은 만족스러운 표정으로 "잠수정을 올리십시오."라고 전하고, 이어서 상황실 옆에 앉아 있던 방소연 연구원에게 "방소연 씨, 시료를 보관 처리할 준비하세요."

방소연 연구원은 기다렸다는 듯이 “네. 알겠습니다.”라고 대답하고, 갑판에 나와 이동냉장고와 동결처리에 사용할 드라이아이스와 진공펌프를 점검하면서 잠수정이 올라올 때까지 바다 속을 주시하였다. 이윽고 잠수정이 바다표면에 올라왔다. 모선의 기중기가 잠수정 고리에 연결하고 잠수정을 서서히 끌어올렸다. 잠수정이 갑판에 안착하자 구천덕 부장과 방소연 연구원은 달려가 김도이 박사에게 반갑게 인사를 하였다.

“김 박사, 선장님, 수고했어요.”

김도이 박사는 얼굴이 다소 창백했으나 웃으면서 “구 부장님, 짜릿하고 환상적인 해저탐험이었습니다. 이렇게 좋은 기회를 주셔서 감사합니다.”

구천덕 부장은 “무슨 말을…, 나도 상황실에서 조마조마했네.”

김도이 박사가 구천덕 부장을 안심시키면서 “처음이라서 다소 걱정했었는데 조금 지나니까 안정이 되었고, 곧 심해생물이 보이기 시작했습니다. 마치 용궁에 다녀온 기분입니다.”

그 자리에 있던 모든 사람이 웃으면서 긴장된 분위기가 사라졌다.

방소연 연구원이 말을 거들면서 “김 박사님, 바다 용궁 속에서 토끼 간을 들고 오셨나요?”

또 다시 모두 웃으면서 잠수정에 있는 시료박스를 내려놓았다.

방소연 연구원은 “제가 시료를 보관 처리하겠습니다.”라고 대답하고 팔을 걷어붙이면서 채취한 시료박스를 잠수정에서 떼어서 갑판에 내려놓았다. 정해진 실험절차에 따라 안전하게 시료보관함을 꺼내어 질소가스로 채워진 작업 챔버 속으로 집어넣고, 원격으로 시료를 분류하였다. 채취한 시료를 둘로 나누어, 하나는 무균 비닐시료봉투에 넣어 이동냉장고에 저장하고, 다른 시료는 드라이아이스에서 동결시킨 다음 진공상태에서 건조시켜 보관하였다.

김도이 박사는 방소연 연구원과 함께 시료의 처리작업을 마저 마무리하고, 상황실에 들어오니 긴장이 풀리면서 피로감이 엄습하였다. 상황실 책상 옆 의자에 기대어 앉았다. 조금 후 방소연 연구원이 시료처리를 마치고 커피 한잔을 들고 김도이 박사에게 다가왔다.

“김 박사님, 피곤하시지요? 커피를 드시겠어요?”

김도이 박사는 방소연 연구원이 챙겨주는 배려에 미소를 지으면서 커피를 받아들고 “고마워요. 방소연 씨.”

그리고 김도이 박사는 시료채취에 관한 기록을 노트북에 작성하였고, 해저 화산분출구와 해저생물이 담겨있는 사진도 노트북 실험일지에 옮겼다.

방소연 연구원은 평소 실험실에서 김도이 박사의 지시를 받고 미생물 배양실험을 담당하고 있는 연구원이었다. 참하고 발랄한 성품을 가져서 주위에 친구가 많았다. 때론 자기 상사인 김도이 박사를 마음에 두기도 하였다. 좋은 집안에다 성실하고 과묵한 인상이 그녀의 마음을 끌었다. 틈만 나면 김도이 박사에게 친근감을 보였고, 또 지시하는 실험에도 정성을 다했다. 하지만 김도이 박사는 방소연의 접근을 의식하고 일정한 거리를 두었다. 싫은 것이 아니라 주어진 업무가 많았고, 같은 실험실의 연구원과 연결되는 것이 내키지 않아서였다. 김도이 박사는 항상 예의가 바른 상관으로 남아있었고, 때론 실험실 연구원들에게 무뚝뚝한 태도로 일관하였다. 말대답을 해주는 것만으로도 자신의 감사표시를 다 전했다고 생각할 정도였다. 항상 누군가하고 재잘거리고 때론 말을 해야 직성이 풀리는 방소연에게는 김도이 박사가 불편하기도 하고 답답한 사람이었다. 김도이 박사는 상냥한 방소연 보다는 과묵하고 차분한 이서희 박사를 더 편한 동료로 느끼고 있었다. 연구현안에 관한 협의는 항상 이서희 박사하고 먼저 상의하였다. 그녀는 최신 연구문헌과 정보에 밝았고, 차분히 연구에 임하는 자세와 학구적 진지함이 있었기 때문이었다. 꼭 마음이 끌린 것은 아니었지만 이서희 박사의 조용한 성격과 지적인 모습에 더 친근감을 느끼는 편이었다. 그렇다고 직접적으로 속마음을 내색하거나 불필요하게 얘기를 꺼내지 않았고 일정한 거리를 두고 있는 것은 마찬가지였다.

김도이 박사는 업무상 필요하다고 보았기 때문에 방소연 연구원에게도 말을 걸 뿐이었다. 오늘 해저시료의 채취과정에서도 마찬가지였다.

"방소연 씨, 수고가 많아요. 시료 보관은 잘되었습니까?"

방소연 연구원은 방긋 웃으면서 "네. 시료는 둘로 나누어 냉장박스에 넣어 잘 보관했어요."

방소연은 활달하게 대답하였지만 김도이 박사는 사무적으로 "수고했어요."라고 간단히 대답하고 가방 속에 노트북과 관련문헌, 서류를 집어넣고 떠날 준비를 하였다.

구천덕 부장은 헬리콥터 앞자리 기장 옆에 앉았고, 김도이 박사와 방소연은 뒷좌석에 앉아 서로의 안전벨트를 확인해 주었고, 시료박스는 뒷좌석 발밑에 놓았다. 헬리콥터가 시동을 걸면서 프로펠러 회전소리가 귀를 따갑게 두드리자 방소연이 소음방지용 귀마개를 먼저 착용하고 옆자리에 있는 김도이 박사에게 귀마개를 씌워주었다.

방소연은 웃으면서 "피곤하지 않으세요?"

김도이 박사도 방소연을 쳐다보며 "오늘 좋은 경험을 했어요."라고 간단히 대답하고 창밖을 쳐다보았다.

서서히 헬리콥터가 이륙하였다. 탐사선을 뒤에 남기고 푸른 바다를 세차게 날아갔다. 김도이 박사는 긴장감이 풀리면서 헬리콥터의 소음에도 불구하고 어느새 잠들어 있었다. 방소연은 잠자는 김도이의 모습을 물끄러미 쳐다보며 여러 생각에 잠기었다.

4. SAMi연구소

4

SAMi연구소

어느 덧 헬리콥터가 SAMi사 연구소에 도착하여 넓은 잔디밭 옆 헬기장에 내려앉았다. SAMi회사 연구소는 연못을 끼고 아늑한 경관 속에 자리잡은 현대식 유리건물이었다. 구천덕 부장이 먼저 내렸고, 이어서 김도이 박사와 방소연이 시료박스를 들고 헬리콥터에서 따라 내렸다. 모두들 신나는 여행을 했다는 듯이 얼굴에 미소가 가득했고 여유로웠다. 건물에 들어와 보안자동문에 출입증을 대니 출입문이 열렸다. 들어온 후에 보안담당자가 시료박스의 내용물을 별도로 확인하였고, 김도이 박사 일행은 자동검색장치가 설치된 전자 보안문을 통해 들어갔다. 자동검색장치는 출입자가 카메라와 휴대폰 등 소지품을 소지하였는지를 확인하였고, 심지어 몸무게까지 축정하였다. 세계적 전자회사인 SAMi사는 자체 산업정보를 보호하기 위해 출입자의 검색을 엄격히 시행하고 있었다.

실험실에 돌아온 김도이 박사는 시료가 들어있는 박스를 P3실험실의 대형 냉장고에 옮겨 보관하였다. 해저화산에서 채취한 호열균들이 병원성이나 다른 유해성이 알려지지는 않았지만, 새로운 미생물을 최초로 배양하고 특성을 조사할 때는 반듯이 P3실험실이나 P4실험실에서 진행해야하는 실험규정 때문이었다. 김도이 박사는 채취한 호열균이 병원성이 없다고 판단하여 P4실험실보다 P3실험실에서 호열균의 배양실험을 진행하기로 하였다.

P3실험실은 외부환경과 완전히 차단된 실험공간이지만, P4실험실보다는 접근성이나 안전규칙이 다소 완화된 실험실이었다. 내부공기압력은 음압을 유지되어 있어서 P3실험실의 내부공기가 밖으로 나갈 수 없게 설계되었다. 그리고 내부공기와 모든 실험소모품은 태워서 내보내기 때문에 병원균이나 유해물질이 외부로 새어나갈 수 없도록 장치되어있었다. P3실험실에서는 미확인된 미생물이나, 준병원성 바이러스나 병원균의 배양실험이 진행되곤 하였다.

먼저 P3실험실에 들어간 방소연 연구원은 시료박스를 실험대 위에 올려놓고 P3실험실에 부착된 커다란 창문을 통해서 김도이 박사의 지시를 듣고 있었다.

"방소연 씨, 해저 미생물을 키울 배양접시(culture plate)를 만듭시다. 그리고 배양배지에는 중금속이온염과 황산금속염, 규사분말을 각각 5%씩 추가로 보강하고, 배양접시가 겔(gel) 상태를 유지하도록 1% 한천(agarose)도 함께 넣는 것도 잊지 마세요."

방소연 연구원은 한천이 들어 있는 배양액을 배양접시에 부어넣고 기다렸다. 그리고 해저화산 분출구에서 채취한 갈색 덩어리를 조금 떼어서 물과 함께 작은 튜브에 넣고 강하게 보텍싱(votexing)하여 잘 섞은 다음 원심분리하였다. 원심분리가 끝나고 튜브의 상층액 0.1ml를 취하여 배양접시의 표면에 문질러서 접종하였다.

"김 박사님, 배양온도를 몇 도로 할까요."

김도이 박사는 P3실험실 창문을 통해서 "70도로 맞추세요."라고 대답하고 사무실로 돌아갔다.

방소연 연구원은 배양접시의 수분증발을 최소화하기 위해 배양접시의 뚜껑을 이중으로 막은 다음 미생물배양기 속에 넣었다.

방소연 연구원은 실험실에서 미생물의 1차 배양과 확인실험을 배양접시에서 수행하였다. 배양액 안에 한천이 들어있기 때문에 배양접시의 표면은 투명한 겔 상태를 유지하고 있어서 배양액이 흐르지 않았다. 이 배양접시에가 채취해 온 해저미생물을 접종하고 하루 정도 배양기에서 배양시켰다.

하루가 지나니 배양접시의 표면에 여러 종의 미생물이 군집형태(콜로니, colony)로 나타나기 시작하였다. 각 미생물군집에 보여주는 콜로니들의 크기와 색깔이 다름으로서 시각적으로 쉽게 한 종의 미생물을 확인할 수 있었다. 김도이 박사와 방소연 연구원은 이러한 미생물의 배양과 분리, 확인실험을 일상적으로 수행하였다.

김도이 박사는 하얀 실험복으로 갈아입고 이서희 박사와 함께 P3실험실로 향했다. P3실험실은 병원균이나 바이러스, 잠재적 유해미생물을 다루는 공간이기 때문에 출입절차가 다소 까다로웠다. 허가받은 연구원의 ID카드를 접촉하자 입구화면에 안전상황실 안전요원이 나타났다.

"생화학연구실 김도이입니다."

안전요원은 무뚝뚝하게 "확인되었습니다. 안전에 유의하십시오."라고 대답하고 출입문을 열어 주었다. 이서희 박사도 따라 들어갔다.

출입문이 열리면서 바로 에어샤워실로 이어졌다. 옷과 몸에 묻어있는 먼지나 미생물을 제거하기 위한 일종의 검역 장치였다. 김도이 박사와 이서희 박사가 함께 좁은 에어샤워실로 들어가 서로 바라보며 거의 밀착될 정도로 가까이 서있었다. 천장과 바닥 그리고 측면에서 강한 바람이 솟구쳐 나왔다. 옷이 흩날리고 숨을 못 쉴 정도로 센 바람이었다. 이서희 박사는 하얀 가운이 날리면서 가슴 속 하얀 살결이 살짝 들어나자 놀라서 손으로 웃옷을 다시 바로 잡았다. 이 모습을 본 김도이 박사도 멋쩍어서 몸을 움츠리다가 좁은 공간에서 서로의 몸이 부딪쳤다. 평소 이서희 박사는 김도이 박사를 마음에 두고 있던 터라 얼굴이 살짝 상기되었으나 김도이 박사는 덤덤히 서있었다. 에어샤워가 끝나자 문에 부착된 초록 불빛이 켜지면서 문이 자동으로 열렸다. 마스크를 착용하고 P3실험실에 들어갔다.

이미 방소연 연구원이 P3실험실에 들어와 어제 접종한 배양접시에 나타난 콜로니(colony)들을 관찰하고 있었다.

김도이 박사는 방소연 연구원에게 "호열균들의 콜로니가 떴습니까?"

방소연 연구원이 김도이 박사에게 배양접시를 보여주면서 "네. 콜로니가 여러 종류에요."

김도이 박사는 배양접시에 나타난 군집들을 살펴보고 배율이 낮은 현미경에 올려놓고 관찰하면서 콜로니의 모습을 사진으로 남겼다. 배양접시에 나타난 콜로니들의 크기는 다소 달랐지만 주로 황갈색과 주황색 콜로니들이었다. 김도이 박사는 황갈색 콜로니를 S-112로 그리고 주황색 콜로니를 S-210로 명명하였다. 그리고 방소연 연구원에게 "두 콜로니를 하나 씩 따서 다른 삼각플라스크(250ml)에 접종하고 배양합시다."

비슷한 실험을 많이 해본 방소연은 이미 배양준비를 해놓았고, 김도이 박사의 지시대로 배양실험에 바로 들어갔다. 방소연 연구원은 외부미생물이 차단된 클린벤치(clean bench)에서 콜로니를 하나씩 따서 접힘-삼각플라스크 내 배양액에 접종하고, 70도 배양기에 넣었다. 배양 중에 공기가 잘 들어가면서도 배양액의 증발을 억제하는 뚜껑을 씌우고, 접힘-삼각플라스크의 회전속도를 분당 100rpm으로 맞추었다. 김도이 박사는 배양기가 잘 가동되는 것을 확인하고 실험실로 돌아갔다. 이서희 박사는 남아서 호열균의 배양조건과 특징을 방소연 연구원에게 질문하면서 황산화효소의 검증실험에 참조가 될 만한 사항을 알아보고 있었다.

다음 날 김도이 박사는 방소연과 같이 P3실험실에 들어가 어제 접힘-삼각플라스크에서 호열균이 잘 자랐는지 관찰하였다. 70도의 높은 온도에서도 해저화산 호열균들이 생각보다 잘 자라는 것을 확인하였다. 물론 실험용 대장균보다는 증식속도도 느렸지만 다음 실험하기에 충분한 세포의 양을 얻을 수 있었다.

방소연 연구원이 김도이 박사에게 바짝 다가서면서 "황갈색 콜로니(S-112)가 유난히 잘 배양되었습니다. 이제 세포를 수거할까요?"

김도이 박사 팀장은 "좋아요. 세포들을 수거합시다. 그리고 호열균 세포 1g 정도 취해서 이서희 박사에게 넘겨주세요. 검증실험 후에 크로마토그라피 방법으로 효소를 동정할 겁니다."

방소연 연구원은 "알았습니다."라고 대답하고, 원심분리기에 넣을 2개 튜브에 배양액을 넣고 둥근 접시가 대칭으로 두 개 달린 저울로 가져가서 무게를 맞추고 원심분리기에 넣었다. 회전수를 5,000rpm, 그리고 온도를 4도로 설정하여 전원스위치를 올렸다. 30분이 지난 후 원심분리기를 멈추고, 상층액을 버리고 침전물로 남아 있는 배양세포를 수거하였다.

호열균 세포덩어리를 받은 이서희 박사는 호열균 세포막을 강한 진동을 발생시키는 소니캐이터(sonicator)에 넣어 세포막을 파쇄하고, 다시 원심분리하여 상층액 만을 취하였다. 그리고 이 상층액에 들어 있는 효소혼합물과 생체단백질로부터 규소고분자에 황산기(sulfate group, SO_4^{2-})를 부착시키는 효소의 검증실험(bioassay)을 준비하였다. 상층액 0.1ml을 취하여 용해성 합성규소고분자 용액에 넣고 70도에서 4시간 반응을 진행시켰다.

다음 날 반응이 끝난 후 합성규소고분자에 황산기가 얼마나 부착되었는지 검증하는 분석실험으로 이어졌다. 합성규소고분자에 황산기를 부착되어있다면 이 호열균이 황산화효소를 가지고 있다는 말이기 때문이었다. 이러한 분석실험을 거쳐 효소존재도 확인하고, 크로마토그라피에서 분획안에 효소가 들어있는지를 확인하기로 하였다. 이서희 박사는 호열균이 황산철($FeSO_4$)을 잘 이용하면서 증식하였기 때문에 이 황산화효소가 분명히 존재할 것으로 기대하였다.

이서희 박사는 소량의 효소반응시료를 고압크로마토그라피분석기(HPLC)에다 주입하고 황산-규소고분자를 나타내는 피크(peak)가 나타나길 기다리고 있었다. 김도이 박사도 이서희 박사와 함께 모니터화면에 나타난 크로마토그라피 그래프를 지켜보았다. 그때 이서희 박사가 먼저 피크를 확인하고 김도이 박사에게 말을 건넸다.

"김 박사님, 새로운 피크(peak)가 크게 나왔어요. 황산화효소가 있어요." 라고 크로마토그라피의 화면을 가리키며 말하였다.

김도이 박사는 만족스러운 표정으로 이서희 박사에게 "이 호열균 S-112가 황산화효소를 가지고 있네요. 쓸모가 많겠어요."

하지만 그 다음 크로마토그라피의 그래프를 보면서 새로운 규소고분자가 생성되었는지 살펴보았으나 피크가 매우 미약했다.

이서희 박사가 고개를 저으면서 "규소고분자는 거의 생성이 안 되었어요."

김도이 박사는 대답도 안하고 혼자 중얼거리고 있었다.

'이 녀석은 합성을 못하는군….'

이서희 박사는 "그래도 하나는 건졌어요. 선별한 것 중에서 호열균 S-112의 황산화효소가 가장 좋은 활성을 가지고 있어요."

김도이 박사도 이서희 박사의 말에 동의하면서 "그래요. 수고했어요. 이서희 박사."라고 말하고 호열균 S-112에서 황산화효소를 찾은 것을 내심 만족하였다. 용해성 선형 규소고분자에 음전하를 도입시킬 방법을 찾았기 때문이었다. 하지만 이 호열균 S-112는 선형 규소고분자 자체를 합성할 능력이 없었다. 절반의 성공이었다.

김도이 박사는 옆에 서있는 이서희 박사를 쳐다보면서 "이 박사, 호열균 S-112의 DNA를 정제해서 DNA분석실에 보내어 유전체 DNA의 모든 염기서열을 해석해 달라고 요청합시다. 가능하면 황산화효소의 유전자도 찾아 달라고 하세요. 그래야 유전공학적으로 그 효소를 대량생산할 수 있으니까."

이서희 박사는 그 말을 기다렸다는 듯이 "알았습니다."라고 대답하고 호열균 S-112 세포를 옆 실험대 위에 놓여있는 자동DNA추출기에 넣고 전원을 올렸다. DNA추출기는 조용히 돌아가면서 유전체분석에 필요한 DNA를 정제해주었다.

SAMi사 연구소의 커다란 경쟁력은 한 연구프로젝트에 여러 분야의 과학자들과 함께 어울려 연구를 진행한다는 점이였다. 차세대 반도체개발에서 전자분야의 전문가뿐 만아니라 물리학과 화학, 그리고 유전공학과 유전체학과 같은 생학(生學)분야의 전문가들도 참여하고 있었다. 학제적 연구접근을 통해 새로운 발상도 도출되고 또 창의적인 연구결과가 나오기 때문이었다. 다른 전자회사에서는 호열균에 대한 유전체정보의 해석 작업은 엄두도 못 내는데 비해, SAMi사 연구소는 DNA분석실을 따로 가동시켜 유전체정보의 분석업무를 지원하였다. 여기에다 바이오정보 분석팀까지 갖추고 있어서 유전체정보에서 유용한 유전정보를 쉽게 찾아갈 수 있었다. 진취적인 학제적 연구관행이 SAMi사의 경쟁력이고 연구능력이었다.

이서희 박사는 호열균 S-112의 유전체 DNA를 정제한 다음 DNA분석실의 김소라 박사에게 건넸고 유전체DNA의 염기서열분석을 요청했다. 그리고 관련 호열균과의 비교하여 규소고분자의 생합성 유전자와 황산화효소 유전자의 정보를 추가적으로 비교분석해 줄 것을 요청하였다.

20세기 말 인간의 DNA 설계도를 규명하는 연구사업(Human Genome Project)이 착수될 때, 과학계의 반대가 많았지만 결국 거국적으로 전개되어 인간유전체의 정보를 완진히 해독하였나. 낭시는 거대 DNA의 분리와 저장, 그리고 분석기술이 너무 열악하여 조그만 미생물의 유전체 DNA의 해석도 몇 년씩이나 걸렸다. 당시는 엄청난 연구비와 신기술, 시간이 많이 소요되는 초대형 연구 사업이었다. 특히 인간유전체프로젝트는 15년 동안 3조원이라는 천문학적인 연구비가 소요되었었다. 하지만 그 과정에서 여러 과학 분야의 전문가들이 협력연구를 통해 분석기술을 비약적으로 향상시켰고, 지금은 사람인 경우는 2개월, 미생물인 경우는 불과 1주일이면 해석이 끝날 정도다. 이젠 전문연구기관뿐 만아니라 일반 기업연구소에서도 간단히 해결할 수 있는 수준에 이르렀다. 현재 생명체의 설계도인 유전체정보가 온 세상에 널려져 있는데, 이로부터 생명현상의 탐구뿐 아니라 바이오소재 개발과 응용연구에도 유용하게 활용되어 바이오산업시대를 열어주는 원천정보이자 산업정보가 되었다. 많은 생물들의 유전체분석이 가능해지면서 유전체학(genomics)이라는 과학 분야가 자리를 잡았고, 그리고 그 후속 연구 사업들이 전개되었다. 생명체가 갖고 있는 모든 생체단백질의 구조와 기능을 탐구하는 단백체학(proteomics)와 생체분자의 생합성과 세포공장을 가동하는 대사체학(metabolomics), 그리고 개인 간의 유전문자의 차이를 규명하는 SNP(single nucleotide polymorphism) 연구 사업이 대표적인 사례다. 결국 맞춤의학도 개인별 SNP를 통해서 시작되고 있다. 과학역사 측면에서 보면 생물의 유전체프로젝트는 융합과학의 대표적인 사례가 되었고, 환원적인 개념의 서양과학철학을 넘어 유기적이고 통합적인 개념의 동양사상과 상통하는 과학시대로 접어들게 하였다.

5. 극한환경미생물 컨퍼런스

5

극한환경미생물 컨퍼런스

미국 샌디에이고 로지호텔(The Lodge Hotel)의 국제회의장에는 전 세계 환경미생물학자들이 천여 명이 모여 최신 연구결과를 발표하고 있었다. 특히 극한환경미생물들에 대한 환경적 특성과 유전체 정보, 산업적 활용에 관심이 모아졌다. SAMi사 김춘추 연구소장은 김도이 박사와 그 실험실 연구원들을 모두 보내 최신 연구동향을 청취케 하였다. 그리고 유용한 정보를 가진 학자들과 면담을 통하여 상호 연구협력채널과 연구역량을 넓혀가게 하였다. 그에 따라 김도이 박사 역시 최신 연구발표를 청취하고, 새로운 연구흐름을 자신의 연구와 결부시켜 새로운 가능성을 타진하는 자리이기도 하였다. 그리고 관련 기장비와 신제품의 전시장도 탐방하여 새로운 실험방법을 모색하는 학술행사였다.

이서희 박사와 방소연 연구원이 먼저 행사장에 도착하여 등록을 마치고 오전 학술발표장에 들어와 앞좌석에 앉았다. 그 때 공교롭게도 ISO사의 이다도 박사도 발표장에 들어와 앉을 곳을 찾다가 이들 옆에 있는 빈 좌석을 발견하였다. 이서희와 방소연이 한국말로 대화를 나누는 것을 보고 이다도 박사는

"안녕하세요. 한국분이시네요."

활달한 방소연은 바로 말을 받아 "안녕하세요. 여기 앉으세요."

이다도 박사는 “감사합니다.”하고 방소연의 옆 좌석에 앉았다. 하지만 이다도 박사는 차분한 외모에 조용히 미소를 짓고 있는 이서희 박사에 눈길이 갔고, 슬그머니 얼굴을 다시 보며 말을 걸어보고 싶어졌다. 하지만 학술발표가 시작됨에 따라 조용히 앉아 강의에 집중하였다.

한편 김도이 박사는 학술발표장에 조금 늦게 도착하여 뒷좌석에서 앉을 곳을 찾았다. 발표장 뒤에 빈 좌석에 동양계 여성과학자가 앉아있었고 그 옆 빈자리를 발견하고 서둘러 앉았다. 옆 좌석에 앉은 여성과학자의 외모가 유난히도 김도이 박사의 눈에 뜨였다. 그녀는 Sub-P제약회사에서 온 박수지 박사였다. 간혹 옆자리에 앉아있는 박수지 박사의 얼굴을 훔쳐보곤 하였지만, 중국 사람인지 일본 사람인지를 몰라서 말을 걸 수가 없었다.

오전 학술발표가 끝나고 실내조명이 켜졌다. 도시적 세련미를 가진 이다도 박사가 이서희 박사와 방소연에게 정중하고 조용한 목소리로 인사를 하며 말을 걸어왔다.

“저는 ISO사에서 온 이다도입니다. 어느 기관에서 오셨습니까?”라고 말하면서 이서희 박사에게 먼저 명함을 건넸고, 이어서 방소연에게도 인사하였다.

이다도 박사는 간편한 차림이었지만 학구적인 모습이 풍기는 호남형 외모를 가지고 있었다. 하지만 이서희 박사는 특별히 개의치 않고 관심을 나타내지 않았다.

그때 활달한 방소연이 호남형인 이다도 박사를 보면서 바로 말을 건넸다.

“안녕하세요. 저희들은 SAMi사에서 왔어요.”

방소연은 이다도 박사가 훤칠한 외모에 매료되어 서둘러 자신을 소개하였다.

이다도 박사는 SAMi사라는 말을 듣고 경계하는 눈초리였지만 바로 웃으면서 "그래요. 반갑습니다."

방소연이 명함을 들여다보면서 당돌하게 말을 건넸다.

"ISO사에서도 바이오분야를 연구하나요?"

이다도 박사도 방소연의 도전적인 질문에 당황하면서도 흥미를 느꼈다.

"물론이죠."

이다도 박사는 계속해서 SAMi사의 연구진과 대화하고 싶은 생각이 스쳐갔다. 특히 과묵하고 차분한 인상을 갖고 있는 이서희 박사와 더 이야기를 나누고 싶었다. 다시 이서희 박사를 쳐다보며 "혹시 시간이 되면 점심시간인데 식사라도 같이 하실까요?"

이서희 박사는 머뭇거리고 있는데 활달한 방소연은 주저 없이 "좋아요. 같이 식사해요."하고 자리에서 일어섰다. 이서희 박사도 따라서 일어서서 학술발표장 밖으로 나갔다.

이때 이다도 박사는 방소연의 발랄하고 깜직한 인상에 매료되어 평소에 하지 않던 제안을 하였다.

"제가 이곳 사정을 잘 알거든요. 점심시간이 긴데 라호야 해안가에 좋은 식당이 있는데 한번 가보시겠습니까?"

사실 이다도 박사는 이서희 박사와 함께 점심식사를 하고 싶어서 가자고 제안을 하였는데 이서희 박사는 의외로 덤덤하게 "저는 오후에 포스터 발표가 있어서 행사장 근처 식당에 가겠습니다."

그 순간 이다도 박사의 도시적인 세련미에 마음이 끌려있던 방소연은 즉각적으로 머리를 돌려 그의 제안을 받았다.

"좋아요. 구경시켜 주세요."하며 이다도 박사에 바짝 달라붙었다. 방소연은 이서희 박사가 안중에도 없다는 듯이 이다도 박사에게 친근감을 보였다. 이다도 박사는 이서희 박사를 기대하고 있었는데 갑자기 방소연이 가겠다고 하니 잠시 멈칫하였지만, 그 상황에서 말을 바꿀 수가 없었다. 어쩔 수 없이 방소연을 데리고 라호야 식당에 갈 수 밖에 없었다. 순간 어색한 분위기를 떨어내고 활달한 방소연에 끌려서 함께 택시를 잡아타고 라호야의 해변가 식당을 향해 떠났다. 어찌 보면 이다도 박사가 객기를 부리려다 예상치 않게 방소연에게 걸려든 셈이었다.

이서희 박사도 마음이 없던 것은 아니었지만, 오후 포스터 발표 때문에 같이 갈 수 없었다.

“식사 잘하세요.”라고 인사하고 행사장 주변을 두리번거리며 식당을 찾았다. 마치 전통 햄버거 식당이 보여 그곳에 들어갔다.

한편 김도이 박사도 오전 학술발표가 끝나고 이서희 박사와 방소연 연구원과 함께 점심식사를 함께하려고 이리저리 둘러보고 있었으나 찾을 수 없었다. 바로 옆 좌석에 앉아있던 박수지 박사가 행사자료를 챙겨 일어나면서 김도이 박사의 등록 명찰을 보고 “혹시 한국분이세요?”하고 말을 건넸다.

김도이 박사도 지적이면서 귀한 인상을 갖고 있는 박수지 박사를 보면서 “아-. 한국분이시군요.”하고 머뭇거리고 있었는데 박수지 박사는 묻지도 않았는데 지갑에서 명함을 꺼내면서 “저는 Sub-P 제약회사에서 온 박수지입니다.”라고 자신을 소개했다. 평소 적극적인 성격을 갖고 있는 박수지 박사였지만 오늘은 다소 무리하게 김도이 박사에게 접근하였다. 그가 듬직해 보이고 멋있는 인상을 풍겼기 때문이었다.

김도이 박사도 급히 명함을 꺼내면서 말을 이어갔다. 박수지의 눈치를 살피며 조심스럽게 대답하였다.

“안녕하세요. 저는 SAMi사에서 온 김도이 입니다.”

그리고 명함을 건넸다.

박수지 박사는 명함을 자세히 들여다보고 전자회사 사람들이 환경미생물학술회의에 참석한 것에 대해 의아해하는 표정으로 "전자회사에서도 미생물 연구를 하세요? 뜻밖인데요."

하지만 박수지의 표정도 밝았다. 듬직하게 생긴 모습도 그렇지만 세계굴지의 전사회사의 연구진을 만났다는 게 인상적이었다. 반갑게 인사하면서 김도이 박사가 재미있다는 듯이 빤히 얼굴을 쳐다보며 말을 이어갔다.

"어떻게 환경미생물 학술대회에 참석했지요? 무슨 특별한 이유라도?"

훤칠한 키에 학구적 매력을 가진 박수지 박사가 웃으며 김도이 박사에게 말을 건넸다. 김도이 박사는 얼굴을 정면으로 보지 못하고 말을 더듬거리면서 대답을 하였다.

"그러니까…. 극한환경미생물을 이용하여 바이오전자소재를 개발하고 있습니다."

박수지 박사는 제약회사 출신이기 때문에 전자소재를 제조하는 방법을 환경미생물에서 찾는다는 말에 귀를 쫑긋하며 "정말요? 어떤 미생물인가요?"

김도이 박사도 박수지 박사의 매력적이고 세련된 모습에 마음이 동하여 "혹시 괜찮다면 점심식사이라도 같이…."

말이 끝나기도 전해 박수지 박사도 흔쾌히 응했다. 꽃미남은 아니지만 예리하면서도 귀태가 풍기는 김도이 박사가 싫지만은 않았다. 박수지 박사도 괜한 호기심과 궁금증이 쌓이면서 얘기를 더 해보고 싶어졌다.

"좋아요."

그리고 김도이 박사는 로지호텔 주위를 두리번거리며 혹시 이서희 박사와 방소연 연구원이 있는지 계속 찾았지만 보이지 않았다. 연구원들과 같이 점심을 가기 위해서였다. 그런데 이서희 박사와 방소연은 보이지 않았고, 미모의 박소지 박사가 앞에서 기다리고 있어서 더 이상 찾지 않기로 하였다.

박수지 박사가 "혹시 누굴 찾으세요?"

김도이는 다소 멋쩍은 듯이 "저희 실험실에서 같이 온 연구원들과 같이 점심식사하고 싶었는데 보이질 않는군요."

김도이 박사는 다시 주위를 두리번거렸지만 아무도 찾은 수 없었다. 그래서 다시 박수지 박사를 향해 "혹시 햄버거 좋아하세요?"

박수지 박사도 기다렸다는 듯이 "네. 좋아해요."라고 대답하고 그들은 행사장 안에 있는 분위기 있는 전통 양식당에 들어갔다.

식당에 들어가 웨이터를 기다리고 있었는데, 식당 창가 테이블에 이서희 박사가 이미 와서 혼자 앉아있었다. 자연스럽게 김도이 박사와 박수지 박사가 합석하였다. 서로 인사를 나누고 명함을 교환하였다. 그리고 앉아서 서로의 얼굴을 쳐다보고 있다가 야무진 이서희 박사가 박수지 박사에게 점잖게 말을 건넸다.

"제약회사에서 오셨네요? 환경미생물보다 병원균에 관심을 두지 않나요?"

박수지 박사가 고개를 끄덕이며 "맞아요. 신약을 개발하기 위해서는 병원균이 더 중요하죠. 하지만 저희는 좀 색다른 연구를 하거든요. 암석 속에 있는 환경미생물을 찾아다녀요."

김도이 박사가 이상하다는 듯이 "네? 암석 속에 있는 미생물이요? 저희 좀 생소한대요."

초면에 서로의 연구관심사를 교환하면서 탐색적인 대화를 나누다가 점점 친한 사람처럼 일상적인 얘기도 나누게 되었다. 사실 외국에 나가면 이상하게도 한국 사람끼리 갑자기 친해지는 것과 같이 시간이 지나면서 세 사람은 오랜 친구처럼 서로 농담도 주고받으며 즐거운 점심시간을 보내고 있었다. 그리고 캘리포니아의 아름다운 기후와 포도주 얘기로 이어졌다. 박수지 박사는 캘리포니아 와인이 유명한 것은 캘리포니아대학교 데이비스 캠퍼스의 포도주학과 때문이라고 덧붙였다.

김도이 박사가 바로 그 말을 받아 "할 수 없이 캘리포니아 와인을 마셔야겠어."하고 웨이터를 불렀다. 웨이터에게 와인메뉴를 받아들고 망설이고 있었다. 자신이 없어서 박수지 박사에게 와인을 선택해 달라고 부탁했다.

박수지 박사도 어깨를 들어 올리면서 "저도 잘 몰라요. 그냥 광고에서 많이 본 와인을 시키면 어떨까요?"

김도이 박사는 "알아서 정해주세요."

박수지는 능숙한 영어로 웨이터에게 "Cabernet Sauvignon wine, and three home-made hamberger, please."라고 주문하고 김도이 박사에게 물었다.

"괜찮겠어요? 제 마음대로 주문해서."

김도이 박사는 박수지 박사의 당돌함에 약간 위축이 되었지만 미모와 함께 어울려진 모습에 관심이 쏠렸고, 그녀의 영어에 악센트가 전혀 없었고 원어민과 같은 발음에 깜작 놀랐다. 미국에서 오랫동안 공부했다는 것을 바로 짐작하였다.

"오-. 좋아요."

조금 지나자 웨이터가 와인과 와인 잔을 가져왔다. 이어서 햄버거와 감자, 채소 케첩과 겨자가 담긴 큰 접시도 가지고 와서 테이블 위에 올려놓았다. 웨이터는 주문한 박수지 박사에게 시음을 시키고 그리고 세 사람의 와인 잔에 따라 부었다.

김도이 박사가 "이렇게 만나서 반갑습니다. 여기에서 좋은 시간을 가지시고, 모두의 건승을 빕니다. 건배!"

이서희 박사와 박수지 박사도 "건배! 건배!"를 외치며 와인을 약간 마시고, 미국의 커다란 햄버거와 아이다호 주 감자를 맛보고 있었다.

햄버거와 와인을 마시면서 자연스럽게 화제가 연구얘기로 다시 돌아왔다. 특히 박수지 박사는 전자회사인 SAMi사의 연구 활동에 크게 호기심을 가졌다. 제약회사와 너무도 판이하게 다른 연구관심사 때문이기도 하였지만, 또 다른 이유는 김도이 박사와 얘기하고 싶은 이유도 그 하나였다. 박수지 박사는 서서히 학술발표 내용에 대해 의견 교환으로 유도하면서 드디어 상대방 회사의 연구진행에 관심을 표명하기 시작하였다.

박수지 박사는 살며시 말을 꺼내었다.

"어떤 종류의 환경미생물을 연구하세요?"

김도이 박사는 특별히 자신의 연구를 말하고 싶지 않았으나 박수지 박사의 지적인 인상에 끌려 말문이 열렸다.

"심해화산지역에서 서식하는 호열균을 연구하고 있습니다. 70도가 넘는 높은 온도에서 잘 자라는 녀석들이지요. 일부는 유황화합물로부터 에너지를 얻어 살아가지요. 매우 유별난 극한환경미생물입니다."

박수지 박사는 흥미롭다는 듯이 예리한 질문을 이어간다.

"호열균에서 무엇을 찾는지 물어도 되나요?"

김도이 박사는 그 질문에 말을 못하고 주저하고 있었다.

"미안합니다. 워낙 저희 회사가 보안을 강조하다보니 저도 모르게 딱딱한 분위기를 만들었네요."

박수지 박사는 바로 알아채고 "걱정하지 마세요. 저는 제약회사이기 때문에 의약후보물질만 관심이 있지, 전자산업에 대해서는 아무 것도 몰라요."

김도이 박사가 주저하고 있으니까 이서희 박사가 나섰다. 물론 평소에 김도이 박사에게 호감을 가졌던 터라 두 사람만의 대화를 자신으로 돌리기 위해서였다.

"저희는 반도체소재인 합성규소고분자의 구조를 변형시키는 내열성 효소를 찾고 있습니다. 일반적으로 반도체소재를 합성하거나 가공하는 내열성 효소들은 알려지지 않았기 때문에 다소 생뚱맞은 효소에요."

그때 김도이 박사가 크게 맘을 먹었다는 듯이 나서서 호열균에 대한 일장 강의를 시작하였다.

"사실 호열균들은 70도 이상 높은 온도에서 서식하는 특이한 환경미생물입니다. 주로 화산온천이나 심해화산지역의 열수지역에서 발견되지요. 그런 특성 때문에 호열균 세포 내에 있는 모든 효소들이 열에 안정하고 반응성이 아주 탁월해요. 또 내열성 효소들은 높은 온도에서 반응을 진행시키기 때문에 다른 미생물들의 오염도 원천적으로 막을 수 있어서 제약회사와 식품회사들이 환호하는 핵심 생산수단이 되었어요. 또한 유전공학의 등장으로 효소의 대량생산이 비교적 용이한 것도 좋고, 또 내열성 효소들의 분리정제가 너무도 간단한 것도 매력적입니다. 가령 대장균이 내열성 효소유전자를 발현시키고 세포를 파쇄한 다음, 간단한 열처리만 하면 정제가 끝납니다. 80도에서 30분 정도 놓아두면 대장균의 구성물들은 모두 침전으로 가라앉지만, 내열성 효소는 수용액 안에 그대로 남아있기 때문이지요. 인간유전체연구가 착수된 이후 기술선진국의 연구기관들이 앞다투어 맨 먼저 수행한 유전체연구도 바로 호열균이었어요. 미래 바이오산업과 석유정밀화학의 대체산업기술이 그곳에서부터 출발하기 때문이지요."

박수지 박사도 김도이 박사의 긴 얘기를 듣고 나서 자기도 Sub-P사의 연구관심을 말해야 한다고 생각하였다.

"저희도 매우 특이한 미생물을 다루고 있어요. 석유시추선이 지하 3천미터에서 5천미터 사이에서 캐낸 암석으로부터 미생물들을 찾아서 연구해요."

김도이 박사가 깜작 놀라며 "네? 암석 속에서 미생물을?"

김도이 박사와 이서희 박사가 놀라는 모습을 보고 박수지 박사는 차분하게 자신의 연구내용을 소개하였다. 물론 박수지 박사도 김도이 박사가 말한 호열균에 대한 내용을 다 알고 있었지만, 불필요하게 김도이 박사의 심기를 건드리고 싶지 않아서 자신의 연구내용만을 소개하였다. 내심 김도이 박사에 호감이 갔기 때문이기도 하였다.

"저희는 이 미생물들을 지하암반에서 분리했기 때문에 "암석미생물"이라고 부르지요. 중간 정도의 약한 호열균이라 할 수 있어요. 저희들은 이 녀석들이 내뿜는 천연물에만 관심이 있어요. 이 천연물로부터 신약을 찾기 때문이지요."

평소에 돌을 좋아해서 많은 예쁜 돌들을 강과 바닷가에서 주워와 사무실 책상 앞에 쌓아서 장식해 놓는 김도이 박사이었기에 암석미생물이라는 말에 더욱 관심이 갔다. 특히 지하암반 속에 서식하는 미생물에 대해서 아는 바가 없었기 때문에 더욱 흥미롭고 궁금하였다.

옆에 있던 이서희 박사가 먼저 눈이 휘둥굴해지면서 질문을 하였다.

"지하암반 속에 미생물이 산다고요? 저는 처음 듣는 얘기인데요."

박수지 박사는 야무지고 상냥하게 대답하였다.

"사실 저도 처음에는 의아해 했어요. 수천수만 년을 넘어 아니 수억 년 동안 지하 깊숙이 묻혀있던 돌 속에서 어떻게 미생물이 생존할지 믿을 수 없었거든요."

이서희 박사는 박수지 박사를 견제하려는 생각을 접고 의아한 표정으로 다시 물었다.

"어떻게 암석미생물들이 그 긴 시간 동안 암석 속에서 생존할 수 있지요? 이해가 잘 안돼요?"

박수지 박사도 전문가다운 말씨로 계속 이어간다.

"아마 공룡시대의 고미생물들이 기각변동으로 땅속 깊이 들어가 함께 퇴적암이 된 거라고 생각해요. 그리고 긴 긴 시간동안 암석 속에서 동면하고 있었던 셈이지요. 그래서 우리 동료들은 이 연구를 공룡프로젝트라고 불러요. 물론 외계미생물이 담긴 유성이 날아와 땅속에 파묻혀 있을 확률도 없진 않아요. 지구라는 별이 우주에서 열린 공간이잖아요."

김도이 박사가 놀랍고 의아한 얼굴로 박수지 박사를 또렷이 보면서 묻는다.

"외계생명체요? 그런 생각을 한다는 게 재미있군요."

박수지 박사는 당연하다는 듯이 "그럴 가능성이 있다는 거지요. 어쨌든 저희 회사는 새로운 미생물과 천연물을 찾으러 온 세상을 뒤지고 있어요. 지구가 아니라 화성에 유용한 미생물이 있다면 우리는 그곳에 반드시 가고 말걸요."

김도이 박사는 내심 박수지 박사의 넓은 연구시야와 전문가다운 소견에 약간 위축되는 느낌을 받으면서도 다른 한편으로 야무진 모습에 빠져 있었다.

"혹시 이 암석미생물들이 오랜 시간동안 암석 속에서 생존해 있는 것을 보면 규사(모래)를 활용할 거라는 생각이 드는데, 어떻게 보세요?"

박수지 박사는 당연하고 평범한 사실이라는 듯이 "글쎄요? 미생물이 규소를 활용한다? 참 흥미롭네요. 암석에서 생존하려면 어떤 형태로든지 규사가 많은 환경에서 적응하겠지요."

김도이 박사는 암석미생물이 자신의 연구와 연관이 있다는 생각이 머리를 스쳤다.

"저희 실험실에서는 반도체소재회사이기 때문에 규소고분자의 가공이 중요하거든요. Sub-P사의 암석미생물들이 흥미로워지는데요."

박수지 박사가 말을 잇는다.

"저희 연구진은 규소와 관련된 실험을 해보지 않아서 암석미생물이 규사를 활용하는지 몰라요."

김도이 박사는 한참 생각을 하다가 머뭇거리면서 "혹시 암석미생물을 분양받을 수 있나요? 그리고 지하암반을 채굴하는 현장도 견학할 수 있나요?"

박수지 박사는 매우 사무적으로 "회사차원의 공식요청이 있으면 가능하리라 봅니다. 저는 결정권자가 아니에요. 미안합니다."

김도이 박사는 멋쩍었지만 야무지고 전문가다운 기질을 가진 박수지 박사에 매료되어 멍하니 있다가 대답하였다.

"그렇군요."

박수지 박사는 웃으면서 "오늘 좋은 얘기 나누었습니다."라고 대답하고 남아있는 와인을 마저 다 마셨다.

김도이 박사가 좀 더 박수지 박사와 얘기하고 싶어졌다.

"혹시 후식을 드시지 않을래요?"

박수지 박사도 듬직한 김도이 박사와 더 얘기하는데 싫지 않아서 "좋아요. 저는 딸기치즈케이크를 좋아하는데…."

이서희 박사는 박수지 박사가 차분히 좌중을 이끌어가는 것에 약간 불만스럽기도 하고, 김도이 박사의 시선이 박수지 박사에 머물고 있는 것에 질투 아닌 질투가 생겼다. 그래서 박수지 박사와 같은 주문한 것을 따라하고 싶지 않아서 "저는 초코렛 아이스크림이 좋겠네요."라고 퉁명스러우면서도 야무지게 말했다.

김도이 박사는 "저는 딸기치즈케이크에 아메리카노 커피 한 잔을 시키겠습니다." 그때 지나가던 웨이터를 불렀다.

"Waiter, We'd like order two pieces of strawberry cheese cake, one chocolate ice cream, and one Americano coffee please."

박수지 박사도 눈을 번쩍 뜨며 김도이 박사의 영어 주문을 경청하였다. 김도이 박사가 악센트가 없는 유창한 영어였기 때문이었다. 김도이 박사의 영어가 원어민 수준이라는 것에 놀라면서, 미국에서 오랫동안 생활을 하였다는 것을 바로 알아챌 수 있었다. 두 사람은 서로가 오랜 동안 외국생활을 했다는 것을 바로 감지하고 더 친근감을 느끼기 시작하였다.

딸기치즈케이크를 받아 놓고 박수지 박사는 나호야 근처에 있는 스크립스연구소(Scripps Institute)를 방문한 얘기로 이어갔다.

"혹시 스크립스연구소에 방문한 적이 있나요. 면역학과 의학 분야에 뛰어난 연구소인데, 저희 제약회사는 이 연구소의 공동연구도 하고 있어요."

김도이 박사는 연구소 이름은 들어보았으나 생소한 연구소였지만 박수지 박사가 말하니까 관심을 기울이기 시작하였다.

"가보진 않았어요. 잘 아시나요?"

박수지 박사는 약간 우쭐한 얼굴로 "제가 수년 전에 스크립스 연구소에 방문하였는데 매우 인상적이었어요. 최고의 수월성을 추구하는 운영방침이 특히 눈에 들어왔어요. 예로 세계에서 가장 뛰어난 영재들만 연구원으로 선발해요. 일차 채용된 연구원들은 3년 동안 재량껏 연구하도록 허용하고, 3년 후 그 연구실적으로 보고 정식 연구원으로 채용하더군요. 다소 강한 연구집중을 유도하는 정책이었지만 자존심이 강한 과학자들이기에 연구소 인사정책을 잘 따르고 있었어요. 또 재미있게도 이 연구소는 세계에서 가장 정교하고 고가의 과학장비 만을 구입하여 사용하고 있었어요."

김도이 박사는 "흥미로운 연구운영정책이군요. 수월성을 강조하는 것은 좋은데, 이를 뒷받침할 든든한 재력이 있는 모양이군요."

모두가 그녀의 말에 경청하자 박수지 박사는 신이 나서 말을 이어갔다.

"저는 그것까지는 잘 모르겠어요. 흥미로운 점이 또 있었어요. 연구자들의 사기를 북돋아주기 위해서 일과 후에는 연구원들만을 위한 클럽하우스를 운영해요. 정장으로 차려입는 웨이터가 클럽하우스 입구에서 청바지 차림의 연구원들에게 정중하게 인사하고 안내하는데 당시 저는 다소 당황했어요. 클럽하우스의 분위기는 품위 있는 고급 사교장과 같고, 값 비싼 술과 음료 등을 무료로 제공하더군요. 연구원들은 음료를 마시면서 하루의 피로를 풀기도 하고 동료와 의견교환도하며 친목을 다지는 분위기는 매우 인상적이었어요. 연구원의 자긍심을 높여주는 한 방안이기도 했어요."

김도이 박사도 놀라면서 "그래요? 기회가 된다면 한번 가보고 싶군요."

그리고 김도이 박사는 이야기 소재를 바꾸어 일반적인 이야기꺼리로 돌렸다.

"캘리포니아 환상적인 기후는 북태평양의 차가운 해류의 유입 때문이지요. 하지만 이로 인해 건조해서 인근지역이 모두 사막화가 조성되었어요. 이곳 기후도 장단점이 있어요."

이런 저런 얘기를 나누면서 유쾌한 시간을 보내고 있었다.

박수지 박사는 재미있게 듣고 있다가 시계를 보며 다소 아쉽다는 듯이

“재미있는 이야기를 듣다보니 시간이 많이 지났어요.”

김도이 박사가 평소와 달리 여러 이야기의 꽃을 피운 것은 박수지 박사 때문이었다. 그녀의 차분하고 지적인 이미지가 김도이 박사를 사로잡아 놓은 셈이었다. 김도이도 평소보다 말을 많이 했다.

이서희 박사는 자신이 주목받지 않은 것에 불만이 있었고, 또 오후 포스터 발표준비 때문에 일찍 일어나야 했다. 그래서 시계를 보며 일어날 채비를 하였다. 김도이 박사도 이서희 박사의 의도를 알아채고 따라서 일어나면서 “오늘 매우 반가웠습니다. 박수지 박사님, 또 뵈었으면 합니다. 제가 배울 점이 많은 것 같습니다.”라고 말했다. 물론 박수지 박사에게 호감이 있었기에 또 만날 수 있는 여지를 남겨놓았다.

박수지 박사도 “꼭, 저희 연구소에 오세요. 오늘 즐거웠어요.”하고 자리에서 가방을 챙겨 일어났다.

김도이 박사도 “감사합니다. 암석미생물을 배우러 꼭 방문하겠습니다.”

이서희 박사도 매우 사무적으로 “박수지 박사님, 재미있는 연구하시네요. 자주 뵈었으면 합니다.”하고 자리에서 일어났다. 그리고 오후 학술발표시간에 맞추어 컨퍼런스 행사장으로 향해 떠났다.

김도이 박사는 평소에 생각해 보지 않은 매우 흥미로운 얘기를 들었다.

‘지하 암석미생물? 그래 한번 시도해 볼만 해. 암석미생물이 규소고분자의 새로운 출처가 될 수가 있어.’라고 혼자 중얼거리면서 혼자 암석미생물을 생각하며 걸었다.

너무 깊이 암석미생물을 생각하다가 박수지 박사에게 제대로 인사도 못하고 헤어져서 다소 아쉬웠다. 김도이 박사는 학구적이면서도 훤칠한 키에 은근히 사람의 마음을 끌어당기는 박수지 박사의 매력에 빠졌다. 전문적인 지식을 갖춘 아리따운 박수지 박사와 어떤 연구관련 협력으로 계속

친분을 유지하고 싶어졌다. 그리고 조용히 생각해 보았다 무슨 방안이 있는지….

한편 점심식사를 위해 라호야 해변가에 간 방소연 연구원은 이다도 박사와 초면이었지만 마음이 끌렸고, 화기애애한 분위기를 유지해갔다. 방소연의 붙임성과 활달한 성격으로 어색할 수 있는 상황이었지만 서로가 서먹하지 않게 이끌어 갔다. 이다도 박사보다는 방소연이 분위기를 이끌고 있는 셈이었다. 해변가 식당에서 맛있는 점심식사를 하면서 연구관심을 넘어 개인적인 관심사항까지도 서슴없이 얘기를 나누면서 시간가는 줄 모르고 있었다. 시간이 흐르고 분위기가 익어가면서 이다도 박사도 방소연이 새롭게 보이기 시작하였다. 활달하고 귀염성이 있는 여자로 보였고, 또 SAMi사 연구원이라는 점에서 차츰 마음이 끌렸다.

이다도 박사는 방소연을 더 알아보고 싶기도 했고, 또 이서희 박사의 모습이 떠올라 방소연을 이용하여 이서희 박사를 불러내고 싶었다.

"혹시 시월드(Sea World)라는 놀이공원에 가보셨나요?"

방소연은 뜻밖에 질문에 다소 당황하면서 "아, 아뇨. 얘기는 많이 들었어요."

이다도 박사는 방소연에게 또 다시 계획에 없던 제안을 했다.

"혹시 내일 오전 학술발표회가 끝나고 그 방 사람들하고 같이 가면 어떨까요?"

방소연은 "저는 좋은데 다른 분들은 어떨지 잘 모르겠어요."

이다도 박사도 다소 무리가 따른다는 것을 알았지만 이서희 박사를 다시 한 번 보고 싶어서 재차 부탁하였다. 분명히 평소와 전혀 다른 행동이었다.

"돌아가셔서 한번 상의해 보세요."

방소연도 특별히 반대할 이유가 없다는 생각을 하면서 유명한 놀이공원을 가보고 싶다는 생각이 앞섰다.

"알았어요."

두 사람은 식당에서 일어나 택시를 타고 로지호텔로 향했다. 그리고 친근하게 말을 나누며 학술행사장으로 들어가 포스터 발표장에서 이서희 박사를 찾았다. 두 사람은 이서희 박사를 발견하고 포스터 앞에 다가갔다. 이서희 박사는 포스터 앞에 서서 여러 과학자들에게 자신의 연구내용을 소개하고 있었다. 외국 과학자들이 떠난 다음 이다도 박사와 방소연은 이서희 박사에게 다가가서 말을 걸었다. 이다도 박사가 이미 구면이라는 듯이 "안녕하세요. 점심식사를 같이 했으면 좋았을 텐데…."

이서희 박사는 다소 놀랍기도 하고 반갑기도 하여 "어서 오세요. 좋은 점심이었나 봐요?"

방소연이 말을 받아 "오늘 분위기 있는 식당에 갔어요. 이 박사님도 같이 갔어야 했는데."

이다도 박사는 포스터를 훑어보면서 다소 전문적인 질문을 하였다. SAMi사의 연구결과이고, 또 자신의 연구와도 연관이 있어서 자세한 내용까지 물어보고 서로 구상을 교환하였다.

"이 박사님. 좋은 바이오소재를 개발하셨네요. 이 바이오소재의 전기물성은 어떻습니까?"

이서희 박사는 구체적이고 전문적인 식견을 가진 이다도 박사의 질문에 당황하면서도 차분히 자신의 연구내용을 설명하였다. 한참동안 연구관심을 나누다가 다시 나호야의 식당 이야기로 돌아왔다.

"이 박사님도 같이 식사했으면 좋았는데… 한번 기회를 주십시오."

그 옆에 있던 방소연이 이서희 박사에게 "이 박사님, 내일 점심시간에 다시 가요. 주위 바다와 식당분위기가 너무 좋아요.”

무덤덤하던 이서희 박사가 미소를 지으면서 “그럴까? 한번 생각 해 볼게.”

그때 이다도 박사가 이서희 박사의 눈치를 살피면서 “이 박사님, 내일 나호야와 샌디에이고를 구경시켜 드리겠습니다. 같이 가시지요.”

방소연은 환경미생물 컨퍼런스에서 전문적인 학술발표에 다소 실증이 난 터라 더욱 신이 나서 졸라대듯이 거들었다. 또한 모든 국제학술회의가 그렇지만 학술내용이 영어로 발표되기 때문에 못 알아듣는 내용이 많아지면서 지루하고 따분해진 것도 한 이유였다.

“같이 가요. 좋은 기회잖아요. 시월드(Sea World)는 저도 꼭 한번 가고 싶어요.”

이서희 박사도 시월드라는 말을 듣고는 표정이 밝아지면서 방소연 얼굴을 쳐다보았다. 거절했다간 큰 일이 날 것만 같았다.

“거기에 골고래 쇼도 있잖아요. 내일 오후에 학술행사가 없으니까 가볼까?”

이다도 박사는 이서희 박사의 말이 끝나기도 전에 “알았어요. 내일 점심시간에 로비에서 만납시다. 제가 잘 인도하겠습니다.”라고 말하며 내일 약속 시간을 서둘러 정하였다.

이서희 박사도 꼭 가야하는 것은 아니지만 이다도 박사가 서두르는 바람에 엉겁결에 그냥 가기로 대답을 하였으나, 속으로 김도이 박사에게 허락을 맡아야 할지 염려하고 있었다. 하지만 자신도 가고 싶은 것만은 사실이었다.

이다도 박사는 숙소에 돌아와서 이서희 박사와 방소연을 떠올리며 내일 만나서 무엇을 할지 생각하고 있었다. 사실 오늘 SAMi사의 연구원들과 이야기하고 친목을 다진다는 것은 좋다고 보았다. 정보도 교환하고 서로의 동향을 파악할 수 있는 좋은 기회이기 때문이었다. 크게 기대는 안했었는데 이서희 박사와 방소연과 쉽게 친해질 수 있어서 다소 의외라고 생각하였다. 그리고 활달하고 귀엽게 생긴 방소연의 얼굴이 연상되기도 하고, 또 이서희 박사의 차분한 모습이 떠오르기도 하였다. 어떻게 보면 방소연 보다는 좀 쌀쌀하고 똑똑한 인상을 가진 이서희 박사에게 더 마음이 머물렀다. 방소연도 싫지는 않았지만 이서희 박사의 환심을 받고 싶은 것이 우선이었다. 이다도 박사는 오늘 하루가 기억에 남을 만한 날이었다고 생각도 하고, 또 평소와 다른 행동으로 과잉 반응을 한 것을 생각하면서 빙그레 웃고 있었다.

다음 날 오전 학술행사가 끝났다. 이다도 박사와 방소연은 다른 참가자보다 조금 빠르게 행사장을 빠져나와 호텔입구에서 이서희 박사를 기다리고 있었다. 그때 멀리서 이서희 박사와 함께 김도이 박사와 박수지 박사가 걸어오고 있었다. 방소연 연구원이 이다도 박사를 김도이 박사에게 소개하였다.

"ISO사에서 오신 이다도 박사예요."

이다도 박사가 잘 알고 있다는 듯이 반갑게 "안녕하세요. 이다도입니다."

김도이 박사는 다소 당황스러운 표정으로 인사하며 박수지 박사까지 소개하였다.

"처음 뵙겠습니다. 김도이입니다. 그리고 이분은 Sub-P사에서 오신 박수지 박사입니다."

김도이 박사는 덤덤하게 악수하면서 별 관심이 없다는 표정이었다. 무슨 다른 계획이 있었는지 시선이 자꾸 다른 곳으로 옮겨지며 여기저기를 두리번거렸다.

"저는 박수지 박사와 할 얘기가 있어서 먼저 가겠습니다. 다음에 뵙죠."

그리고 그 자리를 휙- 떠났다.

오늘 따라 김도이 박사가 전혀 다른 행동을 보였다. 보통 행사가 끝나면 실험실 연구원들과 식사하곤 했는데 오늘은 전혀 그런 말이 없이 박수지 박사와 함께 그 자리를 먼저 떠났다. 이서희 박사와 방소연은 오후 시간에 시월드 방문할 계획을 설명하려 하였으나 그전에 김도이 박사가 먼저 떠나는 바람에 가벼운 마음으로 시월드에 갈 수 있었다. 하지만 이서희 박사는 김도이 박사의 뒷모습을 쳐다보면서 무언가 아쉬운 표정을 짓고 있었다. 사실 이서희 박사가 원하는 것은 시월드가 아니라 김도이 박사의 관심이었기 때문이었다.

세 사람은 호텔 밖으로 나와 택시를 잡아타고 시월드로 향했다.

이다도 박사는 골치 아픈 전문적인 얘기보다 이국적인 정취도 느끼고 은연중 서로의 관심사를 교환하며 즐거운 한 때를 갖고 싶었다. 어떻게 보면 시월드의 진귀한 해양 동물과 돌핀 쇼보다 이서희 박사의 환심을 사는 것이 우선이었다. 이서희 박사와 좀 더 친밀한 대화를 나누면서 관심을 받고 싶어서 자주 말을 붙여보았으나 매우 단조로운 대답만 돌아왔다. 이서희 박사가 놀이공원에 온 이유는 새로운 곳에 대한 호기심만 있었을 뿐 이다도 박사에게는 별로 관심이 없었다. 반면 그들의 틈을 방소연이 채워주었다. 방소연은 이서희 박사와 달리 활달하고 재미있는 이야기로 그들을 웃기기도하고 또 재미있는 분위기로 이끌어갔다. 영락없는 분위기 메이커였다.

시간이 지나면서 세 사람은 서로의 경계심을 털어버리고 시월드 놀이동산에 빠져 들기 시작하였다. 많은 백인과 흑인 가족, 그리고 연인들이 즐기는 모습을 보면서 덩달아 놀이공원의 분위기에 녹아들어갔고, 어느 덧 서로가 오랜 친구와 같이 느껴졌다. 방소연은 진귀한 해양동물을 볼 때마다 이다도 박사와 이서희 박사의 어깨도 치고 손도 잡으며 밝은 분위기를 계속 이끌어갔다. 그러한 가운데 이다도 박사의 마음이 서서히 이서희 박사로부터 방소연으로 옮겨지고 있었다. 그녀의 활발하고 명랑한 마음씨가 이다도 박사의 마음을 사로잡기 시작하였다.

이다도 박사는 돌아오면서 아쉬운 듯이 "오늘 찍은 사진을 보낼게요. 제 휴대폰에 전화번호와 이메일 주소를 입력해 주세요."

이서희 박사는 관심이 없다는 듯이 머뭇거리고 있을 때 방소연이 고개를 끄덕이며 이다도 박사의 휴대폰에 입력해 주었다.

"해양 동물들이 이렇게 많고 멋있는지 몰랐어요. 꼭 사진을 보내주세요."

이다도 박사는 놀이공원에서 해양동물들의 구경이 아니라 이 두 사람의 품평회에 나와 있다는 생각을 하면서 속으로 웃었다. 결과적으로 상냥한 방소연에 더 마음이 끌린 것도 사실이었지만, SAMi사의 연구원과 교류할 수 있는 파트너가 필요한 것도 함께 작용하였다. 결국 이다도 박사는 이서희 박사의 환심을 사지는 못한 것에 아쉬움이 남아있었지만 방소연을 알게 되어 그나마 기뻤다. 한편 방소연 역시 이다도 박사의 도시적인 세련미에 빠져서 다소 즉흥적으로 접근했지만, 차츰 친구 이상의 감정으로 키워가고 싶은 것도 사실이었다.

6. SAMi사 연구발표

6

SAMi사 연구발표

극한미생물 컨퍼런스에서 돌아온 김도이 박사는 복도에서 구천덕 바이오소재연구부 부장을 복도에서 만났다.

"미생물학회에 다녀왔습니다."

구천덕 부장은 퉁명스럽게 "뭐 새로운 게 있던가요?"

김도이 박사는 신이 나서 "네, 매우 흥미로운 얘기를 들었습니다."

구천덕 부장은 "그게 뭔데?"

김도이 박사는 지하 암석미생물의 흥미로운 현상을 설명하고 관련연구를 제안하고 싶었다. 그래서 구천덕 부장에게 상세하게 설명하려고 "지하 암반에서…."

구천적 부장은 말을 가로채며 "알았어. 나 지금 김춘추 소장님을 만나야 하니까 내일 연구부 회의시간에 들어봅시다."하고 휙 가버렸다.

다음 날 구천덕 부장과 바이오소재연구부에 속한 생화학연구실, NMR분석실, DNA분석실, 전기물성분석실, 생산공정연구실 연구원들이 함께 참석하여 바이오소재연구부의 연구진행을 발표하였고, 이어서 김도이 박사의 연구원들이 국제환경미생물컨퍼런스에 참석한 출장보고도 곁들였다. 이 연구부회의에서 이서희 박사는 학술대회에 청취한 최근 연구동향을 소개하였고, 이어서 김도이 박사는 Sub-P제약회사에서 진행하고 있는 암석미생물 프로젝트를 소개하였다.

“지하 3,000미터 암반 속에 호열균이 서식한다는 사실을 알았습니다.”

구천덕 부장은 무슨 엉뚱한 이야기 같이 생각하고 귀담아듣고 있질 않았다.

김도이 박사는 계속해서 “암석미생물이 지하암석 속에서 수만 년을 넘어 수억 년 살았기 때문에 규사를 활용할 가능성이 높다고 봅니다. 회사차원에서 암석미생물에 대한 협력연구를 주선해 주시면 예비실험을 해보겠습니다.”

김도이 박사의 발표가 끝나고 구천덕 부장은 관심 없다는 듯이 무덤덤하게 “재미있네. 생각해 봅시다.”하고 자리를 떠났다.

다른 연구원들도 너무 생소하고 자기들의 연구와 관련이 없이 때문에 다소 황당하다는 눈치였다. 결국 김도이 박사는 구천덕 부장에게 특별한 관심을 이끌어내지 못하고 회의를 마쳤다.

김도이 박사는 사무실에 돌아와 심해화산 호열균과 지하암석 호열균과 상호 유사성이 있을지 곰곰이 따져보았다. 참으로 희한한 생물이었다. 어떻게 그러한 극한환경조건에서 오랫동안 생존할 수 있는지 짐작조차하기 어렵기 때문이었다. 그리고 극한환경미생물의 기원이 어디이고, 그 환경 적응력이 어디까지 인지 알고 싶었다. 그래서 하나씩 차근차근 유추해 보았다. 바다와 땅 속 깊은 속에서 극한환경미생물들이 서식하기 위해서는 우선 높은 압력과 온도를 극복해야 하고, 더 중요한 것은 그러한 환경에서는 먹이가 없기 때문에 또 다른 에너지원을 찾거나 서식조건이 갖추어질 때까지 긴긴 시간을 기다려야했다. 지구 미생물들 중 곰팡이나 효모처럼 포자를 만들어 서식조건이 맞을 때까지 기다리는 생명연장수단과 유사한 방법이라고 보았다. 식물의 씨앗도 같은 맥락으로 보아야 한다. 하지만 암석미생물인 경우 동면하는 기간이 수천수만 년이 아니라 수억 년이 걸릴지도 몰랐다. 우리가 모르는 강력한 생존장치를 갖고 있다고 생각하였다. 혹시 규소세포막과 같은 매우 안정하고 특별한 장치를 연상해보았다. 물론 다소 막연한 연관성이었지만 그렇게 보고 싶었다. 물론 이런 생각이 일반 기존 생물학 관점으로는 설명할 수 없었다. 심해화산에 사는 호열균과 깊은 암반에서 살고 있는 호열균들은 외부의 극한환경으로부터 자신을 보호하기 위해 세포표면이나 내부에 특별한 화학구조를 가진 것과 같은 이치라고 생각하였다. 일종의 극한환경에 대한 적응장치로 보았다.

김도이 박사는 혼자서 '그것이 무엇일까?' 조용히 질문하였다.

'아마 서식지 주위에서 전혀 다른 종류의 먹이를 취해야 하고, 또 세포막은 높은 온도와 압력을 견딜 수 있어야 하는데…, 아마 규소가 관여되었을 수도 있어.'라고 중얼거리고 있었다.

그리고 인터넷 포털사이트에 들어가 호열균과 지하암석 미생물에 관한 최근 과학학술지를 검색해보았다. 재미있게도 호열균에 관련 연구가 많이 보고되었지만, 지하암석에서 채취한 미생물에 대한 연구도 간혹 보였다.

우선 심해화산 호열균들은 일반 탄소영양물이 없을 때에는 유황화합물들을 먹이로 취하여 에너지원으로 사용한다는 내용이었다. 정말 흥미로웠다. 마치 밥 대신 유황덩어리를 먹고 산다는 말과 같았다. 더욱 흥미로웠던 것은 수온이 80도 이상에서도 견딜 수 있도록 생체단백질들이 더욱 밀착되어 안전한 형태를 유지하고 있다는 얘기도 있었다. 더 나아가 그러한 안정성은 생체단백질들의 결정화(crystallization)를 잘 형성하여 생체분자 구조와 기능연구에 크게 기여하고 있다는 점도 흥미로웠다.

"일반적으로 높은 온도에서는 단백질과 같은 큰 생체고분자들의 구조가 풀려서 생체기능이 정지되는데…, 어떻게 100도에 가까운 높은 온도에서 세포증식을 하면 살아갈 수 있을까? 호열균의 생체분자들은 유난히도 매우 안정하고 밀착된 구조를 갖고 있다는 말이군."

하지만 내열성 생체단백질에 대한 호기심도 더욱 증폭되었다. 가령 달걀을 삶으면 생체단백질들이 반액체 코로이드 상태에서 고체형태로 바뀌면서 그 입체구조가 깨지고 생체기능도 잊어버린다. 모든 동물의 세포나 조직들도 마찬가지인데 호열균들의 생체단백질과 생체물질들은 그렇게 높은 온도에서도 전혀 변형되지도 않고 작동하면서 세포증식을 가능케 하고 있었다. 또 다른 생명의 신비가 여기에도 존재한다고 생각하였다.

지하암석 호열균은 더욱 신기했다. 동면의 개념을 완전히 바꾸었다. 물론 일반 동면 자체도 과학계에서는 아직 다 알지 못한다. 예로 곰들이 겨울에 동굴 속에서 아무 것도 먹지 않고 가사상태를 유지하다가 봄이 되면 다시 깨어나 살아 움직인다. 최소한의 에너지만을 사용하면서 그 추운 동토의 겨울을 피하는 생존전략은 아직도 이해하기가 어렵다. 추운 겨울동안 생존하는 동물의 동면은 생명현상의 또 다른 신비라 할 수 있다. 생물의 환경적응능력은 우리의 상상을 넘어서기 때문이다. 동물뿐 만아니라 모든 식물의 겨울나기도 마찬가지다. 봄이 되면 다시 소생하여 새로운 싹을 내고 번식하며 살아가는 식물의 생존력 역시 경이롭기까지 하다. '생명력'이라는 말 외에 어떤 말로도 설명할 수 없다. 자연의 신비 그 자체다. 그런데 암석미생물은 지구생물의 생명력보다 더 강력한 생존능력을 가지고 있는 것이 분명했다. 김도이 박사는 '지하암석 호열균은 한두 해도 아니고 수천수만 년을 넘어 수억 년 동안 죽지 않고 동면할 수 있을까? 어떤 생존능력을 가지고 있을까? 현대과학으로는 암석미생물의 생존 자체를 설명할 수 없어.'라고 혼자 중얼거렸다.

김도이 박사는 '지하암석 호열균은 한두 해도 아니고 수천수만 년을 넘어 수억 년 동안 죽지 않고 어떻게 살아 있었을까? 어떻게 가능할까? 현대과학으로는 암석미생물의 생존 자체를 설명할 수 없어.'라고 혼자 중얼거렸다.

김도이 박사는 '분명히 암석미생물은 식물의 씨앗과 같은 형태가 아닐 거야. 더 특별한 구조를 가지고 있어야해. 동면을 넘어 반영구적으로 생명을 보존하기 위해서는 세포 자체를 감싸고 있는 세포막의 구조가 특별해야해. 아마 규소를 활용하는 특별한 구조일 가능성도 있어.'라고 여러 번 생각하면서 암석미생물의 생존전략이 규소로 이어지고 있었다. 그것을 풀면 규소고분자를 넘어 규소소재의 가공기술도 정립해갈 수 있다고 보았다.

'그래 이 녀석들은 규사(SiO_2)를 반듯이 활용할거야.'라고 확정적인 확신을 가지면서 '암석미생물이 규소고분자와 반드시 연관성이 있을 거야.'라고 단정하였다.

만약 암석미생물이 규소기반 생명체라면 그 자체도 과학계의 커다란 뉴스이지만, 더 나아가 생물학적 기능을 가진 다양한 규소고분자나 규소화합물들의 생합성과 생체기능을 이해한다면 생명의 기원과 생명현상에 대한 개념을 더 넓힐 수 있다고 보았다. 여기에다 규소고분자나 규소화합물들을 활용하면 미래 전자산업과 바이오산업을 열어갈 수 있다고 생각하며 암석미생물에 대한 연구를 꼭 수행해야한다고 다짐하였다. 이를 위해서는 맨 먼저 암석미생물을 확보하고, 그리고 이들의 DNA 정보의 해석과 세포 구성성분의 화학구조를 분석해보고 싶었다. 자연스럽게 박수지 박사를 떠올리면 어떻게 연결점을 찾을 수 있을까 궁리하기 시작하였다.

7. 아버지 집에서

7

아버지 집에서

주말에 김도이는 간단한 여행 짐을 챙겼다. 벚꽃이 피는 봄날에 시골에 계시는 부모님을 방문하기 위해서였다. 조그만 짐 가방을 자동차 뒤 트렁크에 실고 운전석에 앉아서 내비게이터를 확인하였다. 오늘은 여유를 가지고 한적한 시골길을 따라 운전하고 싶었다. 시내를 빠져나오니 자동차는 많지 않았으나 간간히 느리게 달리는 트랙터가 조용한 시골 길을 번잡스럽게 만들고 있었다. 자동차 창문을 열고 내비게이터가 안내하는 대로 벚꽃으로 뒤덮인 국도를 따라 운전하면서 길주변의 경치를 감상하면서 봄의 향기를 만끽하였다. 시골길 옆 여기저기 가로수에서는 새싹을 내밀며 생명의 기운을 가동하고 있었고, 시골길 옆 언덕 밭에서는 농부들이 밭농사를 준비하는 모습도 보였다.

벚꽃 길을 따라 달리는 김도이는 만물이 소생하는 봄의 축제 속에서 싱그러운 자연의 향기를 마음과 몸속으로 빨아들이고 있다고 생각하였다. 한동안 달리다보니 비교적 큰 산 앞에 아늑하게 자리를 잡은 ISO사의 연구소가 보였다. 산에서 내려오는 냇물이 ISO사 연구소를 끼고 휘감아 돌아가면서 봄날의 수채화 같은 서정적인 분위기를 풍겼다. 연구소 잔디밭 옆에는 아담한 연못도 보였다. 좀 더 지나가니 잔잔한 큰 호수가 눈에 들어왔다. 호숫가에도 벚꽃이 흐드러지게 피어있었고, 호숫가 인근 휴게소에는 가족단위의 많은 행락객들도 눈에 뜨였다. 일부는 호숫가 벚꽃아래에

돗자리를 펴고 앉아서 가족이나 친구들과 즐거운 시간을 보내는 모습도 보였다. 여기저기 들녘에는 벚꽃과 진달래의 연분홍 꽃, 그리고 호숫가의 포근하고 따사한 햇살이 봄의 축제 속으로 들어가는 듯하였다. 그런 광경을 보면서 어린 시절 미국과 캐나다 학교에서 소풍가던 기억이 떠올랐다.

캠브리지 토빈학교 근처에 있는 알링톤 호숫가를 돌아 꽃이 핀 언덕으로 봄 소풍을 가던 생각이 났다. 미국 아이들과 공부도하고 함께 뛰어 놀던 생각도 났고, 노란머리의 아이들과 함께 공부하던 기억이 새롭게 떠올랐다. 그 어린 시절에 영어권 문화를 처음 접했고, 그때부터 영어권과 그 문화권에 익숙해져 있었고, 그것이 지금까지 이어지고 있다. 동서양의 두 문화권에서 활동한다는 것은 남과 다르게 색다른 경험이지만, 생활반경이 넓어서 시야가 넓어질 수 있었고, 또 다른 언어의 표현능력은 개방화된 시대에 사회적응력을 크게 높여주었다고 조용히 자평했다.

김도이는 가족이 한국에 돌아와서 봄이면 아빠가 근무하던 KIST 잔디밭에서 뛰어 놀던 생각도 떠올랐다. 연못가 주위에 벚꽃이 피어 있었고, 주위 언덕에는 핀 진달래꽃이 만발해 있었는데, 누나와 함께 넓은 잔디밭에서 뛰어 놀던 때가 어렴풋이 떠올랐다.

'그래. 그런 때도 있었어.'하고 중얼거렸다.

그 후 토론토에서 학교 다닐 때 노스욕 공원에서 뛰어 놀던 생각도 떠올랐고, 당시 항상 소풍가는 것처럼 재미있던 현장학습들도 유난히 떠올랐다. 미국 MIT에서 대학원 과정학생으로 보낼 때 추운 봄날에도 찰스강가에서 조정경기 선수들이 경주하던 모습이 떠올랐고, 또 독립기념일에 찰스강에 수많은 사람들이 모여서 불꽃놀이를 구경하던 기억도 떠올랐다. 지난 추억을 회상하면서 운전을 하다 보니 어느 덧 부모님 동네에 다다랐다.

조금 더 지나 호수를 끼고 나지막한 언덕 위에 아담한 동네가 눈에 들어왔다. 비교적 차분한 분위기의 현대식 가옥들이었다. 주로 서울에 사는 도시가구들이 주말에 잠시 들리거나 주말농장을 가꾸기 위해 조성된 주거 단지였다. 호수와 어울려 현대식 가옥들로 구성된 별장지대이기도 하였다. 김도이 박사는 그 언덕길을 따라올라 주거단지로 들어섰다. 길가에는 집집마다 나지막한 울타리에 매화와 진달래, 그리고 노란 개나리가 김도이를 맞이해주는 듯하였다. 봄의 정취와 봄의 기운을 느낄 수 있는 동네였다. 이윽고 작은 고갯길을 넘어 아담한 시골집에 도착하였다. 이미 연락을 하였기 때문에 아버지와 어머니가 문밖에 나와서 기다리고 있었다. 오늘은 누나 부부와 두 조카까지 와있었다.

"따뜻한 봄날이라서 상쾌했어요. 오는 데 길가에 벚꽃이 멋있었어요."

백발의 아버지는 담담하게 "어서 와. 아무 일 없지?"

김도이도 "네. 잘 지내고 있어요."

아버지는 아들이 자신의 연구관심을 이어받아 열심히 정진하는 모습에 늘 자랑스럽고 뿌듯했다. 그리고 새로운 연구 성과를 내어 과학계와 산업계뿐 아니라 인류사회에도 크게 기여하기를 바라는 마음뿐이었다.

야무지면서도 후덕한 인상을 가진 어머니는 큰 소리로 급하게 "얘야, 무슨 좋은 소식 없니?"하고 다짜고짜 다그치고 있었다.

김도이는 어머니에 살포시 안겨 웃으면서 "하하. 조만간 좋은 색시 감을 찾아 데려올게요."라고 대답하며 웃어넘겼다.

어머니는 다시 말을 가로채며 "네 나이도 벌써 30살이 넘었다. 그렇게 웃을 때가 아니다."

김도이도 웃으면서 "알았어요."

아버지, 김수덕 박사는 연구기관에서 평생 연구생활을 하였고, 정년퇴임 후에는 아름다운 들꽃의 환경적응력과 자생력에 반해서 마당에 조그만

들풀정원과 채소밭을 일구며 소일하고 계셨다.

“이 녀석들은 아무도 가꾸어주지 않는데도 혼자 잘 자라. 벌써 싹을 내고 꽃을 피우잖아.”

아버지와 어머니는 옆 마당에 이어진 텃밭 쪽으로 걸어가면서 “얘야. 옷 갈아입고 나오렴. 밭에 가자. 오늘 점심식사는 봄나물 된장국이다.”

김도이도 바로 “알았어요.”라고 대답하고 재빨리 집에 들어가 옷을 갈아입고 채소밭으로 달려 나갔다. 앞이 뚝 트이고 넓은 호수가 바로 앞에 펼쳐져 있었다. 멀리서 아지랑이가 피어오르고 간간히 봄바람이 불어와 흙냄새와 함께 봄날의 향기를 더욱 느낄 수 있었고, 멀리 주거단지의 아파트 건물과 ISO사 연구소도 보였다. 조그마한 밭에는 아버지가 심어놓은 쑥과 달래가 가득했다. 누나 식구들도 함께 밭에 나와서 봄나물도 캐고 들풀 냄새를 맡으며 봄의 향기를 몸으로 느꼈다. 도시생활에 익숙한 조카들은 흙과 채소를 만지는 것을 꺼렸지만, 재갈거리고 노는 모습이 귀여웠고, 또 계속 유난히 눈길을 끌었다. 김도이도 오랜만에 시골 밭에서 쑥과 채소를 뽑으며 봄날의 따스함과 함께 부모님의 포근한 정에 빠져 들었다.

아버지(김수덕 박사)는 평생 극한환경미생물을 연구한 과학자였다. 특히 화산온천이나 깊은 바다 속 화산지역에서 서식하는 호열균들에 관심이 많았다. 70도가 넘어 100도에 가까운 뜨거운 온도에서 잘 자라는 호열균들을 채집해왔고, 펄펄 끓는 물속에서도 잘 견디는 내열성 효소들을 만들어 잠재적 활용가능성을 발굴해왔었다. 아버지는 화학자이자 유전공학의 전문가였다. 그래서 내열성 효소들의 유전자를 찾아 일반 실험실대장균에 넣어 내열성 효소들을 대량생산하여, 기능성 생체분자들을 만들고, 또 바이오산업과 의학적 활용연구에 전념해왔다.

근래에는 호열균이 갖고 있는 내열성 효소들을 이용하여 실험수단이나 질병진단, 산업생산수단으로 널리 활용되고 있지만, 김수덕 박사가 연구할 당시에는 내열성 효소의 중요성을 학계와 산업계에서 인식하지 못했었다. 이제 내열성 효소들은 연구현장과 병원, 산업생산에서 없어서는 안 될 유용한 생체촉매이자 분석수단이 되었다. 대표적인 예가 DNA복제효소(DNA polymerase)다. 생물의 DNA를 수십억 배 복제시킬 수 있는 DNA증폭 기술도 바로 이 효소가 있기에 가능하였다. 피 한 방울이나 머리카락 하나만으로 친자확인이 가능하고, 또 수십 년 동안 풀리지 않았던 범인의 확인도 이 DNA복제효소로 가능하게 만들어 내었다. 아버지는 이 내열성 효소의 마술을 일찍부터 알고 있었다. 더욱이 이 DNA복제효소는 사람의 DNA 설계도인 유전체(genome)의 해독을 가능케 했고, 이젠 개인별 분자진단을 통해 맞춤의학으로 발전케 하였다. 한 내열성 효소가 세상을 바꾼 것이다.

아버지는 극한환경미생물에 남다른 애정과 전문적인 식견을 가지고 있었다. 21세기 석유가 지구에서 고갈되면 석유대신 바이오매스를 가공할 방안도 이 내열성 효소로 보았다. 안정한 내열성 생체촉매이자, 친환경 바이오생산기술이기 때문이었다. 미래 바이오산업사회의 청사진을 그리는 과학자였다.

호열균에 대한 애착은 아버지의 옹고집만이 아니었다. 기술선진국들이 인간유전체프로젝트를 착수하였을 때 많은 과학자들은 사람의 유전체 DNA에만 매달리고 있었지만, 주요 기술선진국은 호열균들의 유전체정보를 맨 먼저 해독하였다. 호열균이 그 만큼 산업적으로 중요하다는 말이었다. 다시 말해 호열균의 유전체 정보를 통해 세포공장을 재현하자는 프로젝트였다. 미생물은 포도당과 같은 간단한 먹이(원료)로부터 모든 세포구성물을 만들어 빠르게 세포증식을 한다. 그때 세포공장(효소집단)은 생체 단백질과 핵산, 탄수화물, 지방 그리고 비타민이나 기타 수많은 생리활성 물질들로 구성된 세포구성물들을 간단히 생합성하는 능력을 갖고 있다는 말이기도 하다. 사실 이러한 생체구성물들을 손쉽게 만들 수만 있다면 석유화학 대체산업기술의 완성도 그리 어렵지 않기 때문이었다. 특히 호열균들이 가지고 있는 매우 안정한 생체촉매(효소)들은 미래 친환경적인 바이오산업의 생산수단이 될 수 있기 때문에 김수덕 박사는 바이오산업의 꿈을 호열균에서 찾고자 하였다. 21세기 바이오산업의 핵심기술이 바로 내열성 효소에 출발함을 김수덕 박사는 일찍 간파한 것이었다.

그리고 극한환경미생물들을 보면 알 수 있듯이 생물의 환경적응력은 무한히 넓다는 견해를 갖고 있었다. 그래서 지구환경뿐 만아니라 외계극한환경에서도 미생물들은 살아갈 능력이 있다고 보았다. 펄펄 끓는 물에서도 잘 자라는 화산온천미생물로부터 시작하여 초저온 극지방에서 살아가는 극지미생물들, 강한 산성이나 알칼리 환경조건에서도 살아가는 산성-환경미생물 및 알칼리-환경미생물, 소금과 같은 염분으로 가득한 사해바다에서도 살아가는 할로미생물, 그리고 탄소에너지 대신 유황성분을 에너지로 활용하는 화산지역이나 심해 미생물, 그리고 지하 깊은 암석 속에서도 살아 있는 암석미생물들을 보면서 생명체의 적응력에 감탄할 뿐이었다. 미생물의 환경적응능력은 지구뿐 만아니라 외계환경에서도 충분히 생존가능하다는 것이 김수덕 박사의 견해였다. 생명의 근원과 생명체의 서식범위를 지구에 한정시키지 않았다는 말이다. 생명의 신비를 넘어 생명의 기원까지 생각하는 과학자이기도 하였다. 이는 온 우주와 자연, 지구생태계, 그리고 인류사회까지 『보이지 않는 끈』으로 모두 연결되어 있고 그리고 그 틀에서 벗어날 수 없다는 아버지의 자연관에서 기인한 생각이었다.

저녁식사를 하면서 아버지는 김도이 박사에게 "규소고분자 프로젝트는 잘 가고 있냐?"

김도이는 "심해화산에서 호열균들을 계속 찾고 있어요. 근데 아직 똘똘한 녀석이 나타나질 않아서 다른 환경미생물을 더 찾아보아야 할 것 같아요."

아버지는 정색을 하고 "어떤 효소를 찾고 있는데?"

김도이는 "규소고분자에 황산기를 부착시킬 수 있는 황산화효소를 찾아요. 음전하를 높여 전자이동속도를 획기적으로 향상시킨 분자반도체를 개발하고 있어요."

아버지는 "그래. 심해 해양미생물들은 유황화합물을 에너지원으로 활용하니까 황산화효소를 가질 수 있지. 같은 해저화산만 뒤지지 말고 다른 곳에서도 찾아봐. 혹시 아니? 지구 어딘가에는 규소를 활용하는 미생물도 있을 수 있어."

김도이는 "네? 규조류나 규사환경미생물요?"

아버지는 차분하게 말을 이어간다.

"뻣뻣하게 생긴 야생 잡초들은 억센 잎들을 가지고 있잖니. 그 녀석들이 모래를 이용해서 강하고 엑센 잎을 만들어 가고 있는데, 그와 마찬가지로 땅속 어딘가에 모래를 이용하는 규소환경미생물이 있을 수 있다고 생각해."

김도이도 고개를 끄덕이며 "네. 그럴 가능성이 있네요. 한 번도 생각해보지 않았어요."

아버지는 『규소(silicon)』라는 원소에도 각별한 애정을 가졌던 과학자이기도 하였다. 어릴 때 헐벗은 산과 들에는 나무가 없어서 비만 오면 산에 있는 토사가 강과 냇가로 내려와 항상 모래가 넘쳐났다. 그래서 때론 모래를 활용할 방안이 없는지 생각하곤 하였다. 대학시절 정규과목 외로 규소화학을 따로 독학을 하여 학부세미나 시간에 발표하기도 하였다. 모래를 화학적으로 가공하여 유용한 규소물질로 전환시킬 수 있는 방법을 찾고 싶었다. 원소주기율표에서 탄소 바로 밑에 있는 규소도 탄소처럼 다양한 화합물로의 변환이 가능하다고 본 것도 한 이유였다. 어쨌든 아버지는 학창시절에 하찮고 쓸모없는 모래에 많은 관심을 두었다. 사실 대학생 시절 당시에도 규소원소로부터 반도체를 만들 수 있다는 말이 있었지만, 모래가 지금처럼 화려한 컴퓨터산업과 정보통신사회를 열어줄지 아무도 생각하지 못했다.

아버지는 DNA와 유전공학을 알고 난 후부터는 규소를 잊어버리고 오로지 DNA와 관련된 연구에만 전념하였다. 특히 호열균 유래 효소공학연구에 집중하였다.

김도이는 아버지 질문에 흥이 나서 말을 꺼내었다.

"심해화산 호열균에서 계속 선별하고 있으니까 곧 나올 거예요. 근데 아버지. 샌디에이고 국제미생물학회에 가서 흥미로운 말을 들었어요."

아버지는 "뭔데?"

김도이는 박수지 박사한테 들은 이야기를 전하였다.

"Sub-P제약회사에서 온 연구자를 만났는데 신약개발의 후보물질들을 지하암반에서 미생물을 찾는대요. 저는 생각도 못했는데 지하 수천m 밑에 어떻게 암석 속에 미생물이 존재하는지 이해할 수 없어요. 수천 년을 넘어 수만 수억 년을 암석 속에서 살아남아야 하는데…."

김수덕 박사는 "암석미생물의 존재는 20세기 중엽에 보고되었지만 오직 일부 연구자들만 관심을 보였지."

김도이 박사는 아버지의 견해를 듣고 싶었다.

"암석 속에서 살아있었다면 모래를 활용할 가능성이 있지 않을까요?"

아버지는 덤덤하게 "아직 보고는 없지만 가능성이 있어. 하지만 규소관련 분석실험방법이 없어서 연구진행에 어려움이 많을 거야."

샌디에이고 환경미생물컨퍼런스에 참석하여 Sub-P제약회사 박수지 박사로부터 들은 얘기를 전하고 암석미생물이 흥미롭다는 얘기를 나누었다. 그때 김도이는 아버지의 인맥을 이용하면 암석미생물을 연구할 수 있겠다는 생각이 번득 스쳐갔다.

“암석미생물을 연구해 보고 싶은데, 혹시 Sub-P제약회사에 아는 사람이 있어요.”

아버지는 “어느 회사라고 했지?”

김도이는 바로 “Sub-P제약회사요.”라고 대답했다.

아버지는 “오! 거기 아는 사람이 있지. 25년 전 MIT 박사연구원으로 일할 때 만난 친구야. 이름이 박서우인데 지금 Sub-P제약회사의 연구소장일 거야. 매우 야무진 친구지. 연락해 주랴?”

김도이 박사는 눈이 휘둥그레지면서 “그래요? 연결해 주세요. 암석채취 현장도 보고 싶고, 암석미생물들을 분양받아 규소활용여부를 조사하고 싶어요.”

아버지도 신이 나서 “알았어. 연락해 볼게.”

그날 저녁 김도이 박사는 부모님과 누이 식구들과 식사도 하고 담소를 나누면서 즐거운 한때를 보냈다.

8. Sub-P 제약회사 연구소

8

Sub-P 제약회사 연구소

김도이 박사를 태운 헬리콥터는 푸른 바다를 내려다보면 드넓은 남쪽바다를 향해 날아갔다. 제주도를 지나 30분 더 날아가니 바다 한가운데 조그만 석유시추선이 눈에 뜨였다. 바로 Sub-P사가 석유공사와 연구협약을 맺어 지하암석을 채취하는 곳이었다. 헬리콥터에서 내려서 보니 하늘에서 보는 것과 달리 석유시추선은 엄청난 규모의 해양 복합공장이었다. 헬리콥터가 헬기장에 내리니 박수지 박사가 이미 와서 김도이 박사를 맞아주었다. 석유시추선을 처음 방문한 김도이 박사는 분위기가 생소하여 다소 얼떨떨한 상태였고, 거대한 시설에 중압감을 느끼기까지 하였다.

박수지 박사는 SAMi사 김도이 박사가 암석미생물과 관련하여 Sub-P사를 방문하리라고 기다리고 있던 터였다. SAMi사는 세계적인 전자회사이기 때문에 회사연구방향과 연관이 있다면 꼭 접촉하여 협력관계를 맺어 갈 것이라고 생각하였다. 박수지 박사는 김도이 박사가 Sub-P사에 와서 석유시추선도 방문하고 협력연구를 진행할 거라는 소식을 듣고, 기다렸다는 듯이 자진하여 김도이 박사와 같이 할 시간을 마련했다. 오늘도 김도이 박사보다 먼저 석유시추선에 와서 지하암석의 채굴현장과 시료채취를 선별과정을 보여줄 준비를 하였다. 지난 샌디에이고 학술대회에서 잠깐 만났을 때 좋은 인상을 받았고, 혹시 다시 만날 기회를 엿보고 있던 참이었다. 그리고 김도이 박사가 Sub-P사 연구소에 방문하여 암석미생물의 추출과 배양실험을 배울 때 실험지도 및 안내를 맞기로 자원하였다. 박수지 박사는 반가운 모습으로 웃으면서 "안녕하세요. 먼 길 오시느냐 수고가 많으셨어요."

김도이 박사도 박수지 박사가 석유시추선에 배웅을 나오리라 전혀 기대하지 않았기에 크게 놀라면서 "안녕하세요. 어떻게 여기에. 박수지 박사님이 석유시추선에 까지 오실 줄은 전혀 몰랐습니다. 아무튼 다시 뵈니 반갑습니다."

박수지 박사는 스스럼없이 "오시는 줄 미리 알았어요. 구면이고 해서 제가 나왔습니다."

박수지 박사는 석유시추선의 중앙 계단을 따라 관통부의 작업현장으로 인도하였다. 석유시추선은 심해 굴착작업뿐 만아니라 석유나 가스의 채굴과 1차 정유설비까지 갖추고 있는 거대 복합시설이었다. 선상의 넓이는 축구장보다 더 컸고, 시추장비도 80m 정도 하늘로 치솟았다. 시추장비 옆에는 각종 계측장비들이 굴착과정을 통제하고 있었고, 지하암반 6,000m까지 굴착할 능력을 갖출 정도로 큰 규모였다. 작업장 옆에는 채굴표본을 보관하고 분석하는 실험실도 딸려 있었다. 모든 석유굴착과 정유시설이 시추선 내부에 다 집약되어 있어서 석유시추선인지 석유화학공장인지 구별을 할 수 없을 정도였다.

박수지 박사는 이미 여러 차례 방문하여 이곳 사정에 익숙하였다. 현장소장에게 김도이 박사를 소개시키려 현장소장 사무실에 들어갔다.

"안녕하세요. 소장님, 이 분은 SAMi사 김도이 박사님입니다. 석유시추선의 지하암반 채굴현장을 보여주고 있습니다. 저희와 지하암반 시료를 가지고 연구하는 분입니다."

김도이 박사는 다소 서먹하게 "안녕하세요. SAMi사 연구소에 근무하는 김도이입니다. 덕분에 좋은 구경하고 있습니다."

현장소장은 Sub-P사와 협력하여 채취한 암석시료를 제공하고 있었지만 그것이 무슨 용도로 사용하고 있는지 잘 몰랐다.

"지하 암석이 또 필요한 사람이 있습니까? 재미있군요."

김도이 박사는 다소 서먹한 분위기에서 명함을 꺼내어 현장소장에서 주고 "저는 SAMi사에서 온 김도이입니다. 석유시추선의 방문을 허락해주셔서 감사합니다. 오늘 좋은 구경을 하겠습니다."라고 인사하고 사무실을 나왔다.

박수지 박사는 김도이 박사를 복잡한 굴착현장을 여기저기 소개하면서 차분히 지하암석의 채굴현장을 안내하였다.

"석유시추선이 처음인가요? 김 박사님?"

김도이 박사는 석유시추선의 거대한 장치와 현장의 박진감을 느끼면서 박수지 박사의 친절한 안내에 다소 주눅도 들었고, 또 다른 한편으로 부담감을 느끼고 있었다.

"네. 처음입니다. 석유시추선의 규모에 압도당하는 느낌입니다. 생화학자가 이런 곳에 오리라고 생각도 못했습니다."

점점 드릴엔진의 굉음이 요란하게 울리자, 박수지 박사가 김도이 박사에게 방음귀마개를 씌워주었다. 은연중 박수지의 세심한 배려에 부드러운 여심을 느꼈으며 가벼운 목례로 답했다. 관통부 현장에는 건장한 석유시추 작업자들이 육중한 드릴장치를 조립하여 지하파이프 속에 집어넣고 있었다. 다른 한쪽에서는 방금 전에 꺼낸 드릴파이프에서 Sub-P사 연구원들이 암석시료를 조심스럽게 꺼내고 있었다. 드릴파이프에서 나온 지름이 20cm이고 길이가 3m 파이프에서 원통형 암석시료를 꺼내어 바로 무균 비닐지로 감싸는 작업이었다. 지상 미생물의 감염을 차단하기 위해서였다. 긴 원통모양의 채취시료는 기다란 무균상자에 차곡차곡 쌓아 넣고, 바로 현장실험실의 냉동고 속에 옮겨 보관하였다.

박수지 박사는 김도이 박사가 새로운 환경에 주눅이 들지 않도록 계속 말을 붙여 주었다. 눈에 보이지 않게 여러 모로 김도이 박사를 배려하고 있었다.

"저희 연구팀은 해저지하암반으로부터 이미 수백 종의 새로운 미생물을 채집했고, 이로부터 희귀한 천연물들을 많이 발굴했어요. 그 중 2개 천연물은 항암제와 면역증가제로 판명되어 신약으로 출원까지 했어요. 이 암석미생물들이 우리에게는 보물인 셈이에요."

김도이 박사는 Sub-P사의 적극적인 역동성과 학제적 연구노력에 놀라지 않을 수 없었다. 일반적으로 제약회사는 약초나 유기화학합성에서 얻어진 물질을 가지고 약리작용을 검증하여 새로운 약제를 개발하고 있는 줄 알았는데, 예상 밖으로 지하암반에 서식하는 미생물로부터 신물질을 탐색한다는 것은 생각조차 하질 못했었다. 약제를 선별해가는 파격적인 연구접근에 내심 놀랐다.

"대단하군요. 암석미생물들이 천연물들을 많이 배출하나요?"

박수지 박사는 질문할 줄 알았다는 듯이 "천연물을 많이 배출하지 않지만 매우 희귀한 물질이지요. 희귀 천연물들이 저희 회사의 경쟁력이죠. 다른 제약회사와 차별화할 수 있잖아요."

김도이 박사는 계속해서 "모든 지하암반에서 미생물이 발견됩니까?"

박수지 박사도 신이 나서 "아뇨. 아시겠지만 용암이 굳어져 형성된 암석에는 미생물이 발견되지 않아요. 대게 대륙붕의 지하 4,000m 정도에 존재하는 퇴적암에서 발견되곤 하지요."

김도이 박사는 전공분야의 실무적인 질문을 하면서 억눌린 기분이 다소 풀어졌다.

"채취한 암석미생물들이 일반미생물과 분류학적 관계가 있습니까?"

박수지 박사는 차분하고 정확하게 "지하암석에서 채집한 미생물들은 분류학적으로 뚜렷이 구별이 되지요. 대부분 혐기성 미생물이면서 고세균(archaea) 종으로 분류되는 호열균들이 주로 발견됩니다. 일반 미생물과는 전혀 다른 종(種)이지요. 산소가 없는 곳에서 자라기 때문에 보관과 배양에 각별히 신경을 써야 합니다."

김도이 박사는 흥미로워서 계속 질문을 이어갔다.

"이 지하암석 호열균들의 배양은 용이합니까? 제가 알기로 많은 경우 토양미생물들의 배양조건을 못 찾아서 키우지 못한다고 들었는데…."

박수지 박사도 고개를 끄덕이며 "맞아요. 배양배지를 찾는데 많은 시간을 보내고 있어요. 이제까지 100가지 이상의 새로운 암석미생물의 배양배지를 개발했지만 배양조건을 못 찾아 잃어버린 미생물도 상당히 많아요."

김도이 박사는 자신의 연구와 관련된 핵심적인 질문을 하기 시작했다

"혹시 배양배지에 규사분말을 넣는 경우가 있습니까?"

박수지 박사는 지난번 샌디에이고 컨퍼런스에서 질문한 내용을 기억하며 "샌디에이고에서 비슷한 질문을 하셨지요? 일반적으로 0.1% 정도의 극소량 규사분말을 넣어주기는 하지만, 저희들은 규사를 활용하는 암석미생물을 찾지 않았어요. 아마 암석미생물이니까 모래를 먹어치우는 미생물도 있을 수 있겠지만 그건 김 박사님의 몫입니다."

"저희 회사는 SAMi사에 우선 20종을 분양하기로 했습니다. 가서 실험해 보시고, 좋은 결과가 나오면 알려주세요. 추가 분양도 해드리겠습니다."

김도이 박사는 박수지 박사로부터 도움을 받는다는 것이 다소 계면쩍었지만 웃으면서 박수지 박사에게 고마움을 표하였다.

"감사합니다. 아무래도 새로운 도전이라서 모든 것이 조심스럽습니다. 많은 도움을 부탁드립니다."

김도이 박사는 지하암반에서 암석을 채굴하는 석유시추선 견학을 마치고, 시료박스 2개를 헬리콥터에 싣고 박수지 박사와 함께 헬리콥터를 타고 Sub-P 연구소로 향해 출발하였다. 석유시추선은 헬리콥터에서 점점 하늘 높이 올라 망망대해를 달리고 있었다. 김도이는 멀어져가는 석유시추선을 보면서 석유자원을 발굴하기위해 대규모적인 탐사노력에 깊은 인상을 받았다. 다른 측면으로 보면 인류는 자연을 끝없이 탐구하고 또 정복하는 피조물이라는 생각을 하였다. 그 끝이 어딘지 알 수 없지만 끝없이 달리고 있는 인류의 도전정신이 대단하다고 느껴졌다. 석유에너지회사들은 지하암반 속에서 초기지구환경에서 살아가던 생물의 잔유물인 석유를 캐내고, 다른 한편으로 제약회사는 지하암반에서 고생대의 미생물을 찾아가고 있다는 점이 흥미로웠다. 석유도 그렇고 암석미생물도 먼 지구의 흔적을 다시 들추어내는 작업이기도 하고 초기 지구역사를 찾아가는 노력이라고 생각하였다. 우습게도 우주생명의 역사를 외계가 아닌 지구의 땅 속에서 찾고 있었다.

박수지 박사는 처음부터 끝까지 정중하면서도 매우 상냥하게 김도이 박사를 안내하였다. 내심 호감을 갖고 있었기 때문이었지만, 사교적인 매너가 몸에 배어있었다. 개인적인 관심사항과 취미생활 등 많은 얘기를 나누면서 친밀한 사이로 발전하고 있었다. 김도이 박사도 계속 박수지 박사의 눈을 바라보며 서서히 관심을 넘어 따스한 눈길이 오고갔고 또 서로 살며시 어깨를 부딪치며 서로를 느끼고 있었다. 박수지 박사도 까다롭고 이지적인 연구자였기 때문에 평소에 이런 분위기를 용납하지 않았지만 김도이 박사에게는 자연스럽게 허용했고 또 어울어졌다. 김도이 박사는 이러한 모습을 보면서 혼자 마음속으로 박수지 박사를 연인관계까지 연상하며 웃음을 지었다.

서로 재미있게 이야기를 나누고 있었는데 벌써 헬리콥터는 Sub-P사 연구소 헬기장에 접근하였다. 헬리콥터에서 내린 두 사람은 시료박스를 들고 연구소 현관으로 걸어갔다. 전자회사에서만 근무해온 김도이 박사에게는 제약회사 연구소의 분위기가 사뭇 달랐다. 우선 냄새부터 달랐고 여러 모로 생소했다. 박수지 박사는 먼저 김도이 박사를 박서우 연구소장에게 데려가서 인사를 시켰다.

박서우 소장은 반갑게 맞아주면서 "반가워요. 석유시추선은 잘 구경했습니까?"

김도이 박사도 아버지 친구인 박서우 박사를 처음 만나 뵙게 되어 기뻤고, 또 이렇게 좋은 기회를 주어서 고마웠다. 그래서 미리 준비한 조그만 SAMi사 전자제품을 선물로 드렸다.

"좋은 기회를 주셔서 감사합니다. 한 달 동안 이곳에서 많은 것을 배우고 가겠습니다."

박서우 소장은 "아버님은 어떻게 지내고 계신가?"

김도이 박사는 정중하게 "아버님은 시골에서 들꽃을 키우시면서 들꽃책을 쓰시고 계십니다."

박서우 소장은 놀라면서 "아니. 환경미생물이나 자서전을 쓰는 게 아니라 들꽃책을? 큰 도전인데, 돌아가면 아버님께 안부 전해줘요. 그리고 Sub-P사에 있는 동안 유익한 시간을 가져요."

김도이 박사는 연구소장에게 인사를 하고 사무실에서 나와 엘리베이터를 타고 5층 박수지 박사 사무실로 향했다. 복도에는 여러 실험실들이 있었는데 전자회사의 연구소와는 분위기가 확연히 달랐다. 우선 실험실의 구조뿐 만아니라 복도의 냄새가 달랐다. 천연물과 한약재 같은 냄새가 진동하였고, 다른 실험실에서는 쾌쾌한 미생물의 냄새가 코를 자극하였다. 이미 알고 있었지만 동물실험실에서 사육하는 생쥐의 냄새가 유난히도 역하였다. 인상적인 것은 연구자들의 느긋한 모습이 전자회사의 연구자들과 매우 대조적이었다. 미생물이나 세포주들을 배양실험에서 하루나 며칠 동안 기다리기 때문에 연구진행과 연구자의 자세부터 차이가 날 수밖에 없었다. 그리고 제약회사가 전자회사와 달리 연구개발과 제품의 생산소요기간이 긴 것도 한 원인이었다. 경우에 따라 한 개의 신약개발기간이 10년을 넘어 20년을 넘기기도 한다. 하지만 신약을 개발하면 그 만큼 부가가치가 크고 긴 상품수명을 가졌기 때문에 긴 시간을 마다하지 않고 제약회사들은 신약에 개발에 매진하고 있다. 어쨌든 전자회사와 확연히 다른 차분하고 느긋한 분위기였다.

김도이는 박수지 박사에게 신기하다는 듯이 질문을 계속 던졌다.

"여기에도 냉장고와 냉동고가 유난히 많이 눈에 띄네요."

박수지 박사는 "잘 아시잖아요. 미생물과 동물 세포주들을 오염 없이 잘 보존하기 위해서는 할 수 없죠."

다른 층에 있는 유전공학실험실에는 연구자들이 실험실 벤치 앞에 앉아서 피펫맨(pipetman)으로 작은 플라스틱튜브에 정확히 액체시료를 넣고 관찰하는 모습도 보였다. 옆 실험실에서는 부드럽게 로봇이 작동되는 DNA 자동분석기가 DNA의 염기서열분석을 위해 바삐 움직이고 있었다. 이 제약회사는 전 세계에서 산출되는 모든 유전체 정보뿐 만아니라 유전체(genome) 정보를 해독하고, 또 발생한 유전체 정보를 담아놓은 대규모 DNA database와 전산정보분석시스템을 자체적으로 구축하고 가동하였다.

박수지 박사는 자신 있는 표정으로 "저희 연구소는 유용한 유전정보를 발굴하기 위해 다양한 분석프로그램을 독자적으로 개발하여 새로운 생체단백질 유전자의 발굴은 물론 그 단백질의 구조와 기능까지 유추하고 있어요. 그래서 연구자들이 많은 시간을 절약하고 시행착오를 줄이지요. 저희 회사의 비장의 무기인 셈이죠."

이러한 유전정보해석능력이 Sub-P사의 경쟁력이자 다른 제약회사와의 차별화 전략이기도 하였다. SAMi사도 유전체 정보의 분석과 관련 분석시스템을 가지고 있지만, Sub-P사보다는 다소 떨어졌다. 유전체 정보가 신약개발과 밀접한 관계를 가지고 있어서 Sub-P사는 총력적으로 유전체 정보와 바이오정보시스템을 갖추어 상시적으로 활용하고 있었다. 커다란 연구자산이었다.

박수지 박사는 우쭐한 표정으로 자랑하고 싶은 말로 이어갔다.

"저희 회사가 갖고 있는 유전정보량은 인류의 모든 지식보다도 많다고 해요. 독자적인 유전체 정보의 분석프로그램들까지 많이 가지고 있지요. 아시는 대로 새로운 유전자를 찾아가는데 필수적인 연구수단이기 때문이죠. 이젠 유전정보가 산업정보나 다름없으니까 그 database와 해석능력은 필수적인 것 같아요."

Sub-P사는 생물의 유전체 정보가 가장 소중한 생명의 정보이자 산업정보로 인식하고 대규모 유전체프로젝트를 계속적으로 진행해 왔다. 이미 지하암석에서 채취한 많은 호열균들의 유전체 정보도 모두 규명해 놓은 상태였고, 수많은 병원균과 바이러스 그리고 유전병 환자가족군의 원인유전자도 독자적으로 추적하여 신약발굴에 활용하고 있었다. 하지만 Sub-P사의 DNA정보시스템은 아무나 접근이 허용되지 않았고, 특히 경쟁회사에게는 정보의 접속이 엄격히 제한되었다.

옆 실험실에서는 유기화학자들이 천연물과 유기화합물들을 분리하여 약제로서의 가능성을 검증하고 있었다. 이미 자체적으로 구축한 천연물은 행을 가지고 있었고, 각 천연물에 대한 NMR(nuclear magnetic resonance, 핵자기공명기) 스펙트라와 질량분석자료, 그리고 약리적 특성까지 연계하여 분석할 수 있는 구조-약리기능분석시스템도 구비하고 가동하였다. 이곳에서도 복잡한 로봇들이 약리성분을 추출과 약리검증을 쉴 새 없이 움직이며 분석하고 있었다.

박수지 박사는 동물실험실도 보여주었다.

"Sub-P사는 많은 질병의 모델동물들을 보유하고 있어요. 매우 비싼 연구자원인데 웬만한 동물원보다 더 많은 실험동물을 갖고 있어요. 아시겠지만 실험동물들은 약제의 효능과 안전성을 검증하는데 꼭 필요한 연구수단이기 때문이죠. 사실 새로운 의약품을 개발만 하면 그 경제적인 가치가 워낙 커서 제약회사의 모든 연구투자 이상을 보상해 주니까 이렇게 하지요. 또 신약을 개발만 한다면 기업이미지는 이루 다 말로 표현할 수 없이 좋아지지요. 경우에 따라서 한 국가를 먹여 살릴 수도 있고, 인류를 질병에서 해방시킬 수 있는 정도로 그 규모가 커요."

김도이도 박사도 놀라면서 "이야기를 들으니 제약산업이 전자산업보다도 더 중요한 것 같아요."

박수지 박사는 그것도 모르냐는 듯이 "물론 그저 열심히 연구한다고 새로운 의약품이 나오진 않아요. 수많은 생명현상의 지식과 질병정보를 기반으로 신약이 선별되기 때문에 제약산업이 대표적인 지식산업인 셈이죠. 아는 만큼 돈을 벌 수 있다는 얘기이구요. 그래서 저희 연구소는 유능한 인재들을 꾸준히 모으고 있어요. 결국 사람이 하는 일이니까요."

김도이 박사는 Sub-P사 연구소의 연구시스템과 연구정책에 내심 놀라면서 "연구소 분위기가 전자회사와 너무 다르군요. 기계냄새보다는 사람의 냄새와 자연의 냄새가 난다고나 할까요. 물론 천연물과 미생물의 냄새가 제 코를 찌르긴 하지만…, 하하하."라고 웃으면서 제약산업의 잠재력과 파급력에 크게 놀랐다.

어느덧 박수지 박사의 안내를 받아 암석미생물의 배양실로 왔다. 박수지 박사는 김도이 박사에게 암석미생물을 분리하고 배양하는 실험계획을 보여주었다. 외부와 차단된 실험공간에는 많은 암석시료들이 분류되어 쌓여있었고, 그 옆에는 암석분쇄기가 굉음을 내며 암석시료를 고운 분말로 만들고 있었다. 그리고 암석분말을 물에 넣어 암석미생물을 추출하고, 추출용액은 공기와 차단된 배양관을 통해 살균 처리된 병으로 옮겨졌다.

박수지 박사는 김도이 박사에게 배양용기를 가르키며 "내일 P4실험실에서 암석미생물들의 추출물을 배양접시에 접종하고 배양할 예정에요. 사실 다소 번거롭지만 실험규정에 따라 새로운 미생물의 배양은 P4실험실에서 진행해야 해요. 단지 안전규정상 사전조치이니 너무 걱정하지 마세요."

박수지 박사는 하루 종일 김도이 박사에게 정성을 다하여 실험실도 안내해주고, 또 앞으로 전개될 암석미생물의 실험절차도 차분하면서도 정확하게 알려주었다. 그 만큼 마음이 끌렸다는 말이기도 하였다. 긴 하루였지만 김도이 박사에게도 싫지는 않았다.

그 날 저녁 박수지 박사는 김도이 박사를 Sub-P사의 초빙과학자 숙소에 안내하여 짐을 풀게 하고, 근처 분위기 있는 식당에 데려가 저녁식사를 대접하였다. 김도이 박사는 그저 박수지 박사의 안내에 따를 뿐이었다. 다소 체면이 안 섰지만 달리 방도가 없었다. 그러한 심정을 눈치 챈 박수지 박사는 김도이 박사에게 더욱 친근감을 보이며 "오늘 예약한 이 한식당은 매우 특별해요. 식당메뉴가 없어요."

김도이 박사는 이상하다는 듯이 "메뉴가 없다고요? 그러면 어떻게 주문하죠?"

박수지 박사가 웃으면서 "이 식당은 예약을 3시간 전에 받은 사람만 식사가 가능하고, 예약손님은 20명에 한정하지요. 그리고 예약손님에 맞추어 최고의 식재료를 구입하고 정성껏 식사준비를 한대요. 그래서 특별해요. 물론 조미료는 전혀 쓰지 않고, 그날그날 식당의 주방장이 차려준 식사만 나와요. 주로 한식이지만 다른 것을 좀 가미할 때도 있어요. 그래서 올 때마다 궁금합니다. 매번 갈 때마다 무슨 별미가 나올지 궁금해요."

김도이 박사가 흥미롭다는 듯이 "재미있네요. 일반식당과 차별화된 전략이군요."

박수지 박사가 자신만이 알고 있다는 듯이 우쭐한 기분으로 말을 이어간다.

"식당주인은 돈을 버는 것보다 오는 손님에게 정성껏 식사를 대접하고 서로 친분을 나누고 사귄다는 모토를 가지고 있어요. 어떻게 보면 생활의 여유와 교류를 이 식당사업을 통해서 찾고 있는 분이지요."

조금 기다리니까 부드러운 양념으로 맛을 낸 낙지볶음이 전체음식으로 나왔다. 분명히 일반식당의 요리와 달랐다. 마치 어머니의 따뜻함과 정성이 담긴 음식을 받는 느낌이었다. 함께 나온 막걸리는 새로운 풍미가 가미된 독특한 음료였다. 새로운 음식과 반찬이 하나하나 나올 때마다 흥미진진했다. 특이하고 조용하고 여유로운 식당분위기와 음식에 빠져서 다른 얘기를 할 뜸이 없었다. 현미밥과 다져진 소고기구이를 먹으니 한식다과가 후식으로 나왔다. 오늘 식사는 박수지 박사가 김도이 박사를 위해서 마련한 특별한 예우이자 배려였다. 식사대접이 아니고 정성을 대접받고 있다고 생각을 하였다. 매우 특별한 경험이었다. 분위기가 무르익자 식당 위층으로 자리를 옮겼다. 그곳에는 많은 종류의 차와 음료가 펼쳐져 있었다. 서로 많은 얘기를 나누면서 둘은 이미 오랜 친구처럼 서로에게 더욱 친근감을 느껴졌다. 자연스럽게 각자 자신들의 연구이야기도 하고 개인적 관심사까지 나누며 즐거운 한 때를 가졌다. 어찌 보면 박수지 박사가 의도한 것이었지만 두 사람은 이미 친한 친구사이가 되었고, 또 서로가 그것을 바라는 정도에 이르렀다. 식당을 나와 박수지 박사는 김도이 박사를 연구소 초빙과학자 숙소에까지 바래다주었다.

"김 박사님, 내일 아침 8시에 모시러 오겠습니다."하고 말하고 박수지 박사는 떠났다.

그 날 저녁 김도이 박사는 박수지 박사와의 만남에 여운이 남아 있었고, 연구를 넘어 자신의 행로를 들여다보았다. 공동연구자와 친구 그리고 연인이라는 함수에다 박수지 박사를 대입하여 여러 분홍빛 상념에 빠져 있었다.

박수지 박사의 모습을 떠올리다가 갑자기 암석미생물이 떠올랐다. 피곤한 하루였지만 잠이 바로 오지 않았다. 박수지 박사가 말해준 극한환경미생물의 서식조건을 생각하다가 암석미생물의 근원에 대한 생각으로 옮겨갔다. 그리고 더 나아가 지구라는 공간이 열려있기 때문에 지구에도 언제든지 외계생명체이 올 수 있다고 생각하면서 외계생명체의 모습을 연상해 보기도 하였다. 생명의 기원을 지구에 한정하고 외계와 구별하는 것이 의미가 없다는 생각에까지 미치었다. 그리고 지구에 정착한 외계생물들의 유전물질과 지구생물의 유전물질과의 차이점이 무엇일지 머릿속으로 떠올려 봤다. 아무튼 지하암반 극한환경에서 생존한 암석미생물의 유전정보가 궁금했고, 아마 세포에 특별한 안전장치를 갖고 있을 거라고 생각하면서 잠이 들었다.

다음 날 박수지 박사와 김도이 박사는 하얀 실험 가운으로 갈아입고 에어샤워실에 들어갔다. 세찬 바람 천장에서 내려와 머리까락이 휘날리고 바람이 가운 속까지 스며들었다. 모든 먼지와 병균이 날아가는 듯하였다. 에어샤워실을 나온 두 사람은 옷깃을 바로 잡고 복도를 따라 P4실험실로 향했다. 외부환경과 완전히 차단된 실험공간이었다. 병원균이나 유해한 독극물을 다루는 P4실험실 입구에는 복잡한 입실절차가 기다리고 있었다. 허가받은 연구원의 카드접촉하자 입구화면에 안전실 담당직원이 나타났다.

"소속과 성명을 알려주십시오."

"생화학연구실 박수지입니다."

안전담당자는 "실험실 사용허가카드를 접촉하여 주십시오."

안전상황실 화면에 "PPSS3678-108"이 나타났다.

"확인되었습니다. 들어가셔도 좋습니다. 동반연구자도 안전에 유의하십시오."

실험실 사용허가를 받을 후 출입문에 부착된 지문인식장치에 손가락을 대자 초록색의 불빛이 나오면서 출입문이 열렸다. 그곳에 들어가니 더 강력한 에어샤워실로 이어졌다. 박수지 박사와 김도이 박사는 좁은 에어샤워실에 함께 들어갔는데 몸이 살짝 접촉될 정도로 가까이 밀착되었다. 천장과 바닥 그리고 측면에서 강한 바람이 불어왔고, 서로의 얼굴을 쳐다보며 생긋이 웃었다. 세찬 바람으로 옷까지 벗겨질 정도였지만 싫지는 않았다. 마치 태풍을 맞은 것과 같이 시원한 바람이 옷 속으로 스며들었다. 좁은 공간에서 박수지 박사와 몸이 서로 부딪칠 때는 묘하게 흥분되기 까지 하였다. 샤워가 끝나자 철문에 부착된 초록 불빛이 켜지면서 육중한 철문이 자동으로 열리고 우주복 같은 실험복이 앞에 놓여 있었다. 김도이 박사는 남자 탈의실에 들어가서 우주복 같은 실험복으로 갈아입고, 박수지 박사와 함께 마지막 문을 열고 P4실험실에 들어갔다.

Sub-P사의 P4실험실은 외부환경과 완전히 차단된 실험공간이었고, 엄격하고 철저히 관리되는 특수실험실이었다. 일반실험실과 달리 병원균이나 생물무기, 바이오테러와 관련된 생물제제를 다룰 수 있는 실험실이기 때문에 출입과 실험진행내용에 대한 관리감독이 세세하고 철저히 이루어졌고, 또 CCTV로 항상 감시되었다. 실험약품이나 증류수, 그리고 실험소모품은 별도 실험기구통로를 통해서 살균 후 투입되었고, 내부 실험실환경은 먼지와 미생물이 전혀 없는 완벽한 청결공간이었다. 그리고 최첨단 장비와 시설로 말끔히 정리 정돈되어 있었지만 분위기는 차가웠다. 내부 공기압력은 음압으로 유지되어 있어서 내부 실험실의 공기나 세균들이 밖으로 나갈 수 없게 설계되었고, 그리고 사용된 일회용 시험기구와 시약과 공기 등 모두가 태워서 배출하였다. 전자회사의 청정조립라인과 같이 먼지 하나 없는 완전한 실험공간이었지만 이곳은 위험스러운 생명체들을 다루기 때문에 더 긴장되고 두렵기까지 하였다.

P4실험실에 들어와 박수지 박사는 우선 배양접시에 한천액(agar)이 포함된 배양액을 붓고 굳어질 때까지 기다리고 있었다. 암석미생물의 배양에 사용할 배양접시를 만들기 위해서였다.

박수지 박사는 준비되었다는 듯이 여유를 가지고 "김 박사님, 접종하시지요."

박수지 박사는 김도이 박사에게 매우 상세하게 설명하면서 실험진행을 가르쳐주었다. 마치 대학실험실 실험조교가 대학생에게 가르쳐주는 것처럼 보였다. 밝고 차분한 박수지 박사는 김도이 박사에게 관심이상으로 정성을 쏟았다. 김도이 박사도 박수지 박사의 친절함에 이미 마음을 빼앗겼고, 설명을 하나도 놓치지 않으려고 모든 신경을 써서 박수지 박사에게 집중하였다. 김도이 박사는 박수지 박사와 나란히 미생물을 다루는 크린벤치 앞에서 채취해온 암석에서 추출한 용액을 배양접시에 부어넣고 유리봉으로 골고루 펼쳤다. 서로 가까이 앉아서 배양접시를 만들면서 서로의 어깨가 부딪치며 서로가 야릇한 느낌을 감지하였지만 아무 일도 없다는 듯이 배양접시를 계속 만들고 있었다.

박수지 박사는 "빠르면 이번 주말에 암석미생물들의 콜로니(colony)들이 배양접시에 나타날 겁니다."

배양접종을 마치고 두 사람은 P4실험실에서 나올 준비를 하였다. 우선 일차 실험실 문을 여니 바로 앞에 샤워실이 나타났다. 박수지 박사가 퇴실 절차를 가르쳐주고 김도이 박사는 그대로 따라했다. 박수지 박사가 우주복 같은 실험복을 벗고 재빨리 샤워실로 들어가 샤워를 하였다. 김도이 박사도 따라서 다른 샤워실에 들어가 수도꼭지를 틀면서 두리번거렸다. 그때 창문을 통해 박수지 박사가 샤워하는 모습을 힐끗힐끗 훔쳐볼 수 있었다. 김도이는 혼자 계면쩍었지만, 박수지 박사가 스스럼없이 샤워하는 모습에 기분이 묘했다.

P4실험실은 많은 유지비가 소요되는 실험공간이었다. 청정성을 유지해야하고, 또 사용한 모든 실험용품들을 소각처리하기 때문이었다. 어째든 미생물이나 바이러스 등 생물학적 위험물질의 누출을 원천적으로 차단할 수 있는 청정안전실험실이었다.

배양실험결과를 기다리는 일주일 동안 김도이 박사는 심해화산온천 호열균과 암석미생물의 유전적 특성과 상호 연관성을 조사하기로 하였다. 김도이 박사는 Sub-P사가 가동하는 방대한 유전정보분석시스템을 접할 수 있고, 또 SAMi사의 바이오정보시스템과 비교할 수 있는 좋은 기회라고 생각하였다. 세계에서 제일 빠른 슈퍼컴퓨터가 두 대나 있었고, 전 세계 모든 유전정보를 수용하고 있는 중앙database와 이와 연동된 기능별, 분류별 database들도 수십 개나 되었다. 놀라운 것은 수백 가지의 정밀분석프로그램들로 구비된 바이오정보시스템이었다. 유전체정보를 분석하기 위해서는 필수적인 시스템으로 그 규모가 상상을 초월했다.

유전체(genome)은 한 생명체가 갖고 있는 모든 DNA를 말한다. DNA는 A(adenine)와 C(cytosine), G(guanine), T(thymine)이 네 개의 염기(유전문자)가 일렬로 연결된 생체고분자다. 사람의 경우 23쌍 염색체 DNA에 담겨있는데 약 30억 염기(유전문자)가 5“---ACCTCTGTATGATTAGCTTAGCTA---3”와 같이 일렬로 나열되어있고 대장균은 400만개 정도다. 유전체프로젝트는 그 DNA에 담겨있는 염기서열을 순차적으로 읽어가는 작업이자 생물의 설계도를 규명하는 작업이다. 일단 한 생물의 유전체 정보가 모두 해독이 되면 그 속에 담겨있는 유전자 중에서 특정 생체단백질에 해당하는 유전자를 찾아내는 작업으로 이어진다. 다시 말해 인슐린 유전자나 성장호르몬의 유전자, 인터페론 유전자 등과 같은 유전자를 찾는 작업이다. 생체단백질의 유전자를 찾아야 유전공학적으로 대량 생산할 수 있기 때문에 반듯이 확보해야할 정보다. 사람의 경우 유전자가 약 2~4만 여개가 있지만 현재 그 일부의 기능만 파악할 정도다. 그래서 과학자들은 생물의 유전체 정보를 분석하여 새로운 유전자와 생체단백질을 찾아가고 있는데 그 1차 분석작업을 바이오정보시스템(bioinfomatic system)을 통해서 수행한다. 이러한 이유로 바이오연구기관들은 많은 예산과 노력을 기울여 정교한 바이오정보시스템을 구축해 놓고 있다. 여기에는 사람과 동물, 식물 그리고 미생물의 유전체정보를 모두 모아 기능별 분류하여 여러 형태의 database들이 우선 갖추어져 있다. 그리고 이 database들로 부터 유전자를 발굴하고, 이를 생체단백질의 구조로 전환하여 생체기능을 유추하는 작업으로 이어진다. 이 과정을 분석하기 위해 다양한 알고리즘을 이용한 분석프로그램들을 동원되어 유용한 유전자를 찾아가고 있다. 하지만 때론 분석프로그램의 완성도가 미흡하여 유전자 발굴과 기능해석이 막히는 경우도 있을 수 있다. 그래서 과학자들은 예측능력이 향상된 프로그램들을 계속 개발하고 발전시켜 가는데 학제적 역량을 집중하곤 한다. 결국 '유전자-생체단백질-구조-생체기능'의 연계성을 찾아가는 해석능력이 연구기관의 능력이고 경쟁력이 되는 셈이다. 그 바이오정보시스템의 완성도에 따라 다른 연구자와 차별성을 가지고 새로운 생체기능과 지적재산을 가질 수 있는 특권을 가진다. 그래서 많은 연구기관들이 인재와 슈퍼컴퓨터를 동원하여 다각적인 측면에서 해석능력을 높이는 이유가 여기에 있다.

Sub-P사도 유전체 정보로부터 생체단백질과 그 구조-기능을 해석할 수 있는 고품위 분석프로그램을 개발하여 가동하고 있었다. 그리고 여기에다 천연물의 화학구조와 생체기능, 유전질환 관련된 의학정보, NMR 스펙트라 및 각종 과학분석기기의 자료까지 연계시켜 종합적인 해석이 가능한 바이오정보시스템을 갖추고 있었다. 모두 자체 제작한 databases와 특수 프로그램들로 채워져 있었다. 돈으로 환산할 수 없을 정도로 방대한 연구기반이었다. Sub-P사의 학제연계시스템이 새삼 놀라웠고, 이것이 Sub-P제약회사의 경쟁력이었다. 김도이 박사는 이러한 바이오정보시스템을 보면서 Sub-P사의 신약개발 노력을 다시 생각하는 계기가 되었다.

일주일 후 김도이 박사는 P4실험실의 스테인리스 실험대 위에서 작동되고 있는 미생물배양기의 계기판을 조심스럽게 살펴보았다.

"산소량 zero, pH 7, 배양온도 65도…."

박수지 박사가 김도이 박사에게 유난히도 바짝 다가서면서 "김 박사님 보세요. 콜로니들을 보세요. 암석미생물들이 배양접시에서 잘 형성되었어요. 이 중 하나를 고르세요."

김도이 박사는 배양접시에 있는 크고 또렷한 갈색 콜로니를 선택해 배양용기에 접종하였다.

박수지 박사는 "선택한 미생물을 배양하는데 또 다시 일주일 기다려야 해요. 이래서 혐기성 미생물의 배양실험을 싫어해요. 너무 기다리는 시간이 많잖아요."

P4실험실의 출입절차가 까다롭고 시간이 많이 걸리는 것 외에는 그리 어려울 실험절차가 없었다. 다만 암석미생물의 배양이라는 생소한 실험이기 때문에 정성을 다해 배울 뿐이었다. 미생물 접종후 P4실험실에서 나온 김도이 박사는 Sub-P회사 연구소에서 많은 실험방법을 배우면서 박수지 박사에게 감사의 마음을 넘어 따뜻한 사랑의 마음을 나타내고 싶어졌다. 그리고 기회를 엿보고 있었다. 그때 김도이 박사는 "박수지 박사님, 제가 많은 도움을 받았고, 많은 시간을 들여 가르쳐주셔서 감사합니다. 혹시 저녁에 식사를 대접하고 싶은데 어떻습니까?"

박수지 박사도 기다렸다는 듯이 "정말요? 감사해요."

김도이 박사는 박수지 박사의 자동차를 타고 30분 정도 떨어진 바닷가 식당으로 갔다. 미리 인터넷으로 식당을 알아보았고 예약까지 하였다. 좀 더 아늑한 분위기를 가진 식당에 가고 싶었다. 그간 일주일 이상 같이 실험하면서 친근해 지기도 했지만, 마음이 끌려 더 많은 얘기를 나누고 싶었고, 또 즐거운 한 때를 갖고 싶었다. 박수지 박사도 말로 표현은 안하지만 그런 눈치였다. 다만 이심전심으로 느끼며 기대하고 있는 것은 같았다. 식당은 한정식과 바다해물을 많이 추가한 식단을 마련하였고 방금 요리한 요리를 하나씩 식탁에 올려놓았다. 멀리서 바닷가의 파도소리를 들으면서 두 사람은 성찬을 즐기고 있었다. 박수지 박사도 분위기 있는 조명을 받으면서 더욱 아름답게 보였고, 김도이 역시 흡족한 표정을 짓고 있었다.

식사 후 바닷가 모래사장을 걸을 때 박수지 박사가 은근슬쩍 김도이에게 다가와서 "옆구리가 허전하시죠. 제가 팔짱을 끼어드릴게요. 사실 김 박사님과 같이 걸으니 기분이 좋아요." 라고 애교스러운 말씨로 김 박사의 마음을 흔들어 놓았다. 그리고 생각보다 적극적으로 김도이 박사와 팔짱을 끼고 바닷가 모래사장을 다정히 걷었다. 때로는 박수지 박사가 바닷물이 밀쳐오면 놀란 듯이 김도이 박사에게 밀착하여 현재의 감정을 접촉으로 표현하기도 하였다. 김도이도 벅찬 가슴이 부풀어 올랐으며, 사랑의 마음을 가득 담아 전하고 싶었다.

저녁 백사장을 거닐면서 박수지 박사의 따뜻한 연정을 느끼면서 그녀를 더 알고 싶었다.

"박 박사님, 댁이 어디세요?"

박수지 박사는 "저희 집은 대덕연구단지 엑스포아파트에요. 전국에서 학력수준이 가장 높은 주거단지래요. 원래 연구소들이 박사와 석사 연구원들을 위한 주거시설이었는데, 거주자들의 교육수준도 높고 분위기가 좋아서 의사들과 법조계 사람들이 이곳으로 많이 이사와 살고 있어요. 매우 특별한 주거지역이지요."

김도이 박사는 바로 말을 이어서 "그러면 어릴 때 외국에서 자랐겠네요? 아-. 기억이 난다. 샌디에이고 한 식당에서 유창한 영어로 주문하던 것이 생각납니다. 그때 외국생활을 오래한 분이라고 생각했었습니다."

박수지 박사가 웃으며 말을 이어간다.

"정말요? 모두 다 기억하고 계시네요. 그 덕에 연구정보를 쉽게 접할 수 있어서 도움이 되는 것 같아요."

김도이 박사도 웃으면서 "같은 생각입니다."

박수지 박사는 김도이 박사가 왜 묻고 있는지 눈치를 채었다. 관심이 있다는 말이었다. 박수지 박사는 기다렸다는 듯이 식구얘기 부모님 얘기, 친구얘기 그리고 학창시절까지 술술 얘기하였다. 사실 박수지 박사는 항상 이렇게 쾌활하고 적극적이지 않았지만 오늘은 달랐다. 아무래도 서로가 깊은 연인관계로 발전하기 위해서는 필요한 과정으로 자연발생적으로 발현된 표현이었다. 또 자기 아버지가 유학에서 돌아와 이곳에서 연구생활을 하고 있다는 말도 전해 주었다. 자기 아버지의 연구생활이 보기 좋아서 이 분야의 공부하게 되었다고 말하였다. 아버지에 대한 자랑도 서슴지 않았다. 서로의 얘기가 길어지면서 더욱더 마음과 마음이 밀착되고 있었다.

김도이도 싫지 않았고 박수지의 얼굴을 빤히 보면서 가볍게 볼에다 키스를 하였다. 박수지도 눈을 지그시 감으며 김도이에게 몸을 맡기고 있었다. 분위기는 이미 달아올랐고, 서로 말이 필요 없는 연인들의 속삭임으로 바뀌었다. 이렇게 시간이 지나고 숙소로 돌아가기 전 김도이는 박수지에게 사랑의 고백을 한다.

"박 박사님, 너무도 감사해요. 오늘 밤 저는 날아갈 것 같습니다. 살아오면서 좋은 일이 있을 때마다 좋은 사람이 꼭 나타났거든요. 제 짝도 어느 날 갑자기 나타난다고 생각하였는데, 박 박사님이 나타났어요." 그리고 진한 입맞춤을 서슴없이 하였다. 박수지도 모든 것을 받아들이고 있었다. 아니 그것을 기다리고 있었다.

박수지는 상기된 얼굴로 생긋 웃으면서 "지난번 샌디에이고 학술대회에서 처음 본 첫인상이 계속 남아있었어요. 그리고 또 나타날 거라고 기다렸죠. 그런데 정말 헬리콥터를 타고 하늘에서 날아오더라고요."

김도이는 바로 이어서 "이번 주말에도 만날까요?"

박수지는 분위기를 맞추기 위해 바로 말을 이었다.

"이번에는 무얼 타고 나타나려고요?"

김도이는 껄껄 웃으면서 "이번에는 백마 타고 올까?"

그리고 함께 손을 꼭 잡으면서 일어서서 백사장을 다정히 걸어갔다. 두 사람은 이미 가까운 연인을 넘어 하나가 되었다. 서로가 당연하다는 듯이 받아들이고 있었다. 이번 방문 중에 김도이 박사는 박수지 박사의 도움으로 암석미생물뿐만 아니라 연인도 얻었다는 것에 날아갈 듯 기뻤다. 그날 밤은 잠을 이룰 수 없었다. 온통 머릿속에는 박수지 박사의 웃는 얼굴로 채워져 있었다.

다음 날도 계속해서 김도이 박사는 바이오정보시스템을 이용하여 암석미생물에 대한 추가적인 생체분자들의 구조와 기능을 조사하였다. 다행이 Sub-P사는 광범위한 database와 탁월한 구조-기능분석이 가능한 프로그램을 가지고 있어서 꼭 다루고 싶었다. 어찌 보면 최첨단 바이오정보시스템을 쉽게 접할 수 있는 기회를 가진 셈이었고, 이들 통하여 암석미생물의 중요한 효소들에 대한 유전정보 그리고 그 효소들의 구조-기능정보도 함께 파악할 수 있었다. Sub-P제약회사에 오지 않았더라면 접근할 수 없는 귀중한 자료와 정보를 얻을 수 있는 기회였다. SAMi사도 비슷한 바이오정보시스템이 있지만 전자회사라는 특징 때문에 바이오정보와 분석프로그램들이 제한적이었다. 사실 김도이 박사는 이곳에 와서 많은 것을 배우게 되었고, 또 자극도 받았다. 특히 Sub-P사가 가지고 있는 암석미생물 유래 규소고분자 생합성효소의 유전자도 찾을 수 있었고, 여기에다 암석미생물의 세포막 구조와 관련 유전정보도 유추할 수 있었다. 이 암석미생물이 지하암반 속에서 생존하기 위해 견고한 세포막의 구조를 예측할 수 있었다. 흥미롭게도 그 세포막의 기본 골격이 규소세포막이었다. 그 구조는 평면형이었고, 지방산과 유사한 구조를 가진 소수성(hydrophobicity) 규소골격에 지질(lipid)이 추가로 부착된 형태로 나타났다. 그 평면형 규소세포막이 2차로 암석미생물을 촘촘히 감싼 형태였다. 이러한 규소세포막의 구조는 일반 미생물의 세포막과 유사했지만 절연성이 좋아서 반도세의 외부막으로 사용하면 좋겠다는 생각이 머리를 스쳤다. 전자장치와 반도체의 외부 표면을 보호하는 소재로 가장 완벽해 보였기 때문이었다.

일주일 후 두 사람은 P4실험실에 다시 들어와 암석미생물의 배양상태를 확인하였다.

김도이는 다정한 말투로 이미 말을 놓고 있었다.

“수지 씨, 세포가 잘 자랐어요. 배양을 멈추고 세포를 원심분리기에서 분리해도 될까?”

박수지는 애교스러운 말씨로 “아니, 제가 할게요. 이 정도면 검증실험을 할 수 있는 충분한 양이네요.”라고 대답하고 원심분리기의 뚜껑을 열었다.

김도이 박사는 세포배양액을 실리콘 튜브에 넣어 무게를 동일하게 맞추고 원심분리기에 넣었다. 그리고 회전수를 10,000rpm, 온도를 4도로 설정하고 가동스위치를 올렸다. 30분이 지난 후 원심분리기를 멈추고 배양세포를 수거하였다. 회수한 암석미생물 세포를 드라이아이스 박스에 넣고 잘 봉인하였다. 그리고 P4실험실 출실 절차를 받기 시작하였다.

김도이와 박수지는 우주복 같은 실험복을 벗고 각각 샤워를 하기 시작하였다. 지난번처럼 샤워하고 있는 박수지의 몸매를 훔쳐보았다. 박수지 박사의 몸매는 매우 아름다웠다. 이번에는 박수지도 김도이를 힐끗 쳐다보며 얼굴을 붉히며 미소를 머금고 있었다. P4실험실에서 나와 박수지 박사의 사무실에 들어왔다.

박수지 박사는 아쉬워하는 얼굴로 “그간 수고했어요. 암석미생물을 분리하고 배양실험을 성공적으로 마쳤습니다. 돌아가셔서 좋은 결과 얻으세요. 그리고 제가 이것을 준비했습니다.”

김도이 박사가 깜짝 놀라서 “이게 뭐예요?”

박수지가 웃으면서 “저희가 실험한 지하암석 가루를 구워서 만든 토기입니다. 도이 씨 모습으로 빚었는데 맘에 드세요?”

김도이 박사가 생각지도 못한 귀한 선물을 받았다. 이 흑갈색 토기가 지하암석의 가루를 가지고 내 모습을 형상화한 토기라 생각하니 말로 형용할 수 없는 감동이 밀려왔다.

"아-. 잘 생겼는데요. 이렇게 소중한 선물을…, 이 토기가 수지 씨라고 생각하고 책상 위에 놓고 날마다 인사하겠습니다."

박수지 박사 역시 기뻐하는 김도이 박사를 보며 "못 생겼지만 귀엽잖아요. 토기의 아래 부분을 무겁게 빚었어요. 넘어지지 않는 문진으로 쓸 수 있게."

김도이 박사도 흡족한 얼굴로 "고마워요. 이런 것까지 생각해주니 발걸음이 안 떨어져요…, 연락할게요."

김도이 박사는 Sub-P사에 와서 암석미생물과 정보 그리고 애인까지 얻어가는 행운아였다. 얼굴에 밝은 미소를 지으며 박수지 박사는 "토요일에 2시에."하고 두 손을 꽉 잡고 한동안 놓지 않았다.

김도이 박사도 "정말 고마웠어요. 그간 암석미생물의 분리와 배양기술을 잘 배웠어요. 채취암석과 분양해준 암석미생물들은 잘 보관하고 실험을 열심히 할게요."

박수지 박사는 "조심히 가세요. 메시지 보내요."

두 사람은 가볍게 포옹하면서 작별인사를 나누고 헤어졌다. 박수지는 자동차가 멀리 갈 때까지 움직이지 않고 지켜보고 있었다.

9. 암석미생물의 규소고분자

9

암석미생물의 규소고분자

연구소로 돌아온 김도이 박사는 만면에 화색이 돌았다. 사무실에서 혼자 콧노래를 흥얼대고 있었고 복도와 실험실에서 만나는 사람마다 웃으며 인사를 나누었다. 이서희 박사와 방소연 연구원도 실험실에 들어온 김도이 박사의 웃는 얼굴을 보자마자 묘한 표정을 짓고 있었다. 이서희 박사는 속으로

'무슨 일이지?'하며 여러 생각이 교차되었다. 그 어느 때보다 화색이 밝은 표정을 보면서 무언가 좋은 일이 있다는 것을 직감적으로 느꼈다.

'혹시 박수지 박사와?'

그리고 아무런 말도 없이 한동안 창문 밖에만 쳐다보고 있었다. 그렇다고 착잡한 것은 아니었지만, 힘이 빠지고 매사에 흥이 나질 않았다. 아침 반나절은 괜히 싱숭생숭한 기분이었다.

물론 방소연은 이다도 박사에 관심이 커지고 있었지만 아직도 김도이 박사에 대한 미련을 다 지운 것은 아니었다. 오늘과 같이 김도이 박사가 밝게 웃으며 편한 모습으로 대해줄 때는 괜히 뭔가 손해본 것 같다는 생각도 들었다. 그리고 쓸데없는 괜한 생각이라고 애써 마음을 돌리지만 오늘 아침은 유난히도 방소연의 마음을 흔들어 놓았다. 물론 방소연은 이다도 박사에 마음을 두고 있는 것도 어디까지 자기 혼자의 생각이었다. 누가 더

좋을지 자신에게 되물어보면서 혼자 쓴웃음을 짓고 있었다. 무뚝뚝하고 쌀쌀한 김도이 박사보다는 도시적인 세련미를 가진 이다도 박사가 더 끌리는 것만은 사실이었다. 아니 이다도 박사를 빨리 잡아야겠다는 마음이 굳어지고 있었다.

김도이 박사는 곧장 방소연 연구원과 함께 Sub-P사에서 분양받아온 암석미생물들을 P4실험실에서 배양실험을 준비하였다. 일반영양배지에다 추가적으로 5% 황산금속염을 넣고 저압 초미세여과장치를 통과시켜 미생물오염원을 완전히 제거한 후, 살균된 소량의 모래분말과 5% 한천(agar)액을 첨가하였다. 이렇게 만들어진 배양액을 배양챔버 내에서 배양접시에 부어 넣고, 한천이 응고될 때까지 기다렸다. 그리고 배양접시 위에다 분양받아온 20종 암석미생물들을 따로따로 배양접시의 표면에 백금선으로 문질러 접종하고 배양접시의 뚜껑을 닫았다. 산소가 제거된 배양챔버의 배양온도를 70도에 맞추고 암석미생물이 자랄 때까지 1주일을 기다려야 했다. 이 암석미생물도 다른 혐기성 미생물들과 마찬가지로 매우 느리게 자랐다.

1주일 후 방소연 연구원은 암석미생물의 배양접시를 보여주면서 "김도이 박사님, 배양접시를 보세요. 많은 콜로니들이 색깔이 화려하고 눈에 띄어요."

김도이 박사도 신기하다는 듯이 "형형색색이네. 왜 이렇게 예쁘지?"

김도이 박사는 배양접시를 형광등박스(light box)에 올려놓고 암석미생물의 콜로니(미생물 군집)들을 살피고 있었다. 그리고 배양접시를 현미경로 옮겨 사진을 찍었다. 그리고 "콜로니들이 모양이 다 다르군요."하며 현미경 옆에 있는 컴퓨터 화면에 나타난 암석미생물들의 정교한 디지털영상을 방소연에게 보여주었다.

암석미생물의 콜로니 모양이 특이했다. 일반미생물과 뭔가 다른 것을 바로 알 수 있었다. 진홍색과 진녹색의 둥근 콜로니도 있고, 볼록이 쏟아 있는 타원모양, 바닥에 딱 달라붙어 넓게 퍼져있는 모양, 한천표면에 파묻혀 투명한 갈색 모양을 하고 있는 콜로니, 그리고 끝이 둥근 직사각형 모양으로 제각각이었다. 이제까지 관찰한 실험실 미생물들의 둥근 콜로니와는 판이하게 달랐다. 배양접시에 나타난 6개 콜로니들을 색에 따라 분류하고 이름을 붙였다. 진홍색(X-21)과 갈색(B-27), 검갈색(B-28), 노란회색(Y-11), 진녹색(G-3)과 보라색(P-4)로 명명하였다. 좀 더 자세히 암석미생물을 관찰하기 위해 배양접시에 있는 콜로니에서 일부를 취해 유리슬리트에 올려놓고 고배율의 현미경으로 관찰하였다. 대체로 둥근형태의 세포를 가졌고, 편모라고 불리는 꼬리도 보였다. 대체로 일반미생물과 크게 다르지 않았다.

그런데 진홍색 미생물(X-21)을 떼어 크게 확대하여 보니 더욱 놀라운 광경이 펼쳐졌다. 다른 암석미생물과 달리 세포의 크기가 2배나 컸고, 큰 세포표면은 천연색 유리와 같이 투명했으며, 세포 속에는 작은 기관들이 아름답게 채색되어 있었다. 마치 염색된 양파세포의 속을 현미경으로 보는 것과 같이 세포내 기관들이 또렷이 구별되었다. 미생물이 아니라 고등생물의 세포의 구조를 보고 있는 것 같았다. 더욱 놀라운 것은 일반 미생물 모습과 달리 정교하게 가공한 실리카 알갱이(controlled pore glass)처럼 세포표면이 맨들맨들했다. 현미경 화면에는 아름다운 색상의 모래알들이 깔려있는 것 같았다. 일반적으로 같은 종의 미생물은 같은 모습을 가지고 있는데 이 암석미생물의 세포모양이 제각기 다른 것도 특이했다. 김도이 박사는 여러 각도에서 암석미생물의 현미경 사진을 찍어 기록을 남겼다.

김도이 박사는 암석미생물들이 갖고 있는 규소고분자의 함유량과 함께 규소고분자에 황산기를 부착시킬 수 있는 황산화효소의 존재여부가 궁금했다.

"방소연 씨. 모든 암석미생물들을 큰 배양용기로 옮겨서 일주일 더 배양합시다. 규소고분자의 생합성과 황산화효소의 활성을 측정하기 위해서는 암석미생물들의 세포가 더 필요해요."

방소연 연구원은 다른 날보다 무뚝뚝하게 "250ml 삼각플라스크에서 배양하겠습니다."라고 대답하고 배양액을 만들기 시작했다.

먼저 배지혼합물을 살균처리하고 초미세 여과지를 통과시켜 공기를 완전히 제거하였다. 혐기성 미생물에게는 산소가 금물이기 때문이었다. 그리고 살균 처리한 미세규사분말을 조심스럽게 배양액에 넣었다. 배양액이 들어있는 삼각플라스크들을 산소가 차단된 배양챔버 속으로 옮겨 넣고, 배양접시에 있는 진홍색(X-21)과 갈색(B-27), 검갈색(B-28), 노란회색(Y-11), 진녹색(G-3), 보라색(P-4) 암석미생물들의 콜로니들을 하나씩 떼어서 각각의 삼각플라스크에서 넣어 접종하였다. 그리고 각 배양온도를 70도에 맞추어 배양을 시작하였다.

1주일 후, 김도이 박사와 방소연 연구원은 배양챔버의 유리창을 통해 암석미생물이 배양되고 있는 삼각플라스크들을 들여다보았다. 여러 색을 띠고 있는 암석미생물들이 조용히 잘 자라고 있었다. 먼저 김도이 박사는 방소연에게 "배양액의 pH를 측정합시다."

방소연은 "네. 알았습니다."하고 배양챔버에 부착된 고무장갑을 끼고 각 삼각플라스크에서 피펫맨(pipetman)으로 배양액을 소량 취하여 pH측정테이프를 적시면서 pH를 측정하였다. 일반적으로 미생물 배양액의 pH6 정도인 것과 달리, 진홍색 X-21 경우에는 pH2로 유난히 낮은 산도를 나타내었다. 이렇게 강한 산성에서 어떻게 암석미생물이 자랄 수 있는지 도무지 이해할 수 없었지만, 김도이 박사와 이서희 박사의 관심은 오히려 X-21에 쏠렸다.

김도이 박사는 방소연을 보면서 "정말 재미있네요. 어떻게 이런 강한 산성에서 미생물이 자라지? 유별나네요. 강한 산성에서도 견딜 수 있는 특별한 세포막 구조를 갖고 있는 것 같아요."

방소연 연구원은 김도이 박사에게 "배양액을 원심분리하여 암석미생물을 수거할까요?"

김도이 박사도 "원심분리하고 배양미생물을 이서희 박사에게 전해주세요."

방소연은 배양챔버에서 삼각플라스크를 꺼내어 원심분리기 튜브에 배양액을 넣고 분당 회전수 5,000rpm에 맞추어 30분간 돌렸다. 그리고 가라앉은 침전물, 즉 암석미생물의 세포를 회수하고, 침전된 세포덩어리를 이서희 박사에게 넘겨주었다.

김도이 박사는 암석미생물들이 규소고분자를 생합성하는지, 그리고 황산화효소가 존재하는지 확인하고 싶었다.

"이 박사, 규소고분자와 황산화효소가 존재하는지 분석해주세요."

이서희 박사는 여느 날과 다르게 다소 퉁명스럽게 "네. 알겠어요."라고 대답하고 실험실 벤치에 앉았다. 김도이 박사는 아무것도 느끼지 못하고 평상시대로 실험지시를 하고 사무실로 돌아갔다.

그리고 이서희 박사는 아무 말도 없이 암석미생물 세포덩어리를 파쇄하고 세포내용물의 분리실험을 시작하였다. 먼저 회수한 암석미생물의 세포덩어리를 초음파파쇄기에 넣어 세포막을 파쇄하고 다시 원심분리하여 상층액과 침전물을 나누어 분리하였다. 그런데 이상하게도 진홍색을 띠고 있는 X-21은 다른 암석미생물들과 달리 세포의 파쇄가 어려웠다. 일반적으로 초음파파쇄기(sonicator)에 의해 모든 미생물의 세포막이 터지는데 X-21는 멀쩡히 남아 있었다. 그래서 이서희 박사는 X-21세포덩어리를 압력파쇄기(French Press) 속으로 옮겼다. 압력을 10기압으로 높인 나음, 순간적으로 미세구멍을 통해 암석미생물을 방출시켰더니 그제야 세포들이 파쇄되었다. 이어서 원심분리하여 얻어진 상층액에는 생체단백질들과 효소들이 들어있었고, 침전물에는 파쇄 된 세포막이 대부분이었다. 이서희 박사는 모든 암석미생물의 세포내용물이 들어있는 상층액을 얻어 규소고분자와 황산화효소의 존재여부를 확인하는 검증실험에 들어갔다. 암석미생물 세포액에서 얻어진 상층액을 둘로 나누어 하나는 황산화효소의 활성을 측정하였고, 다른 하나는 김도이 박사에게 건네주었다. 이서희 박사는 실험실에 있는 용해성 합성규소고분자에 황산금속염과 암석미생물의 세포내용물을 20ml 취하여 플라스틱튜브에 넣고 70도에서 30분간 반응시키고 황산기가 규소고분자에 부착되는지 전기영동실험을 통해 확인하였다. 기대와 달리 규소고분자에 황산기의 부착능력을 가진 암석미생물이 없었다. 아마도 지하암반 속에는 황산금속염 성분이 거의 없어서 암석미생물들은 황산화효소를 가지고 가동할 이유가 없다고 판단하였다.

한편 김도이 박사는 이서희 박사로부터 받은 상층액을 자세히 관찰하였다. 다른 암석미생물 세포액은 점도가 약했으나 X-21 유래 상층액 만은 점도가 높았다. 수용성 규소고분자가 녹아 있음을 바로 감지할 수 있었다. 마치 DNA가 많이 녹아 있는 용액처럼 걸쭉해 보였다. 김도이 박사는 DNA 침전에 쓰이는 알코올을 X-21 상층액에 조금 넣어 보았더니 점도가 높은 규소고분자들이 바로 침전되어 떨어졌다. 여기에다 핵산가수분해효소를 처리하여 DNA와 RNA를 제거하고 남아있는 규소고분자를 깔끔히 정제할 수 있었다. 김도이 박사는 규소고분자의 정제방법이 일반미생물 DNA의 정제방법과 같다는 점이 흥미로웠다.

또한 김도이 박사는 침전물이 불에 연소되는지 알고 싶었다. 대체로 규소고분자는 불에 타지 않기 때문이었다. 알코올에 침전한 규소고분자를 소량 떼어서 금속스푼(spatula)에 올려놓고 연소시켜보았다. 회백색을 띠고 있는 연소 잔유물이 남아 있었다. 여기에다 소량의 증류수를 가해서 수용성 금속염을 용해시켜 제거했더니 하얀 침전물이 상당량이 그대로 남아 있었다. 상층액에 있던 점성물질이 바로 규소고분자였던 것을 확인할 수 있었다. 또한 파쇄된 세포막도 같은 방법으로 연소실험을 하였는데 하얀 고체분말이 남아 있었다. 세포막이 물에 녹지 않는 침전물인 것으로 보아 다른 형태의 규소고분자임을 알았다. 이런 현상을 보자마자 김도이 박사는 암석미생물 X-21이 규소세포막으로 둘러 쌓여있음을 알게 되었고, 왜 암석미생물 X-21의 세포파쇄가 어려웠는지도 알 수 있었다.

규소화합물이 불에 타지 않고 남아있는 것을 이서희 박사와 방소연에 보여주면서 "보세요. X-21은 규소고분자를 갖고 있고, 세포막에도 규소가 포함되어 있어."

이서희 박사가 다소 밝은 표정으로 "김 박사님, X-21이 규소고분자를 잘 만든다는 얘기네요. 바이오규소고분자를 하나 찾았어요."하며 서로가 밝게 웃었다.

어째든 김도이 박사는 암석미생물 X-21는 수용성 규소고분자를 생합성하였고, 세포외벽에는 견고한 규소세포막으로 둘러 싸여있다는 것을 확인하면서 매우 독특한 미생물이라는 것을 알았다. 또한 용해성 규소고분자와 마찬가지로 규소세포막에 대한 구조도 궁금했다. 규소세포막의 복합 규소고분자 구조를 조정한다면 전자소재로서 또 다른 활용성이 있다고 판단하였기 때문이었다. 이러한 가능성을 타진하기 위해 진홍색 암석미생물 X-21 세포를 대량 확보하여 추가적인 조사에 들어가기로 하였다.

그때 배양용기로 사용한 삼각플라스크를 세척하던 방소연 연구원도 흥미로운 현상을 발견하였다. 암석미생물 X-21이 삼각플라스크에 강하게 부착되어 있는 것을 발견하였다. 세척하려고 삼각플라스크에 물을 넣어 몇 차례 흔들어보았으나 이상하게도 암석미생물이 유리기구에서 철썩 달라붙어 떨어지질 않았다. 일반미생물에서 볼 수 없었던 일이었다. 몇 차례 반복하였지만 암석미생물가 계속 유기플라스크 기벽에 달라붙어 있었다. 이어서 따뜻한 물을 부어 살균하여 세척하고지 하였으나 마찬가지였다. 확대경을 통해 자세히 살펴보니 부착된 암석미생물이 아직 살아서 유리기벽에 달라붙어 있는 것을 발견하였다. 방소연 연구원은 이번에는 더욱 뜨거운 물(70도) 속에 플라스크를 넣었지만 여전히 유리기벽에 부착되어 있었다. 마지막으로 끓는 물속에 삼각플라스크를 넣었더니 상당부분 암석미생물이 유기기벽에서 떨어져 나왔지만 아직도 일부 남아 있었다. 방소연은 마지막으로 배양플라스크를 고압살균기(autoclave)에 넣어 200도에서 1시간동안 살균처리를 하였다. 살균처리후 유리플라스크를 꺼내어 암석미생물을 살펴보니 암석미생물 X-21의 세포막이 흐물흐물해지고 세포막이 터져 있는 것을 관찰할 수 있었다. 그제야 물을 부어 세척하니 유리기벽에 달라붙어있던 모든 암석미생물이 떨어져 나갔다. 일반미생물 배양에서는 한번도 보지 못한 기이한 현상이었다.

방소연은 김도이 박사에게 삼각플라스크를 보여주며 "김 박사님, 이 암석미생물이 유리플라스크에 강하게 부착되어 있었는데 200도 고압살균기에 넣어 처리해야 삼각플라스크를 세척할 수 있었어요. 열에 몹시 강했고, 유리와도 강한 친화력을 갖고 있는 것 같아요."

김도이 박사도 신기하다는 듯이 "X-21이 뭔가 특이하군요. 규소세포막이 유리와 접착능력이 있군요. 혹시 세포증식 할 때 유리에서 들어있는 규사성분을 먹나? 어째든 재미있는 현상입니다. 방소연 씨, 다음에는 암석미생물이 붙어 있는 삼각플라스크 사진을 남겨 놓으세요."

방소연은 "네. 알겠습니다."

방소연 뿐만 아니라 김도이 박사도 이러한 현상을 처음으로 관찰하였고, 암석미생물이 규소와 관련한 특별한 기능이 있다고 짐작할 수 있었다. 암석미생물이 유리에 부착하여 규사를 먹이로 취할 가능성도 있어 보였다. 김도이 박사는 이런 흥미로운 현상을 계속 관찰하면서 암석미생물의 규소고분자와 규소세포막에 대한 구조와 그 생체기능에 대하여 점점 더 궁금해졌고, 다른 한편으로 반도체소재로서의 가능성을 더 빨리 타진하고 싶어졌다.

그 날 오후 김도이 박사는 그 궁금증을 파헤치기 위해서는 암석미생물의 유전체 정보, 특히 X-21에 대한 유전체 정보가 우선적으로 필요한 것을 알고, 이서희 박사와 방소연 연구원을 사무실에 불렀다.

"방소연 씨, 6개 암석미생물들을 배양규모를 늘려서 키웁시다. 배양세포를 각각 1g 정도씩 이서희 박사에게 건네주세요. 그 정도면 DNA분석에 충분할 겁니다."

계속해서 말을 이어 "그리고 이서희 박사, 모든 암석미생물로부터 DNA를 정제하시고 그 시료를 DNA분석실에 보내 유전체(genome) DNA의 서열분석을 의뢰하세요. 특히 암석미생물X-21이 유별나니까 효소 유전자와 유전적 특이성, 상동성(homology), 그리고 유전적 가계도까지 샅샅이 조사해 달라고 김소라 박사에게 부탁하세요."

다시 1주일 후 이서희 박사는 암석미생물 X-21과 다른 암석미생물의 세포덩어리를 방소연 연구원으로부터 받아 자동DNA정제기에 넣어 유전체 DNA를 정제하였다. 항상 그렇지만 이서희 박사는 과묵하게 주어진 실험을 정확하게 수행하였다. 그 날도 마찬가지였다. 분리한 DNA를 가지고 DNA분석실 김소라 박사에게 가서 암석미생물들에 대한 유전체DNA의 분석해달라고 요청했다. 그리고 실험실에 돌아온 이서희 박사는 계속해서 암석미생물의 용해성 규소고분자와 규소세포막에 대한 화학구조를 규명하기 위해 용해성 규소고분자와 불용성 규소세포막을 추가로 분리하여 NMR분석실에 보냈다.

NMR(nuclear magnetic resonance, 핵자기공명기)는 화학물질의 구조를 결정하는 분석 장비다. 현대과학의 성공이야기가 바로 NMR에서 시작되었다 해도 과언이 아니다. NMR을 통하여 수많은 천연물과 산업소재 그리고 의약품의 화학구조가 규명되있고, 이제 더 나아가 NMR의 용도를 개량하여 인체의 내부모습까지 보여주고 있다. NMR의 원리는 간단하다. 강력한 자석 속에 한 화학물질을 넣으면 홀수 질량수를 가지고 있는 원소들이 특정한 파장의 전자파를 흡수하기 시작한다. 가령 ^{1}H-NMR은 천연물에 어떤 종류의 수소가 어떤 형태로 탄소에 부착되어 있는지 분자수준에서 상세히 알려준다. 그런데 화학물질의 구조에 따라 홀수번호(^{1}H)의 원소들의 전자밀도가 다르기 때문에 흡수하는 전자파의 파장이 다르다. 그 결과 인접탄소에 부착된 다른 수소와 상호 연관 작용으로 독특한 흡수대그림(스펙트럼, spectrum)을 만들어 준다. 과학자들은 그 스펙트럼을 해석하여 화학물질의 구조를 정교하게 분석하고 한 물질의 화학구조를 규명할 수 있게 되었다. 만약 NMR이 없었더라면 20세기 화려한 중화학산업이나 정밀화학산업, 의약산업, 그리고 바이오산업도 없었을 것이다. 20세기 최대 과학발명품 중 하나가 바로 NMR이다.

이서희 박사는 NMR분석실에 보낼 시료를 만들었다. 먼저 중수(D_2O)에 용해성 규소고분자를 녹인 다음 가느다란 NMR튜브에 시료를 넣었다. 같은 방법으로 규소세포막도 NMR튜브에 넣었지만 규소세포막은 용해되지 않아 혼합물 상태로 튜브에 넣어 NMR분석실에 갔다.

"장미리 박사님, 암석미생물들에서 얻은 규소고분자와 규소세포막의 시료입니다. 시료용매는 중수(D_2O)입니다. ^{1}H-NMR과 ^{13}C-NMR, ^{31}P-NMR, ^{35}S-NMR 그리고 ^{29}Si-NMR을 찍어 구조를 분석해 주십시오."

장미리 박사는 NMR튜브를 슈퍼콘이라 불리는 초강력자석 속으로 서서히 집어넣고 시료튜브를 일정한 속도로 회전시켰다. 그리고 NMR기기 앞에 달린 모니터에서 실험조건을 부여하였다. 그때 모니터에는 규소고분자의 구조정보가 NMR 스펙트럼(spectrum)에 나타나기 시작하자 장미리 박사와 이서희 박사는 모니터의 변화를 뚫어지게 주시하면서 규소고분자의 구조를 유추하고 있었다.

장미리 박사는 ^{31}P-NMR와 ^{35}S-NMR, ^{29}Si-NMR를 등을 각각 따로 분석한 후, 각각의 스펙트라를 한 화면에 함께 올려놓고 "이서희 박사님, 암석미생물 X-21의 규소고분자 구조가 선형이에요. 근데 유황(sulfur) 피크와 인

(phosphorus) 피크가 약하게 나타나는 거로 보아 규소고분자에 음전하기의 부착정도가 낮은 것 같습니다."

그 때 김도이 박사가 NMR분석실에 들어와 장미리 박사와 이서희 박사와 함께 NMR 모니터에 나타난 스펙트럼을 함께 들여다보았다. 조금 지나자 김도이 박사는 고개를 갸우뚱하며 불만스러운 표정을 짓고 있었다. ^{29}Si-NMR과 ^{31}P-NMR, ^{35}S-NMR 스펙트라는 인산기과 황산기의 부착률이 낮게 나타났기 때문이었다. 음전하를 가진 황산기나 인산기의 부착율이 낮다면, 전자이동이 느려지고 전기전도성이 낮아져 반도체소재로서의 활용성이 떨어지기 때문이었다. 음전하가 규칙적으로 부착된 규소고분자라야 전자의 이동성과 통제가 용이한데 암석미생물에서 유래된 용해성 규소고분자는 반도체 소재로서 그 활용도가 다소 떨어진다고 보았다.

그런데 장미리 박사가 성급히 김도이 박사와 이서희 박사를 보며 "김박사님, 이 ^{31}P-NMR와 ^{35}S-NMR 스펙트라(spectra)를 좀 보세요. 모든 인과 유황원소들이 단일피크(singlet)입니다."

김도이 박사는 무슨 말인지 바로 알아채지 못했다.

"단일피크가 무슨 의미이지요."

장미리 박사는 차분히 김도이 박사와 이서희 박사에게 설명해 주었다.

"규소원소가 광학적 혼합구조이면 각 인원소와 유황원소의 영향을 받아 이중피크(doublet)로 나타나야 하는데 여기에서는 모두 단일피크로 나타나서요."

김도이 박사는 그제야 알아챘다는 듯이 "그렇군요. 모두가 단일피크이군요. 광학적 활성을 가진 비대칭 규소원소가 한 종류라는 말이군요."

장미리 박사는 "맞아요. 인산기과 황산기가 일정하게 한 방향으로 규소원자에 부착되어 있어요. 그리고 모든 규소원소가 D-형의 비대칭성 구조입니다. DNA구조에서 디옥시리보당(deoxyribose)이 모두 D-형의 비대칭 구조인데, 이 규소고분자와 같아요. 우연의 일치인가요? 아무튼 암석미생물이 광학적으로 순수한 규소고분자를 만들고 있어요. 재미있네요."

김도이 박사는 규소고분자가 일정한 광학이성체라는 것을 알고 새로운 생각에 빠졌다.

'사람을 위하여 모든 지구생물은 매우 특별한 화학구조를 가진 생체분자들을 취하여 생체구성물을 만든다. 예로 생물은 D형 포도당만을 활용하고, 생체단백질의 기본 요소인 20종의 필수 아미노산은 모두 L형으로 구성되어 있는데, 이는 특정 광학적 활성을 가진 생체분자를 선호한다는 말이다. 다시 말해 탄소원소가 4개 각각 다른 치환기로 연결되어 있을 때 비대칭탄소를 가진 이성체라고 하는데, 그 입체구조에 따라 편광불빛을 시계방향(오른쪽)으로 혹은 시계반대반향(왼쪽)으로 회전시킨다. 그래서 비대칭탄소를 가진 탄소화합물을 광학적 이성체라고 한다. 실제로 D형 포도당이 녹아있는 수용액에 편광불빛을 쪼여주면 오른쪽으로 광원이 회전하고, 반면 L형 포도당은 편광을 왼쪽으로 회전시킨다. 재미있게도 모든 생명체는 특정 광학이성체를 취하여 생체구성물을 이루고 있다는 점이다.'

김도이 박사는 암석미생물에서 분리한 규소고분자가 D형의 비대치성 규소원소의 의미를 생각하고 있었다. 이 규소고분자가 암석미생물에서 특별한 생체기능을 발휘하고 있음을 직감하였다. 김도이 박사는 장미리 박사가 지적하는 말을 이해하고 있다는 듯이 "이것은 화학적으로 합성된 규소고분자와는 완전히 다르군요. 광학적 활성을 가진 규소고분자의 발견은 큰 의미가 있어요. 가령 한 가닥의 선형 규소고분자의 구조가 일정하게 나열되어 있어야 또 다른 선형 규소고분자를 만나면서 짝을 이룰 수 있다는 말이기도 하구요. 마치 DNA의 이중 나선형 구조와 같은 개념이지요."

장미리 박사가 "이 규소고분자가 독특한 생체기능을 가졌다는 말이네요. 혹시 이중 구조가 전자이동속도를 증대시킬 수 있을까요? 그렇다면 규소고분자의 구조가 전기적인 물성을 가졌다는 말이네요. 혹시 반도체소재를 찾은 것 아닙니까?"

김도이 박사도 고개를 끄덕이면서 "그렇군요. 전기물성을 조사해 봐야겠어요. 이 규소고분자에다 추가적으로 음전하기를 가진 음이온을 규칙적으로 부착한다면 더욱 좋을 것 같아요. 아무튼 광학적으로 순수한 규소고분자를 얻은 것이 큰 수확입니다."

장미리 박사는 "누가 알아요. 차세대 분자 반도체소재가 개발될지. 하하하…."라고 웃으면서 두 사람은 새로운 발견을 기뻐했다.

이때 이서희 박사도 한마디 거든다.

"규소고분자가 광학적 활성을 계속 유지하기 위해서는 화학적 치환보다는 생화학적인 치환방법이 좋겠어요. 구조의 균일성이 중요하니까요."

김도이 박사는 "맞습니다. 효소를 꼭 찾아서 규소고분자에 음전하기를 도입합시다. 지금 열심히 찾고 있으니 곧 방안이 나오겠지요."라고 대답했다.

처음에는 다소 실망스러웠지만 장미리 박사의 설명을 듣고 새로운 가능성 때문에 마음이 다소 놓였다. 암석미생물이 규사로부터 광학적 활성을 가진 용해성 규소고분자를 생합성하는 것을 알게 된 것은 큰 수확이었다. 절반의 성공이라고 생각하면서 새로운 활용가능성을 생각하기 시작하였다.

장미리 박사는 계속해서 규소세포막의 고체 ^{29}Si-NMR 스펙트럼을 보여주면서 "이것도 재미있습니다. 이 NMR 스펙트라를 보니 이 규소세포막 침전물은 선형이 아니고 평면형 규소고분자인 것 같습니다. 이것을 가공하면 표면처리제 같은 용도가 있겠네요."

김도이 박사가 귀가 번득이었다. Sub-P사에서 바이오정보시스템을 이용하여 얻어진 결과와 같았기 때문이었다.

"정말요? 그렇군요. 규소세포막이 중수에 용해되었으면 더 정교하게 구조를 세밀히 볼 수 있었을 텐데."라고 말하고 얻어진 스펙트라를 받아들고 NMR분석실에서 나오려고 의자에서 일어서자.

장미리 박사가 말을 이으면서 "잠깐만요. 김 박사님, 용해성 규소고분자와 규소세포막의 2D-NMR 스펙트라를 찍어 구조를 규명하는데 시간이 많이 소요됩니다. 그리고 규소세포막인 경우 고체 ^{29}Si-NMR의 실험조건을 잡는데 더 많은 시간이 걸리지만 결과가 안 좋을 수도 있습니다. 규소세포막을 녹일 수 있는 방안을 찾아주세요. 용해된 시료가 있으면 구조분석이 훨씬 수월해집니다."

김도이 박사는 알고 있다는 듯이 "찾아보겠습니다. 수고하세요."라고 대답하고 이서희 박사와 함께 NMR분석실을 나왔다.

많은 전자부품이나 반도체칩들의 소재구조에 따라 전기전도도와 열정도성에 크게 좌우된다. 전기전도도에 따라 전기신호가 누출되거나 신호전달의 효율이 떨어지기 때문에 전자부품의 표면에 처리할 소재의 선발 역시 엄격한 물리화학적 기준에 맞아야 했다. 그래서 반도체제작에서는 전기신호의 누수를 차단하고 발생한 열을 빨리 식혀주는 표면처리제가 중요했다. 또한 습기의 침투도 막으면서 부식을 방지하기 위해서는 표면처리제의 소수성(hydrophobicity)의 도입도 필수적이었다. 다행히 평면형 규소세포막에는 주기적으로 소수성 사슬들이 연결되어 있고, 규소세포막의 열전도성이 좋아 표면처리제로 활용하면 가장 이상적이라고 판단하였다. 김도이 박사는 무언가 새로운 소재가 개발될 수 있다는 확신을 갖기 시작하였다.

NMR분석실을 나와 이서희 박사는 실험실로 돌아가고 김도이 박사는 전기물성분석실로 갔다. 서두일 박사가 기다렸다는 듯이 물성자료를 보여주면서 "김 박사님, X-21 용해성 규소고분자의 전기전도도는 다소 낮지만 신호전달의 효율은 예상보다 훨씬 높습니다. 이 용해성 규소고분자에 음전하를 적절히 보강한다면 새로운 가능성이 보입니다. 그리고 재미있는 것은 이 규소세포막입니다. 전기절연성과 열전도율에서 기대 이상입니다. 하지만 용액상태가 아니라서 생산라인에 적용하기가 어렵습니다. 규소세포막을 용액으로 만든다면 매우 유용할 것으로 보입니다."

김도이 박사는 "그렇군요. NMR 분석결과와 일맥상통하는군요. 어째든 서두일 박사님, 수고하셨습니다."하고 전기물성분석실을 나와 사무실로 왔다. 암석미생물의 용해성 규소고분자와 규소세포막의 구조조정이 필수적임을 알고 그 방안을 골똘히 생각하기 시작하였다.

그 때 해저화산에서 분리한 호열균의 황산화효소가 생각이 났다.

'그렇지. 바로 그거야. 심해화산 호열균의 황산화효소가 규소고분자에 음전하기를 부착시켜줄 수도 있어. 그 유전자를 암석미생물에 도입하는거야.'라고 혼잣말로 중얼거리고 있었다.

하지만 심해화산 호열균의 황산화효소 유전자를 암석미생물에 도입하고 발현시키는 작업은 만만하지 않았다.

'이것을 어떻게 하지…. 클로닝하려면 DNA운반체가 있어야하는데.'라고 생각하면서 유전공학실험을 구상하고 있었다.

2주일 후 DNA분석실에 있는 김소라 박사가 찾아왔다. 김도이 박사의 컴퓨터 모니터에서 암석미생물들의 유전체 분석결과를 띄어놓고 설명하기 시작하였다.

"김도이 박사님, 암석미생물의 유전체 지도입니다."

김도이 박사는 다소 고조된 어조로 "정말 수고하셨습니다. 이렇게 빠르게 암석미생물의 유전체를 해독하셨군요."

이때 거의 점심시간 식사가 가까웠다. 김도이 박사는 너무 기쁘고 고마워서 김소라 박사에게 실험실 연구원과 함께 식사하길 청했다. 그리고 SAMi사 인근에 있는 분위기 있는 『소소』라는 이태리식당에 갔다. 김도이 박사는 메뉴를 보고 먼저 포도주 한잔씩 주문을 하였다. 그리고 해물스파게티와 바삭바삭한 피자도 추가로 주문하였다. 웨이터가 먼저 포도주와 피자를 가지고 왔다. 김도이 박사는 모두들 잔을 들게 하고 "김소라 박사님, 수고하셨습니다. 이렇게 빨리 암석미생물의 유전체 정보를 분석해주셔서 감사합니다. 건배!"를 제의하였다.

그리고 김소라 박사와 이서희 박사, 서창수 박사와 방소연 연구원이 따라서 "건배! 건배!"를 하며 잔을 부딪쳤다.

김소라 박사가 감사의 답례로 "감사합니다. 이렇게 같이 식사를 할 수 있어서 기뻐요. 종종 이렇게 만나요."

그때 이서희 박사도 김도이 박사를 쳐다보면서 "저도 동감이에요. 종종 이런 기회를 만들게요."

김도이 박사는 웃으면서 "그래요. 그간 너무 뜸했습니다. 자주 이런 기회를 마련합시다. 사실 저희 실험실의 방소연 연구원과 이서희 박사가 수고했어요. 암석미생물 이 녀석이 고약해서 배양과 분석이 까다로웠거든요."

이서희 박사가 말을 받아 돌린다.

"저보다는 방소연 씨가 배양하는데 애를 먹었어요. 이 녀석이 잘 자라지 않잖아요."

이어서 주문한 식사가 나왔다. 김도이는 스파게티를 맛있게 먹으며 "김박사님. 한 미생물의 유전체를 2주일 만에 해독을 마친다는 것은 정말 놀랐습니다. 감사하고 축하합니다."

김소라 박사는 "요즘 DNA분석장비의 성능이 아주 좋아졌어요. 예전에는 몇 개월에서 수년이 걸렸지만 최신 자동로봇시스템과 바이오정보시스템은 유전체DNA의 염기서열을 정확하고 빠르게 해석합니다."

서창수 박사가 또 다른 질문을 던졌다.

"최종 유전체 정보를 조립하는데 몇 개의 조각DNA으로 나누어 분석합니까?"

김소라 박사가 "요즘은 1만에서 2만개 조각DNA의 염기서열을 결정하여 컴퓨터에 넣으면 전 유전체 정보로 조립되어서 바로 나옵니다. 예전에는 염기서열분석이 잘 안되던 DNA조각들이 있었는데 최근에는 그 문제를 다 해결하였거든요."

김도이 박사가 거든다.

"정말요?"

김소라 박사는 웃으면서 "저희 연구소가 갖고 있는 유전체 정보의 해독과 조립능력은 타의 추종을 불허합니다."

사실 놀라웠다. 불과 10년 전만하더라도 한 미생물의 유전체(genome)을 해독하는데 빨라야 1년 이상 걸렸는데 이젠 2주일 작업이면 충분했다. 그리고 DNA분석실은 다양한 해석프로그램과 큰 용량의 슈퍼컴퓨터를 가동하여 유전체정보에 담겨있는 ORFs(open reading frames, 생체단백질 유전자)을 손쉽게 찾아내었다. 다른 연구진과 다르게 새로운 생체단백질이나 효소들의 유전자도 쉽게 발굴할 수 있는 고품위 유전자예측프로그램을 가동하여 커다란 실적을 올리고 있었다. Sub-P사의 바이오정보시스템과 버금가는 수준이었지만 전자회사로서는 최고였다. 이러한 유전체 정보의 해석능력은 김도이 박사 실험실뿐 만아니라 SAMi사 다른 바이오연구사업에도 크게 도움을 주었다.

김소라 박사는 식사를 마치고 커피를 마시면서 말을 이어갔다.

"김 박사님, 암석미생물들(X-21, B-27, Y-11, YB-3, P-4, B-28)의 일반적인 특징은 유전체DNA가 작아요. 다시 말해 암석미생물들이 원시 미생물일 가능성이 커요."

김도이 박사는 “기존 다른 미생물과의 유사성은 어떻습니까?“

김소라 박사는 “유전가계도를 살펴보니 대체로 암석미생물들이 고세균에 속해요. 그런데 암석미생물 X-21은 분류학적으로 아주 특이해요. 다른 미생물과 유전적 연관성이 거의 없어요. 새로운 종의 미생물인 것이 확실합니다. 연구할 가치가 충분해요.”

계속해서 김소라 박사는 김도이 박사에게 “X-21 유전자는 G+C 염기가 70%에 달하고 유전암호도 3번째 염기도 거의 G 혹은 C로 끝나고 있습니다. 높은 온도에서 2중 나선형을 유지하기 위한 구성이라고 할 수 있어요. 흥미롭게도 화산온천에서 채취한 호열균과 비슷합니다. G+C염기의 빈도가 높은 것으로 보아 심해화산 호열균과 지하암반 미생물은 서로 유사한 생존전략을 갖고 있다고 할 수도 있어요.”

김도이 박사가 “재미있군요. 저희에게 큰 도움이 되겠습니다. 앞으로도 관심을 가져 주십시오.”

이렇게 암석미생물의 유전체 정보의 해석을 자축하며, 많은 담소를 나누면 즐거운 점심시간을 마치고 돌아왔다.

김도이 박사는 X-21의 DNA서열을 분석하면서 새로운 종의 미생물이라고 생각할 뿐, 외계미생물이 지구미생물과 융합된 공생체라는 것은 아직 상상도 못하였다. 재미있는 사실은 암석미생물의 세포 속에는 DNA의 양과 비슷한 만큼 규소고분자가 존재했지만 그 생체기능과 특성을 알 수 없었다. 김도이 박사는 이 규소고분자가 공생체의 또 다른 유전물질이라는 사실은 모른 채, 단지 황산기를 도입한다면 전기물성이 좋아질 거라는 생각만 하고 있었다. 그래서 여러 음이온 금속염들을 암석미생물의 배양배지에 넣어 생성된 규소고분자에 음전하기를 부착시킬 방안도 구상하고, 또 암석미생물에 황산화효소의 유전자를 도입할 실험계획을 세웠다.

먼저 다른 음전하를 가진 원소를 생각하고 관련 금속염들을 배양배지에 차례로 넣어 보았다. 원소주기율표 6족에 있는 황(S, sulfur) 대신 셀레늄(Se, selenium)과 텔루륨(Te, tellurium), 폴로늄(Po, polonium)을 지목하였다. 이 원소화합물들의 화학적인 성질이 비슷하기 때문이었다. 그래서 황산금속염(Na_2SO_4)과 비슷한 성질을 갖고 있는 Na_2SeO_4과 Na_2TeO_4, Na_2PoO_4들을 차례로 넣어 배양하고, 생성된 음전하-규소고분자의 물성을 조사하였지만 음전하의 도입에 특별한 진전이 없었다. 그래서 규소고분자에 다른 음전하기를 가진 금속염을 추가로 도입해보기로 하였다. 원소주기율표 5족의 원소 인(P, phosphorus)과 비소(As, arsenic)를 생각하고 인산염(K_3PO_4)과 비산염(K_3AsO_4)을 배양액에 넣어 보았다. 인산기와 비산기가 규소고분자에 부착되면 전기전도도가 향상될 것으로 보았기 때문이었다. 일차로 인산염을 넣어보았으나 그 실험결과는 암울했다. 규소고분자의 전기물성이 향상되지 않았기 때문이었다.

그런데 비산염(K_3AsO_4)을 넣었을 때 예기치 않은 일이 발생했다. 암석미생물의 증식이 완전히 멈춘 것이다. 비산염이 일반생물에게 독이 되는 것처럼 암석미생물에게도 같은 독성으로 작용하였다. 하지만 김도이 박사는 비산염이 생체구성분자 중 어떤 분자에 부착하여 증식기능을 정지시키는 곰곰이 따져 뿐이었다. 암석미생물 증식을 차단하는 비산염을 발견했지만 당면한 음전하기의 도입과 동떨어진 발견이기 때문에 별 관심을 두지 않았다. 김도이 박사는 이 암석미생물의 증식차단제가 얼마나 중요한지 아직 모르고 있었다.

한편 암석미생물 X-21에는 황산화효소의 유전자가 없었지만, 유황성분을 활용하는 심해화산 호열균은 암석미생물의 유황관련 효소유전자와 부분적으로 상동성이 있다는 것을 발견하였다. 이는 암석미생물들과 심해화산 미생물들이 같은 고생대 원시미생물이라는 점을 암시하였다. 다시 말해 초기 지구환경에 서식하던 미생물이 지각변동으로 퇴적암에 들어가서 이제까지 동면했을 가능성이 있었고, 또 다른 가능성은 전혀 다른 극한환경에서 유래된 미확인 미생물일 수도 있었다. 재미있는 사실은 암석미생물도 생명의 엔진이라고 부르는 포도당대사와 관련된 효소유전자들이 기존 미생물과 비교적 높은 수준으로 공유되었다. 암석미생물의 세포막에 존재하는 금속이온의 유입과정도 유사했다. 특히 원소주기율표 1족과 2족에 해당하는 소듐이온(Na^{+})과 포타슘이온(K^{+}), 마그네슘이온(Mg^{2+}), 그리고 칼슘이온(Ca^{2+})과 관련된 운반단백질들도 같이 존재했다. 이것으로 보아 암석미생물이 심해화산 호열균과도 일부 유전적 연관성이 있어 보였다. 그리고 특정 반복부위의 유전자가 규소고분자의 생합성과 연관이 있다고 추정해 보았다.

그날 오후 늦게 김도이 박사는 이서희 박사를 불러 암석미생물 유래 규소고분자와 규소세포막의 구조와 기능을 설명하였다. 그리고 김도이 박사는 "이서희 박사, 암석미생물에 심해화산 미생물 S-112에서 유래한 황산화효소의 유전자를 도입해야겠어요. 우리가 알고 있는 대로 용해성 선형 규소고분자의 물성을 바꾸기 위해서는 그 방법밖에 없어요."

이서희 박사는 김도이 박사가 자신을 불러 실험계획을 이야기하고 친밀하게 대해 줄때는 무뚝뚝한 얼굴에 생기가 돌고 환한 표정을 지곤 하였는데 오늘도 마찬가지였다.

"좋아요. 해보겠습니다. 그런데 황산화효소 DNA를 어떻게 암석미생물에 도입하지요? 아직 암석미생물에 적용할 수 있는 클로닝 벡터(vector)가 없는데…"

김도이 박사는 이 일이 쉽지 않다는 것을 알았지만 차분하고 실험경험이 많은 이서희 박사는 해낼 것이라고 확신하고 있었다.

"알고 있어요. 만만한 작업이 아니지만 먼저 암석미생물의 벡터개발을 착수합시다. 이 박사라면 문제가 안될 거예요."

이서희 박사는 이 말을 듣고 우쭐하여 빙긋이 웃으면서 "해내면 뭘 해주실래요."

김도이 박사는 사무적으로 "'물론 특허와 논문을 작성하고, 또 그럴싸한 실험실 회식이 어때요."하고 말하며 이서희 박사에게 웃는 얼굴을 보여주었다.

이서희 박사는 그런 말이 듣고 싶은 것이 아니었다. 김도이 박사가 자기에게 더 친밀하고 또 연인이 되어달라는 말을 하고 싶은 심경이었으나 그냥 피식- 웃어대고 말았다. 김도이 박사에 향한 마음 때문에 혼자 꿀 먹은 벙어리처럼 냉가슴만 앓고 있었지만 그것을 표현할 분위기도 아니었고 또 용기도 없었다.

김도이 박사는 심해화산 미생물 S-112에서 유래하는 황산화효소의 유전자를 분리하여 X-21에 도입하는 작업이 그리 간단한 작업이 아님을 잘 알았지만 미룰 수 없다고 보았다. 그리고 황산화효소의 유전자를 암석미생물에 클로닝하는데 상당한 시간이 걸릴 것으로 예상했다. 상호 유전자의 호환성도 문제이지만 우선 암석미생물에게 적용할 수 있는 DNA운반체인 벡터가 없었다는 것은 유전공학실험상 더욱 큰 문제였다.

10. 이다도와 방소연의 만남

10

이다도와 방소연의 만남

샌디에이고 환경미생물컨퍼런스에서 돌아온 이후 이다도 박사는 시급히 처리해야할 보고서와 특허작성 때문에 다른 생각할 겨를이 없었다. 그 작업이 끝나고 토요일 오후 문득 샌디에이고에서 만난 방소연과 이서희 박사가 생각이 났다. 카메라를 꺼내어 그 때 찍은 사진을 정리하면서 방소연과 이서희 박사의 사진을 한참 들여다보았다. 즐거웠던 시간과 그녀들의 발랄하고 소박한 연구자들의 모습이 떠올랐다. 한번 만나보고 싶어졌다. 그래서 방소연과 이서희 박사의 사진들을 전자우편으로 보내지 않고 만나자고 메시지를 보냈다. 방소연에 더 호감이 갔지만 무뚝뚝한 이서희 박사도 한번 더 보고 싶은 것도 사실이었다. 두 사람의 휴대폰에 보낼 메시지를 입력하였다.

"저는 샌디에이고 학술행사에서 뵌 이다도입니다. 그때 찍은 사진들을 전달하려고 합니다. 언제 어디에서 만나 뵐 수 있을까요?"

이서희 박사는 메시지를 보고 한동안 머뭇거리다가 휴대폰을 접고 하던 실험을 계속하였다. 하지만 방소연은 메시지를 보내자마자 즉각적으로 답신을 하였다. 그녀의 급한 성격이 여기에서도 작동하였다.

"안녕하세요. 방소연입니다. 사진이 나왔네요. 오는 토요일 시내 『보보카페』에서 2시에 만나뵈면 어떨까요?"

이다도 박사도 방소연에게 바로 답신하였다.

"좋습니다. 토요일에 뵙겠습니다. 그리고 이서희 박사님도 같이 나오시면 어떨까요?"

방소연은 혼자 나가고 싶었는데 이서희 박사와 같이 나오라는 메시지였다. 다소 기분이 언짢았지만 약간 못마땅한 표정을 지으면서 이서희 박사를 찾아가서 메시지를 전달하고 의사를 타진하였다. 이서희 박사는 전혀 나갈 의향이 전혀 없었고 실험진행 때문에 나갈 시간도 없었다. 그리고 이다도 박사보다는 김도이 박사에 관심을 두고 있는 터라 "방소연 씨, 저는 그날 실험해야 할게 남아있어요. 혼자 나가세요."라고 대답하였다. 방소연은 속으로 빙그레 웃으면서 이다도 박사에게 혼자 나간다고 답신을 하였다.

토요일 방소연은 어느 날 보다 얼굴화장에 정성을 들였고, 화사한 원피스를 차려입고 카페에 일찍 도착하였다. 조금 지나니 이다도 박사가 나타났다. 이다도 박사는 깜찍한 옷차림의 귀여운 방소연을 보자마자 할 말을 잊어버리고 한찬동안 방소연의 얼굴을 쳐다보았다. 지난번 샌디에이고에서 본 방소연이 아니었다. 훨씬 도시적인 매력과 귀태가 나는 외모를 가진 여자였다. 다소 업무적으로 USB 사진파일만을 전달하려고 나왔는데 마음이 싹 달라졌다. 좀 더 얘기도 하고 무슨 건수를 만들어 같이 있고 싶어졌다. 이다도 박사는 조심스럽게 방소연 얼굴을 살피면서 "안녕하세요. 또 뵙는군요."

활달한 방소연도 방긋 웃는 얼굴로 "안녕하세요. 지난번보다 훨씬 멋있는 분이시네요."

이다도 박사도 역시 이 말을 듣자마자 입을 벌리고 눈웃음으로 방소연에서 그의 속마음을 보여주었다. 말이 필요 없었다. 한마디로 방소연의 모습에 빨려 들어갔다. 한눈에 반한다는 말이 바로 이것이었다. 방소연도 이다도 박사의 얼굴을 보면서 그의 감정과 의중을 짐작할 수 있었다. 방소연

은 커피 잔을 들고 웃으면서

“어서 앉으세요. 무슨 차를 마시겠어요?”

이다도 박사는 “제가 시키죠.”라고 대답하고 황급히 주문데스크에 가서 커피를 주문하여 받아왔다. 비교적 차분한 이다도 박사였지만 오늘은 완전히 달랐다. 무슨 말부터 시작해야할지 망설이고 있을 때 방소연이 먼저 말을 걸어왔다.

“지난 번 고마웠어요. 샌디에이고에서 좋은 식당에서 식사도 하고, 시월드도 덕분에 잘 구경했어요. 오늘은 제가 답례를 할 차례에요.”

이다도 박사는 웃으면서 “뭘 그것가지고. 저도 방소연 씨 덕분에 좋은 시간을 가졌습니다. 그 실험실 사람들 안녕하시죠? 안부 전해주세요.” 이러한 분위기에서 이서희 박사와 김도이 박사의 이름을 꺼내어 분위기를 깨고 싶지 않아서 언급조차 하지 않고 조용히 넘어갔다.

방소연도 고개를 끄덕이며 “네. 이 박사님.”

그리고 두 사람은 한동안 샌디에이고에서 일어난 일을 꺼내어 담소를 나누었다.

그때 방소연은 분위기를 바꾸고 싶어졌다.

“이 박사님, 오늘 날씨도 좋은데 시내 길을 걸어보면 어떨까요? 모처럼 사람이 많은 인사동이나 명동거리를 걸어보고 싶어요.”

이다도 박사도 “그래요. 그게 좋겠어요.”

사실 이다도 박사는 처음에는 방소연에게 사진이 들어있는 USB를 전해주고 몇 마디 얘기를 나누려는 정도였다. 방소연과 데이트할 생각까지는 없었는데, 이미 친근한 연인들이 데이트하는 것처럼 자신도 모르게 따르고 있었다. 활달하고 귀여운 방소연이 이다도 박사에게 마법을 건 것과 같았다. 전혀 자신의 의사대로 행동할 수 없는 상태였다. 두 사람은 카페에서 나와 인사동에서 청계천을 거쳐 명동거리를 다정하게 걸었다. 마치 오래 전부터 연인관계인 것처럼 환하게 웃으면서 이야기도 하고 지나가는 사람들도 쳐다보며 즐거운 시간을 가졌다.

그때 이다도 박사가 방소연에게 계획이 없던 제안을 하였다.

"혹시 영화 좋아하세요?"

방소연도 기다렸다는 듯이 "네. 영화관람 좋아해요."

결국 두 사람은 그 날 오후 영화도 보고 저녁식사도 하면서 즐거운 시간을 보냈다. 이다도 박사도 오늘 뿐 만아니라 다음에 또 만나고 싶어졌다. 그래서 용기를 내어 방소연에게 "다음 토요일에 뵐 수 있을까요?"하고 방소연의 얼굴을 뚫어지게 쳐다보고 대답을 기다렸다. 방소연도 오늘 이다도 박사의 매력에 흠뻑 빠져있던 터라 환히 웃으면서 "좋아요. 근데 이박사님. 시간을 낼 수 있어요?"

이다도 박사는 머리를 긁적이면서 "물론이죠. 누구신데."

그 말을 듣고 방소연도 밝게 웃으며 다음을 약속하였다. 두 사람은 이미 연인이나 다름없었다.

방소연을 만난 이후 이다도 박사의 일상에는 많은 변화가 일어났다. 그의 컴퓨터 모니터에는 항상 메시지창이 떠있었다. 방소연이 보내는 메시지를 실시간으로 확인하기 위해서였다. 서로의 관계는 친구를 넘어서 연인사이로 발전하였고, 잠시라도 연락이 끊기면 불안할 정도였다.

"저 지금 출근해서 커피마시고 있어요."라고 메시지가 도착하면 이다도 박사는 하던 일을 제쳐놓고 바로 답장을 보낼 정도였다.

"난 오전 업무회의를 준비 중"

10분 후에 답신이 왔다.

"호열균 배양배지를 만들고 있어요."

방소연은 10분에서 30분 간격으로 하는 일이나 생각나는 일, 보고들은 일을 다 알려야 직성이 풀렸다. 흔히 하는 말로 귀가 얕아서 오래 잡아두지 못하는 성격이었다. 일거수일투족을 다 보고할 정도로 유별났지만 이다도 박사는 이를 친밀감과 사랑의 표현으로 받아들이고 있었고, 본인 자신도 서슴없이 따라했다.

아침 업무회의를 끝내고 자리에 돌아온 이다도 박사는 그 사이에 온 6개 메시지를 읽으면서 혼자 웃고 있었다. 방소연이 우스꽝스러운 그림을 보냈기 때문이었다. 자신의 얼굴보다 크게 그려진 빨간 귀가 방소연을 향해서 크게 벌리고 있었다. 지금 상황을 잘 묘사한 그림이었다. 그림을 보다 웃으면서 이다도 박사도 바로 답신을 보냈다.

"내 귀가 이렇게 크단 말이요? 어쨌든 그림이 재미있네요."

기다렸다는 듯이 바로 방소연이 답장이 왔다.

"오늘 저녁에 뭐하세요?"

"글세, 아직 계획은 없는데 회사사정을 봐야지."

이러한 일상적인 시시콜콜한 메시지가 계속 오가고 있었고, 방소연은 이러한 연락을 통해 자신의 행복감과 존재감을 느끼고 있었다. 물론 이다도 박사도 처음에는 귀찮을 정도였지만 서서히 방소연의 쾌활하고 솔직한 대화가 싫지만은 않았다. 아니 기다릴 정도로 변했다.

ISO사 역시 엄격한 보안검열 때문에 비업무적인 용도로 컴퓨터 사용이 통제되지만, 포털사이트에서 문헌조사와 정보수집, 연구동향을 파악하는 별도 창구를 통해서 이들은 은밀히 서로에게 메시지를 담아서 보냈다. SAMi사 보안팀도 이들의 사이버 사랑대화는 괘념치 않았지만, 관찰대상으로 그 명단을 올려놓았다. 이러한 보안검열을 피하기 위해 스마트폰까지 동원하여 메시지를 주고받았다. 하루의 주요 일과가 서로 메시지의 왕래라고 하여도 무방할 정도였다. 당연히 주어진 실험업무에는 소홀해지고, 점점 일과시간외에는 실험실 자리를 지키지 않았다. 방소연도 마찬가지였다. 사무실 책상에 앉으면 이다도 박사의 얼굴이 떠오를 정도였고, 늘 이다도 박사가 무엇을 하고 있을지 상상할 수 있었다. 더욱 궁금해지면 심지어 전화를 걸어 궁금증을 해소하곤 하였다. 서로의 관계가 깊어지면 질수록 그들의 대화의 빈도가 높아졌지만, 대신 이다도 박사의 연구업무의 예리한 칼날이 무뎌지기 시작했다.

그날 저녁도 방소연의 요청으로 이들은 시내 카페에서 만나 담소를 나누고 있었다. 방소연이 먼저 말을 꺼냈다.

"오늘 재미있는 일이 있었어요."

이다도 박사는 "무언데?"

방소연은 오늘 수행한 실험을 아무런 거리낌도 없이 말하고 있었다.

"호열균을 키우면서 탄소원으로 포도당을 많이 넣었는데 갑자기 그 호열균의 색이 하얗게 바뀌는 거예요."

이다도도 호열균을 알고 있지만 그런 경험은 없었다.

"왜 색이 바뀌지? 이해가 안 되네."

방소연이 신기한 것을 발견했다는 듯이 "나중에 알아보니 호열균이 자라면서 탄수화물고분자를 만들어 세포막 밖으로 배출해 놓은 거였어요. 미생물들이 먹이를 비축했다가 활용하려고 세포막 밖에다 다당류를 만들어 놓은 것 같아요. 이 녀석들도 살 궁리는 사람 못지않아요."

이다도 역시 사소한 내용이었지만 웃음으로 답하였다.

"하하. 말이 되네. 그래서 어떻게 했어요?"

방소연은 하던 말을 멈추고 “그것은 저녁 먹으면서 말할게요. 어디로 갈까요? 근사한데 없어요?”

이다도가 스마트폰으로 근처에 분위기 있는 양식당을 찾았다.

“여기에 있네. 이 『프라다』라는 식당이 근처에 있네. 인터넷에서 평이 좋아. 한번 가볼까?”

방소연은 “그래요.”라고 대답하고 당연하다는 듯이 일어나 가방을 챙겨 카페를 나왔다. 두 사람은 카페를 나와 서로 재미있게 말을 주고받으며 『프라다』 식당을 향해 걸어갔다. 남들이 부러워할 정도로 그림이 좋은 한 쌍의 연인이었다. 그 날 밤도 많은 시간을 보내며 사랑의 밀담을 주고받았고, 또 연인간의 밀착정도도 날이 갈수록 진해지고 있었다.

ISO사도 세계적인 전자회사이었기 때문에 자체 연구개발을 활발하게 진행해왔고 또 정진하고 있었다. 이다도 박사는 그간 성실한 자세로 연구에 임하여 좋은 연구성과를 많이 냈기 때문에 회사에서 촉망 받는 연구자였다. 작년에는 반도체사업부의 바이오소재실 실장으로 승진할 정도로 실적을 내기도 하였다. ISO사의 기대주인 셈이었다. 때론 경쟁사인 SAMi사가 이다도 박사의 연구동향을 살필 정도였다. 하지만 방소연을 만나면서 우선순위가 연구중심에서 방소연으로 옮겨졌고 연구의 집중도가 흩어지고 있었다. 방소연의 밝은 성격과 친근성, 그리고 해맑은 얼굴이 이다도 박사를 흔들어 놓은 것이다. 이다도 자신도 그러한 사실을 알고 있었지만 헤어 나올 수 없었다. 사랑의 마법에 걸려 있었기 때문이었다. 이러한 근무소홀이 자기 자신의 책임이었지만 방소연이 이다도 박사를 가만히 놓아두질 않는 성격 때문이기도 하였다. 상대가 계속적으로 자기에게 관심을 끌기 위해 끊임없이 노력하는 여자였다. 악의적이거나 의도적인 접근은 아니었으나 혼을 빼놓게 하는 타고난 애교와 자기 의도대로 끌고 가려는 본능적인 집요함이 있었다. 당연히 기존연구에 전념하는데 지장을 초래하고 있었다. 그리고 생활패턴과 우선관심사가 연구에서 방소연으로 넘어갈 수밖에 없었다.

점점 이다도 박사는 연구에 쏟는 시간보다 방소연의 관심사항에 더 많이 귀를 기울였고, SAMi사의 연구활동을 청취하는 것도 서서히 흥미로워졌다. 시간이 갈수록 SAMi사의 내막이 방소연의 입을 통해서 들려왔기 때문이었다. 자연히 더 귀를 바짝 세워 방소연의 말에 기울이기 시작하였다. 그러한 상황에서 자기도 모르는 사이에 비정상적인 접근이지만 더 쉬운 방법을 생각하는 것은 어쩔 수 없었다. 견물생심과 같은 유혹에 빠지고 말았다. 아무런 요구를 하지 않았지만 방소연이 혼자서 재잘거리고 있었기 때문이었다. 자기 가족얘기에서부터 인터넷에서 본 재미있는 이야기와 그리고 자기가 하고 있는 연구업무나 SAMi사가 최근에 추진하고 있는 연구내용과 성과까지 모든 것을 말하였다. 물론 방소연이 이다도 박사에게 환심을 사려고 의도적으로 자기 회사의 업무내용을 전달하는 것은 아니었다. 단지 타고난 성격 때문이었다. 자기도 모르게 자신이 갖고 있는 모든 것을 자기 연인과 공유하는 버릇이 생겼다. 그것이 그녀가 살아가는 방법이고 그녀의 일상생활이었다. 그러한 생활방식이 주위에 있는 사람들에게 관심을 받고 살아왔기 때문이기도 하였다. 스트레스의 해소보다는 습관적으로 마음속에다 담아주지 않는 성격이었다. 아마 자기 식구와 마찬가지로 연인에게 보여주는 자신의 관심과 친밀도에 대한 자연스런 표현이기도 하였다. 처음에는 이다도 박사 역시 방소연의 행동에 어색했고, 귀를 기울이지 않았으나 연인으로 발전하면서 그녀의 모든 행동이 예쁘게 보였고 차츰 자연스럽게 받아들이게 되었다. 이젠 그녀가 조용하면 불안할 정도에 이르렀다. 그래서 방소연의 말이 아름다운 음악으로 바뀌었고, 때론 그러한 적극적인 표현에 맞장구칠 정도가 되었다. 그러한 표현은 그녀의 심경을 정확히 파악하기 위해서도 필요하였고, 또 경쟁사의 비밀업무관련 정보를 쉽게 얻을 수 있어서 싫지만은 않았다. 그래서 이다도 박사는 경쟁사인 SAMi사의 연구동향을 누구보다도 정확히 파악하고 있었고, 자신도 모르게 산업스파이가 되었다.

반대로 이다도 박사는 과묵한 성격으로 자신이 수행하고 있는 연구내용을 세세히 방소연에게 늘어놓지는 않았다. 일종의 연구책임자로서 자신의 본능적인 보호메카니즘이 발동했기 때문이었지만, 방소연이 말을 가로채어 말할 틈을 주지 않는 것도 한 이유였다. 어째든 연구활동에 대한 정보는 SAMi사에서 ISO사로 자연스럽게 흘러 들어갔다. 때론 ISO사의 연구전략회의에 참석하였을 때 SAMi사의 최신 바이오관련 연구활동을 언급하였는데, 기획실에서는 이다도 박사의 정보가 꼭 참조해야할 내용임을 알았다. 가장 정확하고 신빙성이 있었기 때문이었다. 그에 따라 차츰 ISO사 기획실에서 SAMi사의 전략과 동향을 파악하기 위해서 이다도 박사에게 문의하는 일이 빈번해지기 시작하였다. 그리고 방소연과의 연인관계가 더 잘 진행되길 회사가 바라고 있을 정도에 이르렀다. 처음에는 들은 얘기내용을 기꺼이 전해주었는데 차츰 이다도 박사 자신도 썩 좋은 기분은 아니었고, 방소연에게 미안한 마음이 들기 시작하였다. 방소연은 단지 이다도 박사와 친밀감을 표현할 뿐이었는데 그녀가 말한 내용이 바뀌어서 SAMi사에게 해가 되는 방향으로 움직이면서 마음이 혼란스러워지기 시작했다. 이다도 박사는 서서히 기획실에서 주관하는 연구전략회의는 가급적 기피하기 시작하였다.

방소연은 무역회사를 경영하는 아버지와 어머니 밑에서 유복한 딸부자 가정에서 자랐다. 자매들과는 매우 친밀하였고, 같이 모여 있으면 웃음이 끊이질 않는 집안이었다. 그리고 항상 밖에서 일어난 일은 서로가 다 말하며 거리낌 없고 부족함 없이 자랐다. 아버지는 조그만 무역회사에서 시작하여 지금은 중견기업으로 성장시켰고, 자유롭고 유복한 가정을 꾸렸다. 집안분위기가 좋은 또 다른 이유는 그녀들의 쾌활하고 사교적인 성격 때문이었다. 아이들이 모두 똑똑하여 좋은 학교에도 입학하였고, 주위 모든 사람에게 관심을 받았기에 더욱 기가 살았고, 활달한 성격은 더욱 자유분방한 성격으로 발전시켰다. 자매들 간에 화목한 관계와 쾌활한 성격을 가질 수 있었던 것은 달리 보면 어머니의 노력과 사랑의 결실이었다. 그녀의 어머니는 4자매간의 소소한 모든 충돌을 사전에 차단하고 조정하는 현명한 어머니였다. 그러한 관계로 집안은 늘 웃음이 넘치고 행복하였다.

이다도 박사는 집념과 노력으로 자수성가한 연구자였다. 항상 시계처럼 정확했고 짜여진 업무계획에 따라 치밀하게 움직인 결과였다. 그리고 대기업 중역에 오른 아버지의 꾸준한 뒷바라지로 이 자리에까지 올 수 있었다. 이다도의 할아버지는 정부 경제부처의 고위직 공무원으로 큰 야망을 가졌으나 처해진 업무에 파묻혀 꿈을 펼칠 기회를 못 찾았다. 또 할머니는 항상 웃으면 할아버지에게 내조하는 현모양처였으며, 손자인 이다도와 그 형제들을 어릴 때부터 보살펴준 자상하고 인자한 할머니였다. 그리고 항상 장손인 이다도 박사를 응원하면서 좋은 손주며느리 감을 기다리고 있었다.

11. 황산화효소 유전자의 클로닝

11

황산화효소 유전자의 클로닝

지구생물은 모두가 DNA라는 유전정보의 저장장치에 생명의 정보를 담고 있다. 그리고 유전정보에 수록된 유전정보의 암호체계까지도 공유한다. 다른 말로 하면 DNA는 지구생물의 공통언어이자 상호 소통의 통로라 할 수 있다. 그래서 한 생물의 DNA를 다른 생명체에 옮겨 넣어도 그 유전정보에 담겨 있는 의미를 그대로 발현시켜주곤 한다. DNA는 생물 간의 대화를 가능하게 해주었고, 또 생물 간의 정보교류를 통해서 우리가 필요한 생체분자들의 대량생산까지 가능케 해주었다. 이렇게 생명의 암호이자 생명의 끈인 DNA는 바이오산업의 핵심정보이지만, 다른 측면으로 보면 DNA는 우주의 생명신비와 생명의 역사를 담고 있는 기록장치인 것도 사실이다.

암석미생물 X-21은 SAMi사 연구소의 관심을 끌어 모았다. 전자신호전달의 효율이 높은 용해성 규소고분자를 만들어 주기 때문이었다. 여기에다 음전하를 적절히 보강한다면 환상적인 반도체소재로 거듭 날거라는 전기물성분석실의 판단 때문에 김도이 박사의 암석미생물 연구는 더욱 활기차게 움직이기 시작하였다.

일반적으로 클로닝(cloning)이라는 말은 한 생물을 복제한다는 말도 있지만, 유전공학 실험실에서는 한 생물의 유전자를 다른 생물에 도입하여 작동시킨다는 말이기도 하다. 김도이 박사가 수행하고 싶은 것은 심해화산 호열균의 DNA를 떼어서 암석미생물 속에 도입시켜 작동시키고, 그로 인해 음전하를 가진 황산기가 부착된 규소고분자를 얻고자 하는 일이었다. 까다로운 유전자재조합실험이 기다리고 있었다. 김도이 박사는 앉아서 꼼꼼히 실험구상을 하였다. 암석미생물의 음전하 도입을 위해서 암석미생물 X-21 속에 도입하기 위해서였다. 하지만 호열균S-112의 황산화효소 유전자를 안전하게 도입(cloning)할 벡터(vector) DNA가 없었다. 외부 DNA를 암석미생물 속으로 클로닝 할 때 거부반응을 막아주는 장치가 필요했던 것이었다.

대개 외부 DNA가 한 미생물 속으로 들어가면 자체적으로 DNA분해효소를 만들어 외부 DNA를 분해시켜 자신을 방어한다. 그래서 한 유전자를 클로닝하기 위해서는 유전자DNA를 안전하게 전달할 운반 DNA, 즉 벡터가 꼭 필요하다. DNA 벡터는 다른 생물세포에 들어간 후에도 외부유전자를 작동시키고 또 다음 세대로 전달할 복제기능도 있어야 한다. 그러한 의미에서 벡터 DNA는 미생물의 자체 방어시스템을 무력화시키고 외부유전형질의 전달과 작동을 담당하는 필수 유전공학 실험수단인 셈이다.

유전공학자가 사용하는 벡터의 개발은 미생물의 플라스미드(plasmid)에서 시작한다. 우선 세포 속을 들여다보자. 모든 생물 세포 속에는 커다란 유전체 DNA(genome)가 있다. 이는 생물의 DNA설계도에 해당하는 유전정보의 집합체로서 한 생명체의 세포구성물을 만들어 살아가게 한다. 생물들의 자손을 퍼뜨리고, 미생물들의 딸세포들를 증식시키는 역할을 담당한다. DNA가 생명체의 청사진인 셈이다. 그런데 간혹 미생물 세포 속에 자가복제하는 매우 작은 DNA(10,000개 염기 정도)가 추가로 발견되는 경우가 있다. 이 작은 DNA를 플라스미드(plasmid)라고 하는데 항생제 내성균에서 흔히 발견되곤 한다. 항생제를 분해시켜 세포를 보호하는 역할을 담당하는 것으로 알려져 있다. 이 작은 플라스미드는 미생물의 세포분열과정에서도 플라스미드 내에 있는 유전형질을 딸세포에게 계속 전달하는 자체 복제기능을 가지고 있다. 분자생물학자들은 이 자체 복제능력이 있는 플라스미드DNA를 꺼내어 외부 DNA를 삽입시키고 다시 숙주세포에 도입할 수 있는 DNA 운반체로 발전시켰다. 이 벡터 DNA의 개발 덕택에 유전공학의 탄생이 가능했고, 그리고 바이오산업의 핵심기술로 발전할 수 있었다.

김도이 박사와 이서희 박사는 암석미생물에 대한 아무런 사전정보와 지식이 없이 벡터개발을 시작해야 했다. 다소 무모한 시도이자 커다란 도전이었다. 암석미생물에 대한 실험경험이 없었고, 또 벡터를 개발한다고 해서 벡터가 꼭 만들어지는 것이 아니기 때문이었다. 김도이 박사와 이서희 박사는 맨 먼저 암석미생물 X-21 세포 속에 작은 형태의 플라스미드가 존재하는지를 우선 조사했다.

며칠 지난 후 차분하고 집중력을 가진 이서희 박사는 암석미생물 X-21 속에서 자가복제하는 작은 DNA 단위(pX)를 발견하고, 이를 벡터DNA로 활용할 수 있는지 가능성을 타진하고 있었다. 작은 플라스미드 DNA(pX)가 벡터DNA로 활용되기 위해서는 자체적으로 자가복제명령을 내리는 유전자(ori)를 가지고 있어야하기 때문이었다. 다행히 이서희 박사는 pX 내에 복제명령유전자(ori)를 확인하고 그 염기서열을 규명하였다. 암석미생물에서 분리한 작은 플라스미드 DNA(pX)를 벡터로 활용할 수 있음을 확인하고, 이어서 벡터DNA 내에는 가나마이신 항생제의 분해효소의 유전자를 도입하기로 하였다. 외부 DNA가 벡터에 연결되어 숙주세포에 도입되었을 때 암석미생물 속에 외부유전자가 들어갔는지 확인하기 위해서다. 다시 말해 숙주세포가 가나마이신(kanamycin) 분해효소의 유전자를 가진 벡터 DNA를 가지고 있으면, 재조합 암석미생물(클론, clone)은 가나마이신이 들어있는 배양배지 속에서도 살아남지만, 벡터DNA가 없는 암석미생물은 죽기 때문이었다. 이러한 방법으로 벡터는 외부DNA가 들어있는 암석미생물의 선별수단을 제공한다. 이서희 박사도 가나마이신 유전자가 도입된 벡터를 이용하여 황산화효소 유전자를 암석미생물에 클로닝할 수 있나고 판단하였다.

물론 이것만 가지고 실험을 진행할 수 없었다. 이서희 박사는 벡터DNA에 mRNA 합성신호인 프로모터(promoter)를 도입해야 했다. 벡터 내에 프로모터가 외부유전자 앞에 놓여 있으면 RNA복제효소(RNA polymerase)가 외부유전자를 복제하여 mRNA의 합성하기 때문이다. 하지만 프로모터가 없거나, 있어도 염기서열이 적절하지 못하면 RNA복제효소가 외부유전자의 mRNA를 만들지 못한다. 결국 프로모터에 따라 외부유전자의 발현여부가 결정되어 해당 생체단백질이나 효소들의 생산이 판가름 난다. 프로모터는 한 유전자의 생산개시 신호인 셈이다.

일단 mRNA가 만들어지면 mRNA는 리보좀(ribosome)이라고 부르는 단백질합성공장으로 옮겨져서 유전정보에 따라 해당되는 생체단백질이나 효소를 생합성한다. 이 과정을 유전정보의 번역과정(translation)이라고 한다. 사람을 위시하여 지구상의 모든 동물과 식물, 미생물들은 공통적으로 이 전사와 번역과정을 통해 생체단백질을 생합성하는데 생물마다 요구사항이 다소 다르다. 유전자 앞에 놓여있는 염기서열에 따라 결정된다는 말이다. 그 유전정보서열의 조정작업이 끝나면 리보좀은 생체단백질이나 효소들을 계속 만들어준다. 결과적으로 유전공학자들은 모든 생물의 세포공장이 유전자의 정보에 의존하여 가동되는 것을 알았고, 거대한 생체단백질을 인공적으로 제조하는 방법을 터득한 것이다.

이러한 제반조건을 염두에 두고 이서희 박사는 바이오정보시스템에 들어가서 암석미생물의 유전체정보를 분석하였다. 프로모터(promoter)의 후보 염기서열들 중에서 중복적으로 발견되는 3개 프로모터의 염기서열을 찾아 벡터DNA에 도입하였다.

하지만 또 다른 문제가 기다리고 있었다. 유전자의 스위치인 전사제어DNA를 도입할지 망설이고 있었다. 암석미생물이 자랄 때 외부유전자가 계속적으로 발현되면 숙주세포에 크게 부담을 주기 때문이었다. 흔히 유전자의 스위치는 프로모터 다음에 부착하곤 한다. 한 외부유전자를 발현시킬 때 유전자 스위치DNA(전사제어 DNA)에 제어단백질(예: LacIq)이 부착되어 있으면 유전자의 전사과정이 봉쇄되어 단백질의 합성이 정지되지만, 제어단백질이 떨어져나가면 생체단백질의 합성이 시작된다. 과학자들은 제어단백질을 떼어낼 수 있는 유도물질(inducer, 예 IPTG)을 개발하여 유전자의 발현시점을 조절할 수 있게 장치를 마련하였다.

이서희 박사는 암석미생물 속에서 황산화효소의 유전자 앞에 유전자 스위치를 도입할지 여부를 상의하기 위해 김도이 박사의 사무실에 찾아갔다.

"김 박사님, 암석미생물의 벡터개발을 순조롭게 진행되어요. 그런데 황산화효소 유전자 앞에 전사제어 DNA를 도입해야 할까요?"

김도이 박사는 "제 생각으로 전사제어 DNA없이 황산화효소 유전자를 항시 발현시켰으면 합니다. 세포가 증식하면서도 규소고분자에 황산기를 계속 부착시켜야 하기 때문이죠. 그리고 유전자 발현되는 수준이 낮다면 숙주세포에도 부담을 줄 것 같지 않습니다."

이서희 박사는 고개를 끄덕이며 "맞아요. 황산화효소 유전자의 발현수준이 낮습니다. 전사제어 DNA를 도입안하는 것이 좋겠습니다."

이윽고 이서희 박사는 황산화효소 유전자를 클로닝을 할 벡터DNA를 조립하였다. 그런데 예기치 않은 문제에 부딪쳤다. 암석미생물의 외부 세포막이 매우 견고해서 이 벡터DNA를 암석미생물 속에 도입할 수가 없었다. 세포막이 돌멩이 표면과 같이 견고한 구조였기 때문이었다. 지하암반이라는 특수한 환경 속에서 적응하였기 특별한 세포막 구조를 가지고 있었다. 유전공학실험실에서 일반적으로 사용하는 온도변환법과 전기영동방법으로는 어림도 없었다. 그래서 이서희 박사는 DNA총이라고 부르는 특수공기압력장치에 암석미생물과 벡터DNA를 넣고 순간적으로 10기압에 해당하는 압력을 가해 보았다. 놀랍게도 많은 암석미생물들이 돌가루처럼 부서졌지만, 그 중 일부 암석미생물 속에 벡터DNA가 들어간 것을 확인할 수 있었다.

이렇게 황산화효소의 유전자를 암석미생물에 성공적으로 도입할 수 있었다. 하지만 그것이 끝이 아니었다. 유전자의 발현이 미약해서 암석미생물이 황산화효소를 거의 못 만들어내고 있었다. 결과적으로 황산기가 부착된 규소고분자가 생성되지 않았다. 이러한 현상은 벡터에 내장된 프로모터나 mRNA의 3차구조가 암석미생물의 리보좀에 적합하지 않기 때문이었다. 그래서 이서희 박사는 프로모터와 그 주위의 염기서열을 바꾸면서 유전자의 발현을 높이고자 하였다. 결국 다른 프로모터 DNA로 교체하고 mRNA의 2차 구조를 풀어줌으로서 암석미생물에서 황산화효소 유전자를 발현시킬 수 있었다. 시간이 많이 지체되었지만, 결국 이서희 박사는 암석미생물에 황산화효소 유전자를 클로닝 하였고, 결국 암석미생물로부터 황산기가 부착된 음전하-규소고분자를 얻을 수 있었다.

3개월이 지난 어느 아침, 이서희 박사는 실험노트를 들고 김도이 박사 사무실에 웃으며 들어왔다. 김도이 박사는 이 박사의 얼굴표정을 보면서 바로 감을 잡을 수 있었다. 김도이 박사가 웃으면서 "커피 한잔 하실래요? 좋은 소식이 있는 것 같은데."

이서희 박사가 커피 잔을 받아 들으며 "많이 기다리셨죠? 암석미생물 X-21에 황산화효소 유전자를 클로닝 했어요."라고 말하고 클로닝한 실험자료를 보여주었다.

김도이 박사는 클로닝한 암석미생물에서 추출한 벡터DNA와 황산화효소 유전자를 확인할 수 있는 전기영동사진을 보며 "DNA가 잘 들어갔군요. 황산화효소 유전자의 발현정도는 어떻습니까?"

이서희 박사는 암석미생물에서 추출한 단백질들의 전기영동사진을 보여주며 "황산화효소의 밴드(band)가 약하지만 분명히 보입니다. 이 정도면 황산화효소의 작동에는 문제가 없다고 봅니다. 암석미생물의 클론을 대량 배양하여 규소고분자에 황산기가 얼마나 부착되었는지도 확인하겠습니다."

어려운 유전공학실험이었지만 차분하고 경험이 많은 이서희 박사는 벡터DNA를 개발하고 이를 이용하여 황산-규소고분자를 만들어주는 암석미생물 X-21 클론을 만들었다.

김도이 박사는 일어서서 이서희 박사에게 악수를 청하면서 "어려운 작업이었는데 해내셨군요. 정말 수고했습니다. 암석미생물 X-21에 클로닝한 것은 이 박사님이 처음입니다."

김도이 박사는 황산화효소 유전자를 가진 암석미생물 X-21의 클론(clone)을 X-21S(pX-S5)로 명명하였다. 그리고 암석미생물 X-21S(pX-S5)를 추가적으로 배양하여 규소고분자의 생합성과 황산기의 부착율을 조사키로 하였다.

평소에 김도이 박사는 음전하가 반복적으로 부착된 DNA를 "생명의 전기줄"로 생각하였다. 음전하를 가진 인산기들이 전기전도도를 적절히 조절하여 반도체소재로 활용할 수 있다고 보았다. 분명한 것은 DNA는 매우 높은 집적율을 가진 생명정보의 분자수용체라는 점이었다. 그래서 한 때는 김도이 박사가 DNA를 분자메모리 반도체로 개발계획을 수립할 정도로 반도체소재로서 매력을 느끼고 있었다. 그런데 황산-규소고분자가 DNA와 비슷하게 음전하가 반복적으로 부착된 선형 고분자임을 확인하고 반도체 소재로서 활용이 가능성이 있다고 판단하였다. 그 판단은 적중하였지만 아직 암석미생물 세포내에서 규소고분자가 무슨 기능을 갖고 있는지, 또 외계생물의 유전물질인 것에 대해 아직 알지 못했다.

다음 날 아침, 김도이 박사가 출근하자마자 이서희 박사가 달려왔다.

"김 박사님, 흥미로운 결과가 나왔어요. 암석미생물 X-21S(pX-S5)이 증식되면서 규사(SiO_2)와 황산소듐(Na_2SO_4)을 상당량 활용하고 있습니다."라고 말하며 분석실험자료를 보여 주었다.

김도이 박사는 분석자료를 자세히 검토하고 밝게 웃으면서 "그렇군요. 분명히 황산-규소고분자가 많이 만들어진 것 같습니다. 이 박사의 클로닝이 완벽했어요. 축하합니다."

이는 암석미생물 X-21S(pX-S5)가 증식하면서 규사분말을 먹이로 취하여 규소고분자를 합성하고, 그리고 황산기를 부착시켰다는 말이었다. 생성된 황산-규소고분자에 황산기를 얼마나 규칙적으로 부착되었는지가 상세히 알아보고 싶었다. 이서희 박사에게 황산-규소고분자(Si-RS)를 분리하여 NMR분석실과 전기물성분석실에 보내도록 요청하였다.

다음 날 김도이 박사가 출근하기가 무섭게 전기물성분석실 서두일 박사로부터 전화가 왔다. 자기 연구실에 와서 분석결과를 보자고 하였다. 서둘러 이서희 박사와 함께 서두일 박사의 연구실에 갔다. 그 자리에는 이미 연구소장 김춘추 박사와 구천덕 부장도 와있었다.

서두일 박사는 흥분된 어조로 컴퓨터 화면에 나타난 그래프를 보여주면서 "놀랍게도 이번 보내준 황산-규소고분자가 탁월한 전기물성을 보여줍니다. 음전하를 가진 황산기가 규소고분자에 균일하게 배치되어 있어서 저장능력이나 처리속도가 50배나 기존 반도체보다 높아졌습니다. 예상 밖의 결과입니다. 간단한 시제품을 만들어 보았는데 그 결과가 예상 밖으로 좋았습니다. 아마 연구소에서 오랫동안 찾던 음전하-규소고분자가 얻어진 것 같습니다. 이 규소고분자 Si-RS는 차세대 메모리반도체로 손색이 없다고 봅니다."

흥미롭게도 정보의 저장능력과 처리속도가 기존 반도체보다 50배나 높다는 말을 듣고 그 자리에 있던 김춘수 소장과 구 부장 그리고 모두가 놀랐고 너무도 기뻐서 박수를 치면서 김도이 박사에게 악수를 청하였다. 분명히 기존 정보처리의 한계를 넘어선 것으로 꿈의 분자반도체 수준에 접근하였기 때문이었다. 다만 전원을 끄면 저장된 정보가 날아가는 단점이 있지만 그건 큰 문제가 아니었다. 김도이 박사는 황산-규소고분자 Si-RS

가 SAMi사가 학수고대하던 차세대 반도체소재임 알고 너무 좋아서 가슴이 터질 것 같았다. 그러나 바로 다음 순간 아직 넘어야할 고개가 남아있다는 것을 직감하고 조용히 앉아 있었다.

그 자리에 있던 김춘추 연구소 소장은 모든 연구원들을 격려하면서 “이제 거의 끝이 보입니다. 규소고분자 Si-RS가 나름대로 메모리칩과 같은 산업적 용도가 매우 커 보입니다. 김도이 박사는 규소고분자 시료를 좀 더 많이 확보하시고, 서두일 박사는 반도체의 시제품을 만들어 활용범위를 조사해주기 바랍니다. 모두 수고했습니다.”

김도이 박사는 머뭇거리다가 미안하다는 듯이 말을 꺼냈다.

“소장님. 문제가 하나 있습니다. 암석미생물이 혐기성 미생물이기 때문에 대량 배양시간이 너무 길고 세포증식율이 낮습니다. 생산공정연구실과 협력하여 좋은 방안을 찾아보겠지만 Si-RS를 대량생산하는데 시간이 필요합니다.”

김춘추 소장은 당연하다는 듯이 “그래요. 생산공정연구실과 협력하여 조속히 Si-RS의 대량생산기술을 확립했으면 합니다. 수고하십시오.”라고 덤덤히 말하고 소장실로 돌아갔다.

김도이 박사는 연구실로 돌아와 X-21S(pX-S5)의 배양조건을 곰곰이 따져보면서 대량배양의 해결책이 있는지 생각해보았다. 하지만 뚜렷한 방안이 보이지 않았다.

그때 NMR분석실 장미리 박사의 전자우편이 왔다.

“김도이 박사님, Si-RS의 NMR 스펙트라를 보냅니다. 예상 화학구조도 함께 보냅니다. 아마 놀라실 겁니다. 너무도 멋있는 규소고분자입니다. 축하합니다.”

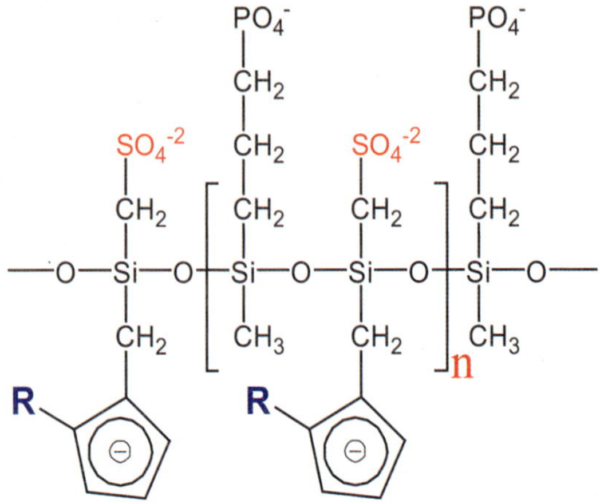

Si-RS의 화학구조
(R = −N(Me)₂, −N(Et)₂, −pyridine, −pyridine-Me)

김도이 박사는 장미리 박사가 보낸 Si-RS의 여러 NMR 스펙트라와 예상 화학구조를 살펴보았다. 재미있게도 Si-RS의 ^{29}Si-NMR 스펙트라는 선형 규소고분자임을 보여주었고, 규소원소는 비대칭 탄소로서 광학적 활성을 가지고 있었다. 이제까지 이렇게 정교하고 규칙적인 규소고분자가 보고된 일이 없었다. 그리고 ^{31}S-NMR 스펙트라는 황산기가 규소에 일정하게 부착되어 있었다. 더욱 흥미로운 점은 5개 탄소환형구조의 방향성 화합물이 규소원소에 연결되어 있었고, 그 환형구조에 4종의 아민기(R = -N(Me)$_2$, -N(Et)$_2$, -pyridine, -pyridine-Me)가 어떤 조합을 이룬 것처럼 반복적으로 나타났다.

암석미생물 X-21S(pX-S5)의 황산-규소고분자(Si-RS)는 독특한 선형구조였다. 마치 이중나선형 DNA 구조에서 4개의 염기가 일렬로 연결된 것처럼 아민기(amino group)들이 반복적으로 나열되어 있었고, 또 규소고분자의 기본골격에도 주기적으로 황산기와 인산기 그리고 5각형의 환형방향성

화합물이 규소원자에 부착되어 있었다. 음전하를 제공하는 황산기와 인산기도 흥미로웠지만 환형방향성 구조의 존재가 더욱 흥미로웠다. 김도이 박사는 암석미생물의 황산-규소고분자의 구조를 보면서 이는 생물학적 의미를 담고 있음을 바로 직감할 수 있었다. 그리고 규소고분자 Si-RS가 황산기와 음전하를 가진 환형구조를 갖고 있어서 좋은 반도체소재임을 바로 알아챌 수 있었다.

한편 김도이 박사는 암석미생물 X-21와 X-21S(pX-S5)이 중요한 산업미생물이 될 수 있다고 판단하고 영구보존하기로 하였다.

"방소연 씨, 암석미생물을 동결건조하여 영구보존합시다."

방소연은 바로 무슨 말인지 알아채고 "네. 알겠습니다."

방소연은 P4실험실에 들어가 장기보존을 위해 유리앰플 속에 배양한 암석미생물을 넣고 진공상태에서 동결건조를 시켰다. 그리고 동결건조된 유리앰플에 미생물 명칭이 적혀있는 라벨을 넣고 산소용접기로 봉합하였다. 이어서 생물자원보존실에 가서 관리자의 출입허가를 요청하였다. 출입일시와 보관한 내용물에 대한 구체적인 기록을 작성하고, 구천덕 부장실과 김도이 박사가 서명한 출입허가서를 관리직원에게 제출하였다. 출입카드를 출입문에 대고 들어가니 금속탐지기가 위에서 아래로 몸을 조사하였고, 그리고 소지품과 몸무게까지 확인하였다. 매우 엄중한 출입절차였다. 마지막 출입문을 열고 들어가니 여러 개의 초저온 냉동고가 있었고, 그 옆에는 특수실험소재 및 실험자료의 보관금고가 있었다. 중앙책상에는 중요실험자료와 비밀문건이 입력된 컴퓨터도 있었다. 생물자원보존실은 SAMi사의 매우 중요한 미생물과 산업생산균주, 그리고 바이오소재가 구별되어 보관되는 곳이었다. SAMi사의 보물창고나 다름없었다. 이곳에 보관된 한 미생물이 년간 수천억에 상당하는 산업소재를 만들어 줄 수 있을 정도로 소중한 산업균주와 생물자산들의 보관소였다. 방소연은 컴퓨터 화면에서 암석미생물의 명칭과 유리앰플의 수 그리고 날자와 출입자에 대한 기록을 입력하고, 생화학실에 속한 영하 70도 초저온 냉동고에 유리앰플을 넣었다. 암석미생물 X-21와 X-21S(pX-S5)는 완전히 증식이 멈춘 동면상태이기 때문에 장기간 초저온냉동고(-70도)에 보존되어야 했다. 보안실에서는 모니터를 통해 출입자의 모든 행동을 화면을 통해서 관찰하였고, 그리고 모든 관리품목의 출납을 원격으로 확인하고 있었다.

사실 방소연은 마음만 먹으면 얼마든지 동결건조한 암석미생물 X-21와 X-21S(pX-S5)을 훔쳐내어 이다도 박사에게 넘길 수 있었지만, 그런 행동은 하지 않았다. 단지 그녀가 이다도 박사에게 아무 생각 없이 재잘거리는 성격이 문제였지, 회사비밀을 의도적으로 넘길 만큼 심성이 삐뚤어진 연구원은 아니었다.

12. 암석미생물의 대량배양

12

암석미생물의 대량배양

황산-규소고분자(Si-RS)로 만든 시제품의 성능이 워낙 좋았기 때문에 그 반향도 컸다. 연구소장은 물론 경영진도 신규 소재에 큰 기대를 걸고 있었다. 반면 김도이 박사에게는 점점 더 큰 부담으로 되돌아 왔다. 암석미생물의 대량 배양이라는 난제가 남아있기 때문이었다.

며칠 지난 후 서두일 박사가 김도이 박사를 찾아왔다.

"김 박사, 황산-규소고분자(Si-RS)가 너무 좋았습니다. 연구소 사람 모두가 Si-RS 얘기뿐입니다. 정말 축하합니다. 그런데 제가 여러 형태의 시제품을 만들어 추가적인 성능을 시험해보고 싶습니다. 혹시 Si-RS 시료를 좀 주실 수 있습니까?"

김도이 박사는 미안하다는 듯이 "저도 드리고 싶은데 아직…. 혐기성 미생물이라서 증식도 느리고 세포 양도 매우 적습니다. 바이오공정실의 대형 발효조를 이용해도 한 달이나 걸립니다. 기다려 주셔야겠습니다."

서두일 박사도 멋쩍은 표정을 지으며 "그렇군요. 어쨌든 기다리겠습니다."

김도이 박사는 암석미생물 X-21S(pX-S5)의 까다로운 배양조건과 낮은 증식률 때문에 서두일 박사가 요구하는 만큼 충분한 시료를 만들 수 없었다. 호기성 일반미생물의 경우 하루만 배양하여도 충분한 양을 얻을 수 있는데 비해, 혐기성 미생물은 1주일 동안 배양하여도 매우 적은 양의 세포밖에 얻을 수 없기 때문이었다. 더욱이 바이오공정실의 고성능 대형 발효조(fermentor)를 가동해도 근 1개월이라는 시간이 소요되었다. 시제품을 만들어 황산-규소고분자의 성능을 보여준 서두일 박사의 요청이었기에 더 큰 부담으로 남았다. 김도이 박사는 황산-규소고분자(Si-RS)를 만드는데 더욱 박차를 가하고 싶었지만, 의욕만으로는 문제를 해결할 수 없었다. 김도이 박사는 새로운 돌파구를 찾기 위해서 가용 가능한 모든 배양조건을 재검토하였지만 뚜렷한 해결책이 보이질 않았다.

다음 날 구천덕 부장이 김도이 박사를 사무실로 불렀다.

"김 박사, 경영진이 황산-규소고분자(Si-RS)에 대한 보고를 받고 제품화를 서두르라는 지시를 했어. 가까운 시일 내에 2차 시제품의 성능과 대량생산계획을 보고해야 돼. 좀 서둘러 줘요."

김도이 박사는 "알겠습니다. 바이오공정실과 협의하여 방법을 찾겠습니다. 구 부장님, 그런데 아무리 서둘러도 1kg의 시료를 만드는데 한 달 이상이 걸립니다."

구천덕 부장이 어이가 없다는 표정을 지으면서 "뭐? 한 달이라고? 말도 안 돼. 다음 주에 경영진에 보고해야 합니다. 구체적으로 무엇이 문제입니까?"

김도이 박사는 기회는 이때라고 생각하고 모든 어려운 문제들을 다 얘기하기로 하였다.

"우선 혐기성 암석미생물의 배양시간이 너무 걸립니다. 1톤 발효조를 사용한다고 해도 1달이나 걸리고 세포 양도 매우 적습니다. 회사에서 요구하는 본격적인 생산은 사실상 불가능합니다."

구천덕 부장도 모르는 바가 아니었지만 경영진의 지시에 따를 수밖에 없었다.

“알겠어. 아무튼 박훈 박사와 협의하여 바로 대양 배양에 들어가고, 다른 방안이 있는지 찾아보세요.”

김도이 박사도 마지못해 “찾아보겠습니다.”라고 대답하고 구천덕 부장 사무실에서 나왔다. 김도이 박사는 아무리 생각해도 암석미생물의 대량 배양을 해결할 방안이 보이지 않았다.

김도이 박사는 바이오공정실의 박훈 박사를 찾아가 전후사정을 얘기하였다.

“박 박사님, 1톤 발효조를 돌려야겠습니다.”

박훈 박사도 웃으면서 “어쨌든 즐거운 비명입니다. 황산-규소고분자(Si-RS)의 성능이 나빴으면 이렇게 독촉이 있었겠습니까? 하하하-.”

김도이 박사도 고개를 끄덕이고 박훈 박사의 말에 동의하면서 “그건 그래요. 대량 배양에서 막혔어요. 무슨 방안이 없을까요?”

박훈 박사도 구천덕 부장의 지시를 받고 온 얘기를 전하면서 “저도 구 부장님한테 지시를 받고 왔습니다. 우선 대량 배양을 시도해 봅시다. 다행히도 3주일 후에 1톤 발효조가 빕니다. 내일부터 시작하면 3주일 후에 1톤 발효조를 가동할 수 있습니다.”

김도이 박사는 “좀 더 시간을 단축할 수 없을까요?”

박훈 박사가 웃으면서 “구 부장님과 똑같은 말을 하십니다. 저도 하고 싶지요. 암석미생물에게 부탁하세요. 하하하-. 아무튼 저에게도 커다란 도전이자 기회라고 생각합니다. 우선 1톤 발효조를 돌리기 전에 작은 발효조에서 암석미생물을 얻고 순차적으로 큰 발효조로 옮기면서 대양 배양으로 갈 겁니다. 바로 내일부터 시작하겠습니다. 지금부터 준비해야 3주 후에나 1톤 발효조를 돌릴 수 있습니다.”

김도이 박사는 “고맙습니다.”라고 대답하고 사무실로 돌아왔다.

다음 날 김도이 박사는 바이오플랜트(Bio-plant)에 갔다. 맨 먼저 일반 준비실험실이 있었고, 그 실험실의 끝에 있는 문을 열고 들어가면 2개의 거대한 바이오플랜트가 나왔다. 하나는 미생물의 대량배양을 위한 발효조 시설이었고, 다른 바이오플랜트는 고등동물의 세포주의 배양을 위한 정교한 생산라인이었다. 김도이 박사와 방소연 연구원은 첫 번째 바이오플랜트로 들어갔다. 여기도 P4실험실과 마찬가지로 에어샤워를 하고 모자달린 특수실험복으로 바꾸어 입어야 했다. 대량 발효시설에 미생물 오염을 사전에 차단하기 위해 지켜야할 절차였다. 의약품이나 특수 바이오소재의 생산균주를 배양할 때, 반드시 외부와 격리된 청정 바이오플랜트에서 수행해야 했다. 물론 국제안전규정을 지키는 것도 있지만, 외부와 격리된 공간에서 산업미생물을 대량 배양하는 것은 당연한 일이었다. 다른 잡균이나 병원균의 오염을 원천적으로 막을 수 있기 때문이었다. 특히 반도체에 사용되는 규소고분자는 먼지와 공기오염, 산소 그리고 외부미생물 유입이 철저히 차단된 청정조건이 요구되기 때문에 암석미생물의 배양이 의약품 생산보다도 오히려 더 까다로웠다. 미생물 바이오플랜트는 2층 높이의 1톤 발효조가 3대가 있었고, 이를 지원하는 중간단계의 100리터와 50리터, 10리터, 2리터 발효조들이 그 주위에 복잡하게 놓여 있었다. 그리고 배양액 농축설비와 분리시설, 건조시설들도 발효조 옆에 파이프라인들이 이리저리 얽혀 있어서 마치 복잡한 미로 속으로 들어가는 기분이었다. 바이오플랜트의 중앙 벽면에는 커다란 유리 창문이 보였다. 바로 바이오플랜트의 가동을 조정하는 발효통제실이었다. 김도이 박사가 그곳을 들어가니 박훈 박사가 기다리고 있었다. 커다란 화면이 전면에 놓여 있었다. 각 발효조에서 배양하는 실험조건과 진행상황들이 실시간으로 보여주었다. 박훈 박사는 컴퓨터 화면들을 보면서 배양조건과 증식률을 확인하며 발효실험을 진행하고 있었다. 바이오플랜트의 발효조들과 제반시설의 규모는 압도할 정도로 큰 규모였지만, 바이오플랜트는 실제 산업화 생산 공정에 적용하기 위한 중간단계였다. 이곳에서 발효조건과 생산수율, 생산단가를 최적화시킨 후 최종적으로 대규모 생산시설을 가동하는데 필요한 공정조건을 산출해주는 생산시설 가동의 예행연습실인 셈이다.

김도이 박사는 "안녕하세요. 오늘 드디어 대량 배양이 시작되는군요. 기대가 큽니다."

박훈 박사는 발효통제화면을 보다가 돌아서면서 "안녕하세요. 저희가 배양할 미생물이 호열균이라고 하셨죠?"

김도이 박사는 "네. 지하암반 3,500m에서 채굴한 혐기성 호열균입니다. 아시겠지만 혐기성 미생물이기 때문에 매우 느리게 자라고 까다롭습니다."

박훈 박사는 골똘히 생각하는 표정으로 김도이 박사를 쳐다보며 "저도 혐기성 미생물의 배양은 가급적 피해왔습니다. 너무 느리잖아요. 김 박사님, 혹시 배양배지가 특별한가요?"

김도이는 "네. 규사분말과 황산금속염도 탄소배지의 5% 정도를 추가로 첨가했습니다. 그리고 아직 최적화하진 않았지만 70도에서 배양해 왔습니다."

박훈 박사는 알았다는 듯이 "사실 저도 혐기성 호열균에 대한 경험이 별로 없어요. 저희 팀원들도 암석미생물이라는 말을 듣고 바짝 긴장하고 있습니다. 어째든 색다른 경험이 될 것 같습니다."

박훈 박사는 암석미생물의 특성과 배양조건을 김도이 박사에게 물어보았다. 대형 발효기를 가동하기 위해서는 암석미생물 X-21S(pX-S5)에 대한 사전 정보가 필요했기 때문이었다. 김도이 박사는 수행한 배양실험조건과 암석미생물의 세포파쇄, 규소고분자와 규소세포막의 분리조건, 물성, 안전성 등을 상세히 설명해 주었다. 박훈 박사는 다양한 미생물들을 배양해왔고, 또 여러 바이오소재들을 산업적 규모로 생산해보았지만 이번에는 사정이 달랐다. 모래를 먹이로 취하는 혐기성 호열균이라는 점에서 생소했고 배양조건이 까다로웠다. 또 산소가 완전히 제거된 배양조건을 요구하였고, 또 높은 배양온도 때문에 준비과정이 주의가 필요했다. 이러한 번거로운 작업 때문에 바이오공정실 연구원들이 혐기성 호열균의 배양을 기피할 수밖에 없었다.

김도이 박사는 실험실의 배양조건을 알려준 다음, 호열균 X-21S(pX-S5) 콜로니가 있는 배양접시를 박훈 박사에게 넘겨주었다. 박훈 박사는 1톤 발효조를 가동하기 전에, 맨 먼저 삼각플라스크에서 배양하고, 2리터와 100리터 발효조에서 충분히 암석미생물 X-21S(pX-S5)를 배양한 다음, 마지막으로 1톤 발효조를 가동할 계획이었다. 그리고 대량 배양이 끝나면 황산-규소고분자(Si-RS)와 규소세포막의 분리로 이어질 예정이었다.

김도이 박사와 사전협의를 마친 후 박훈 박사는 암석미생물의 배양배지를 만들기 시작하였다. 여러 시약과 배양배지를 하나씩 꺼내어 무게를 재고 4개의 삼각플라스크에 따로따로 넣었다. 이때 황산소듐염과 규사의 양을 5%씩 달리하여 4개의 다른 배지조성을 만들어 넣었는데, 이는 1차 플라스크배양에서 어느 배양조건이 좋은지 알기 위해서였다. 마지막으로 배양배지가 들어있는 삼각플라스크를 살균처리기(autoclave)에 넣어 멸균한 각 배양용액을 만들었다. 대개 호열균이 자랄 때 많은 금속이온을 요구하지만, 다행스럽게도 박훈 박사는 배양배지에 철성분을 넣지 않았다. 모든 준비과정을 계획대로 정확하게 진행하였다. 일단 혐기성 미생물의 배양에 들어가면 배양조건을 조정할 수 없기 때문에 사전에 꼼꼼히 확인하고 준비해야 했다.

박훈 박사는 배양배지를 만들면서 "김 박사님, 일반미생물의 배양과 많이 달라 다소 당황스럽습니다. 특히 미생물을 배양하면서 모래를 배지에 넣은 것은 이번이 처음입니다. 어떻게 저 녀석들이 모래를 먹을까요?"

김도이 박사가 웃으면서 "하하…. 저희가 모래를 먹는 미생물을 찾은 거죠. 모래를 먹어야 규소고분자를 잘 만들 수 있으니까요. 어째든 신기한 녀석들입니다."

박훈 박사도 신기하다는 듯이 "암석미생물이 모래로부터 어떻게 규소 고분자를 생합성하는지 참으로 궁금합니다. 아직 학계에서는 규소생화학이라는 분야가 없잖아요?"

김도이 박사가 끄덕이며 "맞아요. 이미 동식물에서 규소가 상당량 존재하는 것을 알고 있지만, 과학계의 관심 밖이었습니다. 규소-NMR이나 생체 규소분자의 구조분석기술이 발달하면 가능하겠지요."

박훈 박사도 흥미롭지만 이상하다는 듯이 "규소화합물의 구조분석 방안이 확립되지 않아 규소생화학분야가 발전이 느렸나요?"

김도이 박사가 고개를 끄덕이며 "맞습니다. 분석기술이 없었지요."

그때 박훈 박사는 바이오플랜트의 한 모퉁이에 있는 혐기성 호열균의 배양챔버 속으로 배양배지가 들어 있는 삼각플라스크를 집어넣고, 암석미생물 X-21S(pX-S5)을 접종하였다. 그리고 김도이 박사에게 다시 다가와 "암석미생물의 배양을 시작하겠습니다. 배양온도를 몇 도로 설정할까요?"

김도이 박사는 "말씀드린 대로 우선 배양온도를 70도로 설정하시지요."

박훈 박사는 알아들었다는 듯이 배양챔버의 계기판에서 배양온도를 70도로 설정하고 전원 스위치를 올렸다. 암석미생물 X-21S(pX-S5)은 다른 혐기성 미생물과 마찬가지로 증식이 느려서 1주일동안 배양해야 했다. 이젠 기다리는 일 외에는 아무것도 손을 쓸 수가 없었다. 이렇게 장시간을 요하는 발효공정은 산업적 생산에 적합하지 않아서 박훈 박사는 새로운 돌파구를 찾아야 한다고 생각하면서 "김 박사님, 이런 방식은 산업현장에 전혀 적합하지 않습니다. 다른 빠른 방안을 찾아야겠습니다."

김도이 박사도 고개를 끄덕이며 "맞습니다. 여러 각도로 검토하고 있습니다. 우선 균주개량입니다. 자외선으로 돌연변이를 유도하여 선별할 수 있지만 성공하리라는 보장이 없고, 또 규소세포막이 너무 견고하여 유전공학적 균주개량도 만만치 않습니다."

박훈 박사도 이해할 수 있다는 듯이 "그렇군요."

두 사람은 이렇게 느린 배양속도로는 산업화가 불가능하다고 보았다. 발효공정의 최적화에 못지않게 균주개량이 우선적으로 시급한 현안임을 알고 있었지만 이렇다 할 방안이 없어서 더욱 난감하였다. 하지만 경영진의 압박으로 미룰 수 없는 상황이 오고 있음을 알았다.

1주일이 지난 후 5개의 삼각플라스크에서 암석미생물X-21S(pX-S5)의 배양이 끝났다. 5개 배양플라스크를 들여다보니 배양된 암석미생물의 세포 양이 대체로 적었지만 다음 발효단계로 넘어갈 수 있는 정도였다. 박훈 박사는 5개 플라스크에서 배양한 암석미생물 X-21S(pX-S5)를 배양챔버에서 꺼내어 규소고분자의 생성량을 측정하였다. 하지만 5개 플라스크에서 배양된 암석미생물의 세포 양은 황산소듐염(Na_2SO_4)과 규사가 10% 들어 있는 배양용액에서는 다소 좋았지만, 일반실험실 대장균의 세포 양과 비교해 볼 때 1/20 수준으로 매우 적었다. 암석미생물의 5개의 배양액을 준비된 2리터 발효조 5개에 각각 옮겼다. 플라스크에서 큰 발효조로 옮길 때, 각각 배양액이 공기에 노출되지 않도록 모든 튜브와 발효조들에 질소가스로 충전된 상태를 유지하였다. 이러한 폐쇄시스템을 통해 배양액을 옮김으로서 다른 미생물의 오염을 방지할 수 있고, 또 암석미생물이 산소에 노출되는 것도 사전에 차단할 수 있었다. 2리터 자동발효조 부터는 배양조건을 컴퓨터 모니터링하고, 그에 따라 배양조건을 원격으로 조정도 가능하였다. 기본 배양과정은 삼각플라스크 배양과 과정과 크게 다르지 않지만, 본격적인 암석미생물의 발효는 이제부터였다.

박훈 박사는 시간이 지나면서 2리터 발효조에서 배양액의 산도(pH)가 서서히 내려가는 것을 발견하였다. 특히 황산소듐염과 규사가 10%씩 들어 있는 발효조가 현저히 그랬다. 암석미생물이 빠르게 자라고 있다는 말이기도 하였다.

"김 박사님, 암석미생물이 자라면서 유기산을 배출하는 모양입니다. pH가 계속 내려가고 있어요. 어떻게 하면 좋을까요?"

김도이 박사는 눈 휘둥그레지면서 "저희는 실험실에서 X-21이 자랄 때 pH2까지 내려가는 것을 알았지만 pH를 조정하지 않았습니다. 이 암석미생물이 강한 산성배지에서도 비교적 잘 자라는 것 같았습니다."

박훈 박사는 당연하다는 듯이 "제 경험으로 보아 암석미생물의 대량 배양도 중성 pH로 맞추는 게 좋겠습니다."라고 말하고 컴퓨터에서 pH조정 명령을 내렸다. 5개 발효조에 동시에 25% 암모니아수를 한 방울씩 서서히 떨어뜨려 배양액의 pH를 맞추기 시작하였다. 조금 후 중성에 도달하자 각 발효조는 자동으로 암모니아수의 주입을 정지시켰다. 이러한 작업을 1주일 동안 반복하며 암석미생물이 잘 자라길 바라면서 기다리고 있었다.

1주일이 지나고 5개의 자동발효조에서 암석미생물의 배양이 모두 끝났다. 박훈 박사와 김도이 박사는 각 발효조에서 소량의 배양액을 꺼내어 암석미생물 세포의 생성량을 측정하였다. 가장 좋은 증식률을 보여준 발효조건을 찾기 위해서였다.

박훈 박사는 "김 박사님, 황산소듐염과 규사가 5% 들어있는 2번째 자동발효조가 좋습니다. 배지농도가 다소 높으면 세포증식도 따라 높아지는군요. 이 발효조건을 100리터 발효조 배양에 적용하면 좋겠습니다."

김도이 박사도 고개를 끄덕이며 "배지농도가 중요하군요. 배양액을 다음 발효조로 옮기시지요."

박훈 박사는 2번째 2리터 자동발효조에 담아있는 배양액을 폐쇄 파이프 시스템을 통해 100리터 자동발효조로 옮겼다. 그리고 살균 처리된 50리터 배양배지를 100리터 발효조에 추가로 집어넣었다. 100리터 자동발효조의 배양조건은 2번째 발효조(2리터)의 배양조건과 동일하게 설정하고. 산소가 차단된 조건에서 암석미생물 X-21S(pX-S5)를 배양시켰다. 100리터 자동발효조는 보다 정교한 장치들이 추가로 부착되어 있었다. 암석미생물의 배양 중에 추가적으로 배양조건의 입력과 pH조정 그리고 배지성분의 보충도 가능했다. 그에 따라 박훈 박사는 그때그때마다 배양조건을 컴퓨터로 조정하며 배양조건을 최적화시키고 있었다. 100리터 자동발효조에서는 2리터 발효조의 배양과 달리 탄소영양소가 소모되는 정도를 관찰할 수 있었고, 특히 규사와 황산금속염의 농도가 어떻게 변하는지 관찰할 수 있었다. 규사의 농도는 황산금속염보다 빠르게 소모되었다. 박훈 박사는 계속적으로 100리터 자동발효조에서 규사와 황산금속염이 소모된 만큼 보충했고, 매일 아침 발효조에서 1ml 배양액을 꺼내어 UV흡광도를 측정하여 암석미생물의 증식속도를 확인하였다. 결과적으로 암석미생물은 탄소원의 농도가 높으면 2배 정도 빠르게 증식하였다.

박훈 박사는 다소 자신감을 가지고 "김 박사님, 지난번처럼 배지농도가 다소 높은 조건에서 역시 잘 자라는군요. 암석미생물이 배지농도에 민감하지 않을 줄 알았는데…."

김도이 박사는 "흥미로운데요. 발효수율을 높이기 위해 배지농도를 2배 이상으로 올리면 어떨까요?"

박훈 박사는 "지금보다 높으면 오히려 세포증식에 방해가 됩니다. 우리가 두 끼 식사를 한 번에 먹을 수 없잖아요."

김도이 박사는 "그렇군요. 조금씩 여러 번 넣어주는 것이 좋군요."

혐기성 암석미생물이 배지농도에 비례하여 증식률이 높아지는 것은 그나마 안심이 되었으나, 하지만 이것만으로는 충분한 양의 암석미생물 세포를 얻을 수 없었다. 실제 생산라인에 황산-규소고분자를 제조하여 공급하기 위해서는 지금보다 10배 이상 증식률을 높여야 했다. 최악의 상황은 아니었지만 어쨌든 암석미생물 X-21S(pX-S5)은 서서히 자라고 있었다.

어느 덧 3주일이 지나고 마지막 1톤 규모의 대용량 발효조를 가동하는 날이 왔다. 박훈 박사는 100리터 발효조의 배양조건을 1톤 자동발효조에 그대로 적용하기로 하였다. 100리터 자동발효조에 있는 배양세포액을 1톤 자동발효조에 옮기고, 살균 처리된 500리터 배양액을 새로 채워 넣었다. 1톤 자동발효조를 가동하기 위해서는 그 많은 양의 배양배지를 모두 살균해야하고 또 산소를 제거해야 하기 때문에 결코 만만한 과정이 아니었다. 배양액을 옮긴 후 박훈 박사는 여러 배양조건과 발효조의 보조장치들을 살피고 1톤 자동발효조의 전원을 올렸다. 대체로 순조롭게 진행하고 있었으나 이번에는 배양액의 온도조정이 문제였다. 1톤 발효조에 부착된 열선 전원을 키고 배양액의 온도를 살펴보았더니, 열선이 있는 곳과 없는 곳에서 온도 편차가 심하게 나타나는 것을 발견했다. 100리터 발효조와 달리 1톤 자동발효조의 배양액을 서서히 교반시키면서 온도를 골고루 맞추는 작업이 쉽지 않았으나 세포증식에는 크게 영향을 미치지 않았다. 호기성 미생물의 발효과정처럼 배양액을 서서히 저어주었는데도 크게 무리가 없이 잘 자라고 있었다.

드디어 마지막 1주일 지나고 1톤 발효조의 배양이 끝났다. 박훈 박사는 옆에 있는 김도이 박사에게 악수를 청하면서 "대량배양이 끝났습니다. 그간 도와주셔서 감사합니다."

김도이 박사도 밝은 얼굴로 "수고하셨습니다. 저도 많은 것을 배웠습니다."

사실 4주 간의 암석미생물의 배양은 매우 긴 시간이었다. 지루하고 긴 시간이었지만, 박훈 박사는 차분히 잘 대처하면서 배양조건을 최적화시키고자 최선의 노력을 경주하였다. 하지만 혐기성 미생물의 대량배양에는 한계가 있었다. 일반 호기성 미생물 배양에 비해 1/10 정도로 적은 량이었지만 1차 시료확보에는 충분해 보였다.

이어지는 세포수거는 조그만 삼각플라스크에서와 배양과는 차원이 달랐다. 마치 작은 석유정유공장에 온 것처럼 대형 장치들이 동원되었다. 대형 1톤 발효조의 배양액을 파이프라인을 통해 연속원심분리기에 보내어 약 2kg 정도의 세포를 수확하였다. 이어서 원심분리로 얻어진 세포덩어리를 대용량 고압세포분쇄기(French press)에 넣어 세포파쇄작업에 들어갔다. 바이오공정실에서의 배양액 처리시설은 놀라웠다. 일반실험실에서는 많아야 1리터 정도의 배양액인데, 이곳에서는 1톤 규모의 배양액을 원심분리하고 또 세포덩어리를 분리하는 대규모 시설이 일사분란하게 움직였고, 또 정교했다.

세포수거 이후 분리공정이 이어졌다. 황산-규소고분자(Si-RS)의 분리작업은 순조롭게 진행되었다. 황산-규소고분자는 세포파쇄물의 원심분리에서 얻어진 상층액 속에 들어있었고, 평면형 규소세포막은 침전물 속에 다른 세포구성물과 섞여있었다. 음전하를 가진 황산-규소고분자도 DNA의 정제방법과 비슷하게 알코올 침전법으로 쉽게 분리할 수 있었고, 이어서 핵산가수분해효소를 가하여 남아있는 DNA와 RNA를 제거하여 고순도 황산-규소고분자(Si-RS)를 얻었다. 하지만 침전물에 남아있는 규소세포막은 용해되지 않아서 강한 알칼리 용액을 추가적으로 가했더니 규소세포막만 남기고 모두 용해시켜 제거하였다. 경험이 많은 박훈 박사는 최종산물 황산-규소고분자(Si-RS)와 규소세포막을 따로따로 순차적으로 분리정제하였다.

13. 규소세포막의 분해효소를 찾아

13

규소세포막의 분해효소를 찾아

김도이 박사는 음전하를 가진 황산기가 부착된 규소고분자 외에도 암석미생물의 외벽을 구성하고 있는 규소세포막에 큰 관심을 가졌다. 전자제품의 마감소재로서 활용성이 있었고, 경우에 따라서 반도체소재로서의 가능성을 보았기 때문이었다. 표면처리제나 전열체 등의 용도로 활용할 수 있다는 생각을 하면서 바이오공정실에서 정제된 규소고분자와 규소세포막의 각각 시료 10g과 실험노트를 챙겨서 자리에서 일어섰다. 복도를 따라 걸어오면서 규소세포막의 가공이 머리에서 떠나지 않았다. 분자량을 균일하도록 분해하는 일이 용이하지 않기 때문이었다. 사무실에 돌아와 그간 바이오공정실에서 수행한 배양실험의 조건과 유의사항을 전자실험노트에 빼곡히 기록하였다. 참고문헌과 여러 NMR자료들도 전자실험노트에 첨부파일로 부착시켰다. 그리고 암석미생물의 규소세포막을 분해시킬 여러 구상도 함께 기록하고 저장하였다. 물론 뚜렷한 가공방안이 보이질 않았지만, 우선 시도할 수 있는 방안으로 화학적 처리를 생각하였다.

김도이 박사는 실험실에 들어와 정제한 규소세포막에다 다양한 유기용매를 넣어 용해시켜 보았으나 규소세포막이 전혀 녹지 않았다. 그리고 여러 강산(强酸)과 알칼리 용액을 처리하였으나 녹지 않았다. 유일하게 불산(불와수소산, HF)에서만 규소세포막의 일부가 분해되는 것을 알았다. 어떻게 분해되는 것을 알기 위해 분해산물을 크로마토그라피(chromatography)

방법으로 분리하여 분석하기로 하였다. TLC(thin layer chromatography)에 나타난 분해산물을 분석해 보니 불화수소산이 규소세포막을 무작위로 분해시켰다는 것을 바로 알 수 있었다. 어떤 화학반응이 일어났는지 궁금하여 분해산물의 구조를 더 조사하기로 하였다. 규소세포막을 부분 분해산물을 중수(重水)에 녹인 다음, NMR 튜브에 넣어 ^{13}C-NMR과 ^{29}Si-NMR 분석을 장미리 박사에게 의뢰하였다.

다음 날 장미리 박사가 김도이 박사에게 NMR분석결과를 설명해 주었다.

"시료가 용해되어 전보다 NMR 스펙트라의 해상도가 훨씬 좋아졌습니다. 크게 보아 규소세포막이 불산에 의해 무작위적으로 분해된 것 같습니다. 하지만 반복적인 절편구조가 나타나는 것으로 보아 규소세포막은 평면형 구조로 보입니다. 마치 미생물의 세포막에 있는 단백당질(petidoglycan) 구조를 연상하시면 됩니다."

김도이 박사는 "평면형 구조라구요? 예상대로군요."

장미리 박사는 웃으면서 "이 시료는 분자량이 다른 구조들이 섞여있어서 구조에 따른 물성을 판단하기가 어렵습니다. 다른 시료는 없습니까?"

김도이 박사는 다소 실망스럽다는 듯이 "네. 없습니다. 조만간 준비되면 연락드리지요."라고 대답하고 NMR분석실을 나왔다.

아무튼 화학적 처리가 무작위적으로 규소세포막을 분해시켰지만, 규소세포막이 평면형 구조를 확인함으로서 다소 자신감이 붙었다. 그리고 반도체의 마감제로 사용할 수 있을지 여부를 알아보기 위해 용해된 시료를 전기물성분석실에 보냈다.

다음 날 아침 김도이 박사는 전기물성분석실에 갔다. 서두일 박사는 분석결과를 보여 주면서 "용해된 규소세포막이 일단 좋아 보입니다. 그런데 구조와 분자량이 불규칙하여 전기물성에서 재현성이 떨어집니다. 상품성이 약하다는 말입니다. 우선 균일한 구조를 가진 시료가 필수적입니다."

시료마다 다른 전기물성이 나오면 반도체소재로 사용할 수 없다는 말이었다. 김도이 박사는 "알겠습니다."라고 대답하고 사무실로 돌아왔다. 결국 화학처리를 포기하고 다른 방법을 찾을 수밖에 없었다.

다소 덤덤한 기분으로 사무실에 돌아와 전기물성의 분석자료를 다시 살피고 있을 때, 박수지 박사한테서 메시지가 왔다.

"점심식사는? 저는 현미밥+산채나물"

그간 암석미생물의 대량배양실험 때문에 연락도 못해서 미안한 감이 없지 않은 터였다. 그래서 김도이 박사는 바로 답장을 하였다.

"구내식당에서 해결. 오늘 저녁식사 같이해요."

박수지 박사가 기다렸다는 듯이 바로 연락이 왔다.

"좋아요. 오늘 저녁시간 좋아요."

김도이 박사도 실험자료를 들여다보면서 메시지를 보냈다.

"뭘 드시고 싶은지?"

박수지도 답신을 보내왔다.

"강남역 근처 『해해』식당에서 매운탕이 어떨는지…. 6 : 30에 만나요."

김도이 박사는 'OK'라고 메시지를 보내고, 한 동안 실험노트를 정리하다가 시계를 들여다보니 많은 시간이 지난 것을 알았다. 작성한 실험노트를 컴퓨터에 저장하고 사무실을 나와 퇴근하였다. 번잡한 지하철 강남역을 빠져나와 『해해』식당 건물로 찾아들어갔다. 식당에 들어가니 박수지가 이미 와서 기다리고 있었다.

박수지가 웃는 얼굴로 손짓을 하였다.

"여기에요."

김도이가 바로 알아보고 박수지가 앉아있는 식탁으로 갔다.

박수지는 상긋이 웃으면서 "저도 금방 도착했어요."

김도이가 의자에 앉으면서 박수지의 손을 잡고 놓질 않고, 한동안 얼굴을 빤히 쳐다보며 "얼굴을 잊어버렸어. 다시 얼굴을 메모리 해야겠어. 미안해. 내가 연락했어야 했는데…."

박수지는 뻔한 소리한다는 듯이 "말은 항상 번지르르해요. 뭐 하실래요? 저는 대구매운탕을…."

김도이도 "좋아. 2인분 시킵시다."

두 사람은 대구매운탕을 시키고 그간 말하지 못한 이런저런 얘기를 한참 늘어놓았다. 그때 지글지글 끓고 있는 대구매운탕이 식탁에 놓여졌다. 먹음직스러워 막 먹으려 했는데 커다란 대구 입안에 작은 생선이 걸려 있는 것이 보였다. 김도이가 "이 녀석이 이걸 먹다가 잡혔군."

박수지가 재미있다는 듯이 대구를 들여다보며 "그러게요. 이 녀석들은 씹지 않고 꿀꺽 삼키기만 해도 소화가 잘 되는 모양이죠?"

김도이가 대구를 먹으면서 한 마디 더 거든다.

"이 녀석들 뼈도 분해할 수 있는 강력한 소화효소를 갖고 있다는 말이군."

박수지 역시 알고 있다는 듯이 "맞아요. 강력한 소화능력을 보면 소화효소의 위력을 알만해요. 생물의 먹이순환을 보면 다른 생물의 구성물을 완벽하게 분해시켜 재활용하고 있어요. 먹이의 분해효소를 알아야 재활용이 가능한데…."

김도이가 눈을 번득이며 '분해효소!! 맞아 바로 그거야. 암석미생물도 규소고분자나 규소세포막을 만들었다면, 분명히 이 규소고분자와 규소세포막을 분해하는 효소를 갖고 있을 거야.'라고 중얼거렸다. 박수지의 말에 동문서답하면서 마치 새로운 발견을 했다는 듯이 김도이 눈이 번쩍였다.

박수지가 다소 어이가 없다는 듯이 "뭐예요. 갑자기. 대구매운탕에 문제 있어요? 아니면 대구탕이 그렇게 좋아요?"

김도이가 웃으면서 말을 이어간다.

"아니. 재미있는 생각이 떠올랐어. 암석미생물의 규소세포막을 어떻게 분해할지 고민하고 있었는데, 이 녀석을 보니까 바로 생각이 났어."

박수지가 눈을 휘둥거리며 "무슨 말을 하는지 모르겠어요?"

김도이가 말을 이어가며 혼자 중얼거렸다.

"바로 자체 분해효소야. 암석미생물이 규소세포막을 생합성했으면 이를 분해시키는 효소(酵素, 생체촉매)도 갖고 있다는 생각이야."

박수지가 대수롭지도 않은 것을 말한다며 "혹시 규소세포막을 정교하게 가공할 생체촉매를 찾고 있어요?"

김도이가 멋쩍게 웃으면서 "맞아. 그런 효소를 어디에서 찾을까 했는데, 멀리 갈 것도 없이 바로 암석미생물 속에서 찾으면 될 것 같아."

김도이는 말을 계속 이으며, 그간 규소세포막을 일부 분해시켜 용해성 규소세포막을 만들 계획을 소개하였다.

"난 규소세포막의 분해효소를 염두에 두지 않았었어. 그런데 오늘 생각이 났어."

박수지도 웃으면서 "세포구성물이 분해가 되어야 먹이사슬이 유지되고, 재활용이 되지요."

김도이는 방금 얘기한 내용을 휴대폰 화면에 입력하면서 "그래. 자연생태계에서 먹이사슬이 유지되려면 생체분자의 합성과 분해가 원활히 가동되어야해. 지금 산업계에서는 재활용 개념이 이제야 겨우 도입되고 있는데 자연은 본래부터 그랬어. 아! 오늘따라 대구매운탕이 더 맛있네."

박수지는 전문적인 견해를 피력하며 "설령 규소세포막을 분해하는 효소를 찾아도 이를 유전공학적으로 생산하려면 많은 노력과 시간이 필요할 텐데요."

김도이도 고개를 끄덕이며 "알고 있어. 암석미생물에 그 효소가 있다는 것부터 확인해야겠지만, 있다고 해도 그 유전자를 찾고, 또 다른 미생물에 도입하여 생산하는 것은 간단한 작업이 아니지. 그래도 우리는 넘어야 해."

즐거운 저녁식사를 하면서 이런저런 과학적인 얘기도 하고 또 최신 뉴스와 연예계 소식을 나누며 두 사람은 그들만의 오붓한 시간을 가졌다. 두 사람은 자주 만나지 못했지만 나날이 연인관계가 깊어지고 있었고, 서로의 생각을 거침없이 건넬 수 있는 단계에 까지 왔다. 서로의 전문지식을 교환하면서 대화의 폭이 넓고 다양해서 그들은 전문지식을 갖춘 좋은 조력자이자 따뜻한 연인관계였다.

다음 날 아침 김도이 박사는 사무실에 도착하여 효소(酵素, enzyme, 생체촉매)에 관해 이런 저런 상념에 빠졌다.

'…세포공장을 가동하는 하는 가장 정교한 생체촉매가 얼마나 소중한지 또 얼마나 중요한 생산수단인지 새삼 감탄하였다. 만약 20세기 과학자들이 유전공학기술을 개발하지 않았다면 생체효소의 활용은 엄두도 내지 못했을 거라고 생각하면서 그들의 도전정신에 머리가 숙여졌다. 유전공학은 거대분자인 생체효소도 쉽게 만들 수 있게 하였다. 이로 인해 효소공학의 꽃이 피고, 이어서 친환경 바이오소재산업이 곧 도래하는 것을 감지하였다. 효소반응은 부산물도 없고 오염물도 배출하지 않기 때문에 생산수율을 극대화시킬 수 있는 바이오산업의 핵심생산수단이기 때문이었다. 또한 효소들로 구성된 대사과정이 가동하지 않는다면 생명 그 자체가 유지될 수도 없다. 생명현상의 에너지와 신호전달, 생체구성물의 생합성에는 반드시 생체효소들이 개입하여 생명의 엔진을 가동하기 때문이다. 당연히 SAMi사도 바이오소재뿐 만아니라 전자소재의 생산과 가공에서도 효소공학기술들을 필히 갖추어야 할 것으로 보았다.…'

'…더 나아가 생명체들이 갖고 있는 생체효소 자체가 바로 완벽한 생명현상의 핵심 가동장치라는 점에서 효소의 생합성 능력은 인간의 영역이 아니고 신의 영역이라는 생각까지 하였다. 아니 조물주가 인간에게 준 최고의 선물이라는 생각을 한다는 것 자체가 이미 과학이 아니라 종교범주에 들어왔다.'는 생각을 하면서 혼자 웃고 있었다.

효소에 관한 이런저런 생각을 하면서 암석미생물의 규소세포막의 가공기술의 개발단계를 머리속으로 그려보았다. 갑자기 어제 박수지와 식사하면서 작성한 메모지가 기억이 났다. 김도이는 그 메모지를 꺼내들고. 규소세포막 시료를 들고 실험실에 들어가서 서창수 박사를 만났다.

"서 박사, 암석미생물에서 규소세포막의 분해효소를 찾읍시다. 암석미생물이 규사분말을 이용하여 규소세포막을 합성했다면, 이를 분해시키는 효소도 반드시 갖고 있다고 봅니다."

하지만 규소세포막의 분해효소는 과학계에서 한 번도 보고된 일이 없었다. 이미 생체 내 규소구성물이 알려져 있었지만, 규소생체분자의 생합성과 생체기능에 대한 연구가 진행되지 않았기 때문이었다. 아무런 사전지식이 없이 규소세포막을 분해하는 효소의 추적은 다소 무리가 따랐고 그저 막막했다. 모든 분리실험방법과 검증실험을 독자적으로 개발해서 진행해야 하기 때문이었다.

서창수 박사도 의외였다는 듯이 "암석미생물에서요? 정말 규소세포막 분해효소가 있을까요?"

김도이 박사는 설교하듯이 "자연의 먹이사슬이 가동되기 위해서는 생물의 구성물이 반듯이 자체적으로 분해시킬 수 있는 수단이 있어야 한다고 봅니다. 이 암석미생물도 마찬가지일 겁니다."

서창수 박사도 가능성을 인정하면서 "맞습니다. 시도해 보겠습니다. 암석미생물과 정제된 규소세포막 시료를 얻을 수 있나요?"

김도이 박사가 웃으면서 "여기 있어요. 내가 공정실에서 암석미생물 세포를 좀 가지고 왔습니다. 이 정도면 충분할 겁니다."

서창수 박사는 "김 박사님, 검증실험은 어떻게 할까요?"

김도이 박사는 "다른 방법이 없지요. 모든 분리된 분획들을 따로따로 ^{29}Si-NMR을 찍어 확인합시다. 물론 시간은 많이 걸리겠지만…, 제가 NMR 분석실 장미리 박사에게 협조를 요청하겠습니다."

세포막(cell wall)은 생물의 기묘한 생존장치다. 자신의 정체성을 표현하는 방법이기도 하다. 모든 생물은 자신만의 생존공간을 만들기 위해 세포막을 만들어 놓고 독자적인 성장과 증식, 그리고 생존영역을 만들어간다. 세포막은 세포를 보호하기 위한 화학적 장치이자 외부환경과 구별하는 물리적 장벽이기도 하다. 그래서 모든 세포막은 물로부터 우선 격리시킬 수 있는 장치를 가지고 있다. 바로 무극성 지방산이 그 역할을 담당한다. 소수성 물성을 가진 지방산은 수분이 많은 외부환경과 구별하기에 가장 적절한 화학물질이라서 모든 생물이 같은 방법으로 세포막을 구성하고 있다. 생명을 지켜주는 세포막은 마치 도시국가의 성곽과 같이 지방산이 둘러싸여 있는 구조를 연상할 수 있지만, 고정적인 개념이 아니고 유동적이고 가변적인 장치이기도 하다. 그리고 세포막은 외부침입을 감지하고 이를 차단할 수 있는 장치도 꼭 필요하다. 친수성인 복합탄수화물(complex carbohydrates)들이 그 역할을 감당하고 있다. 그렇게 보면 세포막은 물을 차단하는 소수성 지방산 그리고 물과 섞일 수 있는 친수성 복합탄수화물이 절묘하게 균형을 이루고 있는 셈이다. 무극성이면서 정전기 발생의 차단장치까지 가지고 있고, 여기에다 세포막은 여러 통로(transporter)들을 갖추고 있다. 외부에서 영양분과 금속이온들을 취하고, 또 불필요한 배설물들을 외부로 배출할 통로들이 잘 구비되어 있다는 말이다. 단순하면서도 매우 정교한 생물의 모습이자 생명의 경계선이 바로 세포막이다.

간단한 미생물의 세포막을 보면 더욱 놀랍다. 강력한 보호망으로 단백당질(petidoglycan)을 갖고 있기 때문이다. 단백당질은 아미노산과 탄수화물이 그물망처럼 반복적으로 연결된 평면형 구조로서 세포 전체를 공처럼 감싸고 있다. 외부로부터 자신을 보호할 수 있는 마지막 방호막이기도 하다. 김도이 박사는 암석미생물의 규소세포막도 이 단백당질과 같은 평면형 구조일거라고 생각하였다. 또한 일반 미생물과 달리 지하암반에 서식하는 혐기성 미생물은 분명히 평면형 규소세포막을 갖고 있어야 할 이유가 있다고 보았다. 극한환경을 극복하기 위해 화학적 안전성을 가진 규소원소가 필요했기 때문이었다.

김도이 박사가 서창수 박사에게 먹이사슬과 세포막을 차례로 설명하고, 규소세포막의 분해효소를 정제하자고 재차 제안했다. 서창수 박사도 바로 이해하고 평면형 구조와 기능을 가진 규소세포막과 그 분해효소에 또 다른 관심을 두기 시작하였다. 반도체의 소재나 마감제로서 환상적인 조건을 갖추고 있지만, 또 다른 이유는 규소세포막을 분해하는 효소를 처음으로 찾는다는 점이어서였다.

1주일 후 서창수 박사는 새로 배양한 암석미생물의 세포를 프렌치프레스(French press)에서 파쇄하고 원심분리하여 상층액을 모았다. 규소세포막을 분해하는 효소가 있다면 이 상층액 속에 있다고 판단하였기 때문이었다. 소량의 상층액과 규소세포막을 섞은 다음 하루 동안 70도를 유지하면서 변화를 관찰하기로 하였다.

다음 날 서창수 박사는 출근하자마자 규소세포막과 상층액과의 반응시험관을 들여다보니 일부분의 규소세포막이 부분적으로 용해되어 점도가 높은 용액을 바뀐 것을 발견하였다. 암석미생물의 규소세포막이 분해되었다는 말이었다.

서창수 박사는 신이 나서 바로 김도이 박사를 찾아갔다.

"규소세포막이 분해되었습니다. 분해효소가 있습니다."

김도이 박사도 너무도 좋아서 서창수 박사를 따라 실험실로 들어가서 시험관을 들여다보았다. 규소세포막이 시험관 용액에 녹아 들어간 것을 확인하였다.

'그래 분명히 있을 줄 알았어.'라고 중얼거리더니, 서창수 박사에게 악수를 청하면서 "암석미생물의 세포액을 극성-이온교환수지 컬럼크로마토그라피(column chromatography)로 분리해 봅시다. 분해효소를 찾는 것은 이제 시간문제입니다."

김도이 박사는 세포막의 분해효소가 존재한다는 것을 확인하고 기분이 날아갈 듯 기뻤다.

일반적으로 세포액 속에는 수많은 세포구성물이 함께 존재하는데 그 중에는 생체단백질도 있고, 효소와 기타 생리활성물질들이 모두 섞여 있다. 이 혼합물에서 특정 생체효소를 분리하기 위해서 극성-이온교환수지를 일차로 이용하곤 한다. 생체단백질과 생체효소들이 이온교환수지가 가진 극성에 따라 선별적으로 흡착되면서 분리되기 때문이었다.

먼저 서창수 박사는 유리컬럼에 극성-이온교환수지를 부어 넣고, 원심분리에서 얻은 상층액을 조심스럽게 컬럼 상층부에 부어 넣었다. 그리고 완충수용액을 조금씩 흘려보내면서 밑으로 떨어져 나오는 용액을 분획수집기에서 받아 내었다. 각 분획용액을 조금 씩 취하여 규소세포막과 섞고 70도에서 반응하여 어느 분획에서 활성이 있는지 검증실험을 하였다. 다음 날 어느 분획용액이 규소세포막을 분해하였는지를 살펴보았더니, 바로 12번째 분획과 15번째 분획에서 취한 용액들이 규소세포막을 용해시킨 것을 알았다. 추가로 서창수 박사는 분자량에 따라 분리하는 세파덱스(Sepadex) 컬럼크로마토그라피를 이용하여 2종의 규소세포막분해효소를 추가로 확인하고 분리할 수 있었다.

그 다음 주 월요일 아침에 서창수 박사는 김도이 박사 사무실을 찾아가서 "김 박사님, 2종의 규소세포막분해효소를 분리했습니다."

김도이 박사는 너무도 기뻤다. 그리고 환한 얼굴로 "일 주일 만에 해냈군요. 정말 수고했어요. 이제 우리도 규소세포막분해효소를 가졌습니다."

서창수 박사도 덩달아 흥이 났다.

"두 종류의 효소가 있는데 하나는 규소세포막을 부분적으로 잘라서 점도가 높은 용액을 만들어주고, 다른 효소는 매우 작은 분자량의 화합물로 전환시켜 줍니다. 아마도 앞 효소는 규소세포막의 내부를 절단하는 효소이고, 다른 효소는 규소세포막의 끝부분을 자르는 것 같습니다."

김도이 박사는 "섬유소를 분해하는 셀루라제(endo-cellulase, exo-cellulase)와 같군요."

서창수 박사는 "혹시 좋은 효소이름이 생각나시나요?"

김도이 박사는 웃으면서 "규소막분해효소-Ⅰ(Endo-silase)와 규소막분해효소-Ⅱ(exo-silase)라고 명명하면 어떨까요?"

규소막분해효소-Ⅰ는 규소세포막의 구조의 내부를 덤성덤성 자르는 분해효소였고, 규소막분해효소-Ⅱ는 규소세포막 끝의 반복단위를 하나씩 자르는 생체촉매였다. 김도이 박사는 효소들이 규소세포막의 분자를 정교하게 가공하기 위해서 꼭 필요한 가공수단이라고 보았다.

서창수 박사는 "좋은데요. 그렇게 명명하겠습니다."

김도이 박사는 계속하여 "그리고 서 박사, 이 두 효소에 대한 아미노산 서열분석을 합시다. 그래야 그 효소들의 유전자들을 찾을 수 있잖아요. 이

효소들의 대량생산이 가능해야 규소세포막의 산업적 이용이 가능합니다. 아미노산 서열분석을 서두릅시다."라고 다음 실험계획을 서둘러 제안하였다.

유전공학적으로 이 효소들을 생산하려면 아미노산의 서열은 꼭 필요한 정보였다. 다시 말해 이 효소들의 아미노산의 서열이 있어야 유전암호를 역으로 해석하여 그 유전자를 찾을 수 있기 때문이었다. 서창수 박사는 정제된 효소의 아미노산 서열을 자동분석기와 질량분석기에 각각 넣고 분석하였다. 재미있으면서 이상한 결과가 나왔다. 분명히 아미노산 서열인데 아미노산의 첫 번째 탄소원소가 규소로 치환된 변형 아미노산이 발견되었다. 서창수 박사는 이를 재확인하기 위하여 NMR을 찍어 스펙트라를 확인하였다. 결과는 마찬가지였다. 변형된 아미노산은 탄소대신 규소로 치환되어 있었다. 너무도 뜻밖이었다. 상상도 못한 아미노산의 화학구조였다. 그리고 암석미생물은 특별하게도 규소기반 아미노산유사체를 활용하고 있었다.

서창수 박사는 실험실 세미나에서 변형된 아미노산의 구조를 규명하고 규소-아미노산이 포함된 규소막분해효소를 발표하였다. 그 자리에 있던 이서희 박사가

"서 박사님, 이렇게 규소로 치환된 아미노산은 학계에 보고된 일이 있나요? 어떻게 암석미생물이 규소-아미노산을 생합성할까요?"

서창수 박사는 "탄소대신 규소원소를 치환해 넣은 셈이지요. 구체적인 생화학반응은 아직 알 수 없습니다. 아무튼 정말 놀랐습니다. 이제 저희는 매우 특이한 규소기반 효소를 얻을 수 있을 것 같습니다."

김도이 박사가 질문을 계속 이어가며 "정말 궁금한 것은 일반미생물은 규소-아미노산이 없는데 이 효소들을 생합성할 수 있을까요?"

서창수 박사도 이 질문에 답할 수 없었고, 단지 이러한 사실을 관찰했을

뿐이었다. 어째든 규소-아미노산의 발견은 규소-단백질에 대해 구조와 반응 그리고 생체기능에 까지 여러 궁금증을 더욱 증폭시켰지만, 이 아미노산 서열을 근거로 이 효소들의 유전자를 찾아가기로 하였다. 김도이 박사와 서창수 박사는 이 암석미생물 속에 외계생명체가 공생체로 존재할거라는 것을 아직도 상상조차 못하였다.

이어서 서창수 박사는 이 효소들에 대한 아미노산 서열을 이서희 박사에 넘겨주었다. 이 효소의 유전자를 찾아 대장균에 클로닝하기 위해서였다. 이서희 박사는 효소들의 유전자 염기서열을 결정하고, 해당 올리고DNA 합성을 의뢰하였다. PCR(polymerase chain reaction)이라는 DNA증폭실험을 하기 위해서였다. 이 올리고DNA를 이용하여 효소 유전자를 수십억배 증폭시켜 확보할 수 있기 때문이었다. 이서희 박사는 얻어진 효소들의 유전자를 대장균에 도입하고 유전자 발현을 유도하여 재조합 규소막분해효소-Ⅰ과 규소막분해효소-Ⅱ를 제조하였다. 모든 실험이 순조롭게 진행되었다. 마지막으로 대장균(EX)이 얼마나 이 효소들을 만들었는지, 그리고 분자량이 맞는지 전기영동실험에서 확인하고 있었다. 이때 김도이 박사가 실험실에 들어왔다.

김도이 박사가 실험실에 황급히 들어와 “이 박사, 유전자가 발현이 되었습니까?”

이서희 박사가 전기영동실험의 결과인 겔(gel) 사진을 보여주면서 “보세요. 여기와 여기에 2개의 밴드(band)가 강하게 나타났어요. 그리고 대장균(EX) 세포액을 열처리한 결과도 여기 있습니다. 80도에서 30분간 열처리를 하니 대장균의 세포구성물은 모두 침전물로 떨어지고 이 효소들만 상층액에 남았습니다.”

결국 이서희 박사는 내열성 규소막분해효소 Ⅰ과 규소막분해효소-Ⅱ를 유전공학적으로 생산할 수 있었다. 규소세포막의 가공수단을 확보한 셈이었다.

김도이 박사는 크게 기뻐하며 “드디어 해냈군요. 서창수 박사, 이서희 박사. 수고했습니다.”

유전공학은 대단했다. 대장균을 이용하여 분자량이 매우 큰 규소막분해효소들을 간단히 만들었다. 김도이 박사는 암석미생물의 규소-단백질의 생합성체계가 대장균에서도 작동되는 것을 발견하고 더욱 놀랐다.

일반적으로 생체단백질이나 효소처럼 분자량이 거대한 생체분자들의 생산기술은 유전공학적 방법이 등장하기 전에는 불가능하였다. 아니 상상도 할 수 없었다. 화학자들이 시험관에서 저분자량의 생체분자들은 합성할 수 있었으나 이렇데 큰 거대생체분자의 합성은 화학의 영역 밖이었다. 과학자들은 세포의 리보좀(ribosome)이라는 단백질 합성공장을 이해하고 인위적으로 가동한 결과였다. DNA에서부터 복제된 유전정보, 즉 mRNA(messenger ribonucleic acid)가 리보좀(ribosome)으로 들어가면 mRNA에 담겨있는 정보에 따라 해당 단백질이나 효소를 만들어 준다. 재미있는 것은 어떤 종류의 mRNA도 상관없는 정보의존형 생합성공장인 셈이다. 유전공학기술은 생화학자뿐 만아니라 모든 생명체를 다루는 학자들에게 필수적인 기술이 되었고, 또 산업체에서는 다양한 재조합 단백질을 만들어 의약품과 효소들의 상품화가 가능하게 되었다. 어찌 보면 과학자들은 생명체의 부품을 만들 수 있는 기술을 찾아낸 셈이다. 인류가 가질 수 있는 차원 높은 생산기술임에 틀림이 없었다.

그 옆에 서있던 서창수 박사에게 “서 박사, 이 재조합 효소들에 대한 구조분석과 규소세포막과의 반응을 조사해 봅시다. 아마 대장균은 규소로 치환된 아미노산으로 만들지 못했을 텐데….”

서창수 박사는 “알겠습니다. 조사하겠습니다.”

다음 날 서창수 박사가 김도이 박사를 찾아와 “재미있는 결과가 나왔습니다. 재조합 규소막분해효소-Ⅰ과 규소막분해효소-Ⅱ가 규소세포막을 분해합니다. 하지만 반응속도는 반으로 줄어들었습니다. 아마 규소-아미노산 대신 유사한 구조를 가진 아미노산을 치환되어서 반응이 느린 것 같습니다."

김도이 박사는 놀란 기색으로 눈을 크게 뜨고 "정말요? 재조합 효소가 작동해요?"라고 질문하면서 얼굴에는 해냈다는 안도의 표정이 그대로 나타나 있었다.

규소-아미노산으로 구성된 규소막분해효소 대신 대장균이 만들어준 재조합효소도 활성이 있다는 말에 몹시 기뻤지만, 이러한 현상을 어떻게 설명해야 할지 몰랐다. 한참동안 생각에 잠겨 있다가 "규소세포막을 분해시켰다니 정말 다행입니다. 그렇지 않았더라면 모든 노력이 수포로 돌아갈 뻔 했습니다. 정말 수고했습니다."

김도이 박사는 재조합 규소막분해효소-Ⅰ과 규소막분해효소-Ⅱ의 활성이 다소 떨어졌지만 이는 부차적인 문제였다. 규소-단백질이라는 새로운 개념의 효소를 발견하였고, 또 이 효소들의 대량생산 방안까지 마련한 대단한 성과였다. 물론 생화학자로서 새로운 궁금증이 모두 해소된 것은 아니었다. 규소로 치환된 아미노산을 가진 규소-단백질에 대한 의문이 새롭게 제기된 것만은 사실이었다. 김도이 박사는 이 연구결과에 마냥 들떠 있을 수만은 없었지만, 다소 여유를 가지고 다음 실험을 구상할 수 있었다.

김도이 박사는 "그래요. 우리가 해냈습니다."라고 외쳤다. 주위에 있던 다른 실험실 연구원들은 서로 악수를 청하고 환호했다. 특히 이제까지 과학계에 보고되지 않았던 규소막분해효소를 찾은 것은 커다란 의미가 있었다. 서창수 박사가 규소세포막을 선택적으로 분해하는 효소를 찾아서 기뻤고, 또 이서희 박사의 노력으로 대장균에서 이 효소들의 유전자를 발현시켜 대량생산체계를 구축할 수 있었던 것도 큰 성과였다. 이들에게 고마운 마음을 전하고 싶었다. 연구소 차원의 인식과 격려가 있으면 좋겠다는 생각을 바이오소재부 구천덕 부장에게 전하기 위해 사무실로 찾아갔다.

“구 부장님, 저희 실험실에서 규소세포막의 분해효소를 찾아 유전공학적으로 생산까지 마쳤습니다. 오늘 저녁 바이오소재부 차원에서 저희 연구원들을 격려해 주시고 회식이라도….”

구천덕 부장도 이 두 효소의 중요성을 잘 알고 있었다. 학문적으로도 최초의 발견이고, 반도체소재 개발의 중요한 생산수단이라는 점을 정확히 알고 있었다.

구천덕 부장도 조금도 머뭇거리지 않고 “알았어. 우리 바이오소재부의 경사야. 좋은 자리를 마련할게요. 김춘추 소장님께도 내가 연락드려서 시간이 되면 참석하도록 합시다.”

그날 저녁 회식에는 바이오소재부의 모든 연구자들이 참석하였다. 특별히 김춘추 연구소장도 참석한다고 연락이 왔고, 연구소 차원에서 오늘 회식 지원하겠다는 말까지 전해왔다. 김춘추 소장 역시 반도체소재개발에서 새로운 돌파구를 열었다는 것에 크게 기뻐하였다. SAMi사가 경영하는 외빈용 직영호텔의 연회장에서 자축모임을 갖기로 하였다. 연회장에 들어가니 웨이터가 기다리고 있다가 참석자들을 정중하게 안내하였다. 그곳 입구에는 칵테일 바가 설치되어 있었다. 참석자들은 먼저 음료나 칵테일을 받아들고 서로 담소를 나누었다. 그 때 김춘추 소장이 구천덕 부장과 함께 연회장으로 들어왔다. 만면에 화색이 보였고, 연구원 모두에게 악수를 청하였다. 김 소장이 앞자리에 와서 마이크를 잡더니 “안녕하세요. 오늘은 기쁜 날입니다. 생화학실의 김도이 박사와 서창수 박사, 이서희 박사가 암석미생물의 세포막을 분해하는 효소를 발견하고, 또 유전공학적 생산까지 완료했습니다. 세계 과학계에서 처음 발견한 규소관련 효소이고 우리가 처음 생산했습니다. 더욱이 저희 회사로서도 반도체소재 개발에 새로운 돌파구가 마련하였습니다. 그간 참여연구원들의 노고에 감사하고 치하하는 바입니다. 오늘 편안히 담소도 나누고 즐거운 시간을 가지시기 바랍니다.”

모든 참석자들은 박수를 치고 있을 때 구천덕 부장이 나와서 "여러분 잔을 채워주시기 바랍니다. 오늘 같은 날이 꼭 올거라고 믿고 있었습니다. 건배제의를 하겠습니다. 건배!!"

참석자들도 모두 함께 "건배! 건배!…"를 제창하였다.

구천덕 부장은 계속해서 "지금 옆방에 저녁식사가 차려져 있습니다. 자리를 옮깁시다."

모두들 자리를 옮겨 앉은 후 다시 구천덕 부장이 일어나 "김도이 박사, 한마디 하십시오."

김도이 박사도 갑자기 요청을 받으니 당황스러웠지만 싫지는 않았다.

"고맙습니다. 오늘 이렇게 좋은 자리를 마련해주셔서 감사합니다. 저희 실험실 서창수 박사와 이서희 박사, 방소연 연구원이 규소세포막의 분해효소를 발견하고 유전공학적으로 생산까지 하였습니다. 이들의 노고에 감사의 말을 전하고 큰 박수를 보내고 싶습니다."

모두들 크게 박수를 치고 환호하였다. 김도이 박사는 계속해서 "이번 일이 저희 실험실뿐 만아니라 회사에 크게 도움이 되길 기대합니다. 그리고 저희들을 도와준 모든 분들께도 감사의 말을 전합니다."

그 날 저녁 모두들 분위기 있는 식당에서 담소를 나누며 즐겁고 화기애애한 저녁시간을 가졌다.

다음 날 김도이 박사와 서창수 박사는 용해성 규소세포막을 만들기로 하였다. 김도이 박사는 실험실에 가서 "방소연 씨, 추가적으로 대장균(EX)을 대량 배양해 주세요. 서창수 박사님은 세포막분해효소의 반응조건을 최적화해 주시고, 그리고 이서희 박사는 DNA분석실에 가셔서 다른 생물에도 이 효소들과 유사한 유전사가 있는지 김소라 박사에게 유전체정보의 정밀분석을 요청하세요. 유전적 연계성이 있다면 규소관련 효소들을 추가로 찾을 수 있다고 봅니다.”

이틀 후 아침 서창수 박사는 방소연이 만들어준 1kg 대장균(EX) 세포를 파쇄하고 열처리하여 다량의 규소막분해효소-Ⅰ과 규소막분해효소-Ⅱ를 얻었다. 이어서 규소세포막에 규소막분해효소-Ⅰ을 여러 조건에서 처리하고, 생성된 용해성 규소세포막을 분석하였다. 70도에서 1 시간 처리한 용해성 규소세포막이 가장 적합한 점도를 가진 규소세포막 용액을 만들어 주었다. 하지만 효소반응로 분해된 용액에는 기본 평면형 구조를 가진 규소세포막의 부분분해산물이었지만, 분자량이 다소 편차가 있는 것을 알았다. 김도이 박사는 시료를 전기물성분석실에 보내 1차 용해성 규소세포막의 전기물성을 조사하기로 하였다.

다음 날 서두일 박사가 김도이 박사에게 전화를 걸었다.

“어제 보내준 시료가 평면형 사각구조를 가진 것 같습니다. 사각구조에 다 분자량의 편차만 줄인다면 환상적인 반도체소재가 될 것 같습니다.”

김도이 박사는 “고맙습니다. 다시 시료를 만들어 보내겠습니다.”

김도이 박사는 바로 실험실에 있는 서창수 박사에게 가서 “시료의 물성이 매우 좋다고 있답니다. 그런데 평면형 사각구조를 유지하고 분자량의 편차를 줄여달라고 요청이 왔습니다. 추가적으로 규소막분해효소-Ⅱ(exo-silase)를 처리하면 어떨까요?”

서창수 박사는 “네. 두 규소막분해효소-Ⅰ과 규소막분해효소-Ⅱ를 차례로 처리해 보겠습니다.”

서창수 박사는 서둘러 복합효소반응을 통해 2차 용해성 규소세포막 시료를 얻었다. 그리고 NMR분석실 장미리 박사에게 보내 시료의 구조를 살펴보았다. 놀라운 결과였다. 대부분 평면형 4각구조를 가진 용해성 규소세포막이었다. 중요한 것은 이 용해성 규소세포막이 2중 혹은 3중으로 층층이 쌓여있는 분자복합체였다. 이는 표면처리제뿐 만아니라 추가적인 전기화학적 물성을 가질 수 있다고 보았다. 기대 이상의 결과를 얻었다.

서창수 박사는 두 효소를 차례로 처리한 결과 균일한 분자량을 가진 평면형 사각구조의 용해성 규소세포막을 얻을 수 있었다. 김도이 박사도 반도체소재로서의 가능성을 검증하기 위해 시료를 가지고 서두일 박사를 찾아갔다. 이렇게 만든 저분자량의 용해성 규소세포막을 전기물성과 추가적인 활용성을 조사해 달라고 요청하였다.

다음 날 서두일 박사는 김도이 박사를 찾아와 2차 시료의 전기물성의 분석결과를 알려주었다.

"먼저 반도체를 외부환경에서 안전하게 보호하고 정전기 발생도 차단하는 특수한 물성을 가지고 있고, 여기에다 매우 높은 전자이동속도가 가능하여 이상적인 반도체 소재가 될 수 있다고 봅니다. 그리고 만약 평면형 규소세포막이 층층이 쌓여 일정한 격자구조를 가진다면 고속 전자이동성을 가진 분자반도체소재로 거듭날 수 있습니다."라고 말하고, 반도체소재로서의 가능성을 추가로 조사하길 원했다.

"김도이 박사님, 규소세포막의 용액의 구조가 정교하여 다른 전기물성도 조사해봐야겠습니다. 재미있는 결과가 나올 수도 있습니다."

김도이 박사는 기대는 하였지만 다소 호기심까지 발동했다.

"무슨 용도로?"

서두일 박사는 "제 생각으로는 규소세포막이 정교하고 규칙적인 평면형 4각 구조의 규소화합물은 색다른 물성을 가질 수 있습니다. 저도 기대가 됩니다."

김도이 박사는 깜짝 놀라며 "그래요? 다시 시료를 만들어 오겠습니다."라고 대답하고 실험실에 돌아왔다.

14. 규소고분자 반도체의 시제품 제작

14

규소고분자 반도체의 시제품 제작

김도이 박사가 2차 규소세포막 시료를 전달한 다음 날 전기물성실장 서두일 박사로부터 전화가 왔다.

"김 박사님, 혹시 용해성 규소세포막의 화학구조를 아십니까?"

김도이 박사는 "4각 평면형 구조로 추정하고 있습니다."

서두일 박사는 흥분된 목소리로 "평면형 구조가 층층이 겹쳐서 인지 기가 막히게 좋은 전기물성이 나오고 있습니다. 저희 사무실에 오셔서 분석결과를 보시지요."

김도이 박사는 황급히 전기물성분석실에 갔다. 서두일 박사는 컴퓨터 화면에 복잡한 그래프들을 가리키면서 "용해성 규소세포막의 물성을 조사했는데 예상 밖으로 높은 전자의 이동속도가 나오고 있습니다. 기존 반도체보다 1,000배나 빠릅니다. 이러한 물성을 활용하면 고속정보처리 능력을 가진 획기적인 반도체의 제작도 가능하다고 봅니다."

김도이 박사는 놀라서 "정말요? 저는 표면처리제로만 생각했는데 전자이동속도까지…, 기대도 안했는데 정말 뜻밖인데요…."

서두일 박사가 말을 이으며 "이거 물건이 될 것 같습니다. 평면형 규소세포막이 층을 이룬다면 촘촘한 격자구조를 형성해서 전자이동속도를 한

층 더 증대시킬 수 있기 때문입니다. 물론 화학적으로도 안정하구요."

서두일 박사가 더 자신 있게 말을 이어간다.

"빠른 전자이동속도를 가진 평면형 규소세포막에다 기존 규소반도체 구조가 위아래로 층을 이루면 초고속 분자스위치로도 전환됩니다. 새로운 개념의 저장매체이자 고성능 중앙처리장치도 가능한 분자반도체소재입니다. 이론적으로 지금보다 1,000배 빠른 반도체의 제작도 가능할 것으로 봅니다.."

김도이 박사는 더욱 놀라면서 "정말요? 그런 분자반도체가 가능합니까?"

서두일 박사는 "그간 전자회사들은 기존 규소반도체의 한계점을 극복하기 위해 많은 시도를 하였습니다. 규소원소 대신 여러 금속원소도 도입해보고, 또 여러 형태로 분자구조를 바꾸어보기도 했는데 다 실패했지요. 그에 맞는 적절한 소재를 못 찾았기 때문이었습니다. 이번에 제작한 용해성 규소세포막은 매우 빠른 전자이동속도를 가졌고 유연성과 안정성을 가져서 차세대 분자반도체의 성능에 근접하다고 봅니다."

김도이 박사는 벅찬 가슴을 느끼며 "분자수준의 반도체요? 그리고 반도체 산업의 새로운 돌파구…."

서두일 박사가 계속 설명한다.

"용해성 규소세포막이 높은 전자이동속도를 가졌기 때문에 꿈의 나노소재라 할 수 있죠. 예상대로 잘 되면 인간의 두뇌에 근접하는 미래 컴퓨터도 가능하리라 봅니다. 그리고 전기가 나갔을 때에도 반도체에 메모리가 남아있을지는 지금 조사하고 있습니다. 규소세포막에 따라 전기적인 물성이 다르니까요."

두 사람은 당장 반도체의 시제품을 만들어 시험해보고 싶었다. 박서영 박사에게 그간 분석한 자료를 보여주고 새로운 가능성에 대해 설명하였다. 그리고 규소고분자(Si-RS)와 용해성 규소세포막을 넘겨주었다.

서두일 박사는 자신감을 보이며 "박서영 박사님, 두 가지 다른 형태의 반도체소재입니다. 하나는 선형 구조이고 다른 것은 평면형 구조입니다. 두 가지 모두 매우 좋은 전기물성을 갖고 있습니다. 메모리 반도체와 중앙처리장치 설계에다 적용하여 시제품을 각각 만들어 주십시오."

반도체 시제품제작실은 바이오실험실과는 완전히 달랐다. 무진동 무균 먼지가 없는 극한 청정환경을 유지하고 있었다. 그리고 로봇들이 여기저기 움직이고 있었고, 설계도면에 따라 제작될 시제품의 제조과정이 점검하고 있었다. 박서영 박사는 시료들을 자동화 로봇의 시료함에 넣었다. 로봇은 자동정제기에서 나온 고순도의 선형 규소고분자(Si-RS)와 용해성 규소세포막을 규격화된 용액농도로 맞추어 석영용기에 옮겼다.

그때 김춘추 연구소장이 시제품제작실에 들어왔다. 모두 시제품제작실장 박서영 박사와 함께 시제품 제조공정모니터를 뚫어지게 쳐다보면서 기대에 찬 표정으로 말을 건넨다.

"선형 규소고분자(Si-RS)와 용해성 규소세포막으로 반도체 시제품을 만든다고?"

박서영 박사는 웃으면서 "먼저 규소고분자 Si-RS를 이용하여 메모리칩을 만들고 있습니다. 이어서 규소세포막을 이용한 새로운 개념의 중앙처리장치(CPU)의 시제품도 제작할 예정입니다. 웨이퍼 상에 규소고분자 Si-RS와 평면형 규소세포막이 회로설계대로 잘 부착되어 오늘 오후에는 시제품이 나옵니다."

김춘추 소장은 선형 규소고분자(Si-RS)와 규소세포막의 반도체 시제품의 제조과정을 한눈에 볼 수 있는 공정모니터를 보면서 "Si-RS와 용해성 규소세포막를 이용한 시제품들이 만들어지면, 전기물성실에 넘겨서 설계한대로 메모리 용량과 초고속 신호전달속도가 산출되는지 시험해보고, 그

결과를 알려 주십시오."하고 자리를 떠났다.

박서영 박사는 화학처리한 기판 위에 설계패턴에 따라 Si-RS와 규소세포막을 부착시키면서 반도체메모리와 중앙처리장치의 시제품을 제작하기 시작하였다. 자동 반도체의 제조로봇은 5나노미터급 선폭의 반도체 제작공정을 설계도에 맞추어 쉴 틈 없이 움직이고 있었다. 이어서 반도체표면에 용해성 규소세포막을 코팅하여 고속 전자이동 소재를 만들고 그 반도체 위에다 이중으로 쌓아 올려 다층 반도체를 제작하기 시작했다. 눈에도 보이지 않은 미세공정을 로봇은 입력된 순서에 따라 척척 움직이고 있었다.

반도체시제품이 제조공정에 따른 시제품의 성능치와 연관된 실험자료들이 컴퓨터 화면에 순차적으로 나타났다. 박서영 박사는 만족스럽다는 듯이 고개를 끄덕이고 있었다. 마지막으로 규소마감제로 표면처리를 함으로서 수분을 차단하고 자체 세정력 까지 갖춘 차세대 분자메모리칩의 시제품을 제작하였다. 화학소재 대신 생체소재를 이용해 초미세 고속회로를 구현한 최초의 반도체메모리 시제품이었다.

박서영 박사는 반도체 시제품을 가지고 전기물성실로 갔다.

"서두일 박사님. 시제품을 가지고 왔습니다. 설계대로 성능이 나오는지 확인해 보시지요."

대형 화면에서는 반도체의 회로설계도면에 따라 가공된 회로를 검증하였다. 상상을 초월하는 성능을 가진 차세대 메모리반도체와 CPU의 탄생이었다. 엄청난 처리속도를 가진 메모리반도체와 CPU였다. 그렇게 빠른 전산처리속도에도 불구하고 규소세포막의 열전도성까지 좋아서 반도체 자체에서 발생하는 열도 그리 높지 않았다. 하지만 메모리반도체는 전기가 꺼지면 저장된 메모리가 남아 있질 않았다. 물론 이 나름대로 충분한 차세대 반도체의 상품성을 가지고 있었지만 옥의 티로 남았다.

다음 날 연구소 세미나실에서 새로 제조된 시제품의 공개시연회를 개최하였다. 이 자리에는 김춘추 소장과 구천덕 바이오소재연구부장, 김도이 박사, 박서영 박사, 박훈 박사, 이서희 박사, 서창수 박사, 방소연 연구원은 물론 바이오소재부, 그리고 다른 연구부 직원들도 대거 참석했다. 이번 규소고분자 Si-RS와 용해성 규소세포막으로 제조한 메모리칩과 CPU를 노트북에 넣어서 성능시범을 보이고 있었다. 서두일 박사는 참석자 모두가 잘 보이도록 노트북을 대형화면으로 연결하여 다양한 프로그램의 작동과 처리속도, 다른 프로그램과의 호환성, 그리고 시스템의 안정성을 순차적으로 점검며 성능을 보여주고 있었다. Si-RS 시제품은 획기적인 메모리 성능을 가지고 있어서 2,000편의 고화질 영화를 저장할 수 있었고, 규소세포막의 CPU는 고화질 동영상을 동시에 20개나 처리할 수 있었다. 믿을 수 없는 성능이었다. 여기에다 전력사용량도 10배나 낮았다. 이 메모리 반도체와 CPU가 장착된 개인용 컴퓨터(PC)는 기존 어느 슈퍼컴퓨터보다도 성능이 우수했다.

시연회를 마치고 참석자들은 모두 축하 박수를 쳤다. 미세패턴으로 가공된 반도체시제품의 성능에 만족스럽다는 표정이었다. 그리고 세계 최초로 5나노미터급 선폭의 메모리반도체였다. 모두들 축하하는 분위기였다. 이전에 DNA를 이용하여 반도체를 만든 사례가 있었으나 음전하 바이오소재를 이용한 것으로는 세계 최초였다. 안정성과 재현성에서 기존 반도체의 물리적인 한계를 넘었고, 최초 분자수준급의 반도체를 탄생시켰다.

하지만 이렇게 좋은 결과에도 김춘추 연구소장의 생각은 신중하였고, 그 다음 반도체소재를 생각하고 있었다.

"경사입니다. 이러한 바이오소재를 개발한 김도이 박사팀과 여러 분석을 맡아 처리한 모든 연구진에게 감사드리고 또 축하합니다. 신시제품은 차세대 분사반도체소재에 근접했다고 봅니다. 하지만 아직 대량생산에는 넘어야할 한 고개가 남아있습니다. 지금 암석미생물의 대량 배양이 bottleneck으로 남아 있습니다. 조속히 양산체제로 갈 수 있도록 노력해 주시기 바랍니다. 정말 수고했습니다.”

김도이 박사는 차세대 반도체소재인 선형 Si-RS와 용해성 규소세포막을 성공적으로 개발하여 매우 기뻤지만, 아직 이 소재들의 생산공정을 매끄럽게 매듭짓지 못하여 큰 부담으로 남아 있었다. 혐기성 암석미생물 X-21S(pX-S5)의 배양시간이 긴 것이 가장 큰 걸림돌이었다.

그 후 김도이 박사는 박훈 박사와 함께 다양한 배양조건을 설정하고 시도해보았다. 우선 일반 호기성 미생물을 발효조에서 키우는 것과 같이 배양 중에 영양배지와 규사, 그리고 황산금속염을 추가로 공급하였고, 또 산도(pH)를 중성으로 계속 맞추어 주었다. 물론 철저하게 산소가 제거된 상태에서 이루어졌지만 세포증식에는 그 효과가 미약했다.

그 외에도 혐기성 암석미생물과 호기성 미생물의 세포융합도 시도하였다. 다시 말해 규소고분자의 생합성에 관련된 유전자를 호기성 미생물에 넣어 규소고분자의 생합성 수율을 증대시키고자 하였으나 그것도 여의치 않았다. 아직 Si-RS 생합성에 관련된 유전자들의 파악이 아직 미흡했기 때문이었다.

더 나아가 김도이 박사는 혐기성 호열균 X-21S(pX-S5)를 호기성 미생물로 전환시키는 작업까지도 염두에 두었다. 혐기성 암석미생물의 유전정보를 기초로 하여 호기성 미생물 유전체를 설계하고, 모든 유전체DNA를 합성하여 혐기성 암석미생물의 창제가 가능하였기 때문이었다. 이 작업이 불가능한 것은 아니었지만 미생물의 유전체 DNA의 합성이 문제가 아니라 혐기성 미생물 자체에 대한 지식부족 때문에 문제에 더 이상 진척이 없었다. 간단히 생각한다면 혐기성 미생물과 호기성 미생물의 유전체를 조사하여 중복되는 유전자는 빼고 두 생물의 DNA를 융합하면 된다고 생각할 수 있으나 그것만으로는 부족하였다. 생명체의 설계도를 넘어 생명정보의 조화로운 가동프로그램을 모르기 때문이었다. 다시 말해 생명의 운영체계를 몰랐다. 엄청난 시행착오를 거치면서 터득해야할 생명의 정보인 셈이었다. 새로운 미생물을 설계에 따라 만들어 볼 수는 있으나 새로이 설계된 미생물이 효과적으로 황산-규소고분자를 만들어 줄지는 확신할 수가 없었다. 많은 노력에 비해 실효성이 떨어졌다. 사실상 김도이 박사는 X-21S (pX-S5)의 대량 배양조건을 찾아보았지만 더 이상 묘책이 보이질 않아 난관에 봉착하였다.

15. 방소연과 이다도 박사와의 밀회

15

방소연과 이다도 박사와의 밀회

시제품의 시연회가 있던 날 방소연은 퇴근하면서 스마트폰을 꺼내어 메시지를 입력하였다.

"이번 토요일에 만나요."

이다도 박사는 ISO사 연구소 사무실에서 서류정리를 하다가 메시지를 받았다.

"좋은 일이라도?"라고 답신메시지를 보냈다.

방소연은 "토요일이잖아요. 보보카페에서 2시에"

이다도 박사는 "알았어요."라고 대답하고 스마트폰을 내려놓았다. 그리고 궁금해 하는 표정이었다. 만날 때마다 SAMi사의 중요한 정보를 들을 수 있었기 때문이었다. 이다도 박사도 방소연의 이야기를 애써 외면하려고 하여도 자꾸 머리에서 맴돌고 있었다. 연인들이 만나는 데이트가 아니라 정보수집이 우선이라는 생각까지 들었다. 매우 창의적이고 도전적이었던 이다도 박사가 방소연을 만난 이후 이렇게까지 변하고 있었다. 어쨌든 토요일이 오기만 기다렸다.

토요일, 방소연은 보보카페에 들어가 여기저리를 두리번거리고 있었다. 이다도 박사가 평소보다 일찍 약속장소에 나와 있었다. 방소연을 알아보고 손짓을 하며 "여기야!"

방소연은 이다도 박사가 앉아있는 테이블에 가서 "오늘 날씨가 너무 좋아요."

이다도 박사가 환히 웃으면서 "얼굴이 화사해 보여. 무슨 좋은 일이라도…?"

방소연과 이다도 박사는 이미 연인사이로 발전하여 다정하게 만나 자연스럽게 대화가 이어졌다.

"회사에만 있었더니 답답했어요. 오늘 멀리 드라이브 나가면 어때요?"

이다도 박사는 뭔가 있다는 것을 눈치를 챌 수 있었다. 방소연이 먼저 자동차 여행을 제안한 일이 없었고, 또 서둘러서 만나자고 한 적이 없었기 때문이었다.

"알았어. 어디가 좋을까?…. 무의도에 가본 일이 있어?"

방소연이 어리둥절하며 다시 묻는다.

"무의도요? 어디에 있어요?"

이다도 박사는 자신 있게 "내가 초등학교 여름방학 때 부모님과 함께 인천항에서 1시간 배타고 무의도로 놀러간 일이 있었어. 당시는 인천 연안에서 멀리 떨어져 있는 섬이었는데 지금은 쉽게 갈 수 있지. 혹시 "실미도"라는 영화를 본 일이 있어요?"

방소연은 기억을 되살리며 "오래된 영화잖아요. 본 친구가 얘기해줘서 아는데 좀 살벌하고 무시무시하다던데."

이다도는 신이 나서 "실미도는 무의도에 붙어있는 작은 섬이야. 밀물 때는 서로 떨어져 있고, 썰물 때는 서로 붙어 있어. 지금은 가까우면서도 분위기 있는 섬으로 바뀌었지. 실미도 영화 때문에 많은 사람이 찾아간대요.

그리고 무의도 남쪽은 넓고 백사장이 있고, 더 중요한 건 이젠 자동차로 갈 수 있다는 점이야."

방소연이 의아한 표정으로 "자동차로요? 섬인데?"

이다도가 말을 잇는다.

"인천국제공항이 들어선 후 무의도의 접근이 매우 용이해 져서 인천국제공항 근처 선착장에서 페리를 타면 잠깐이면 갈 수 있어."

이다도 박사는 방소연을 자동차에 태워 인천공항을 향해 출발하였다.

이다도는 방소연과 함께 오붓이 주말여행을 한다는 것이 마냥 즐거웠다. 내 사람이 다되었다는 느낌이었다. 이다도는 갑자기 뜬금없이 "김도이 박사는 어떤 사람이야?"

방소연도 깜짝 놀라며 "갑자기 왜 김도이 박사를 물어요?"

이다도는 피식 웃으면서 "아니 그저 친구가 궁금해졌어."

방소연은 이다도가 왜 질문하는지 짐작할 수 있었다. 김도이 박사가 바이오전자소재개발에서 유능한 연구자라는 점과 같은 실험실에서 근무하는 내가 자기 상사를 어떻게 생각하고 어떻게 평가하는지 알고 싶다는 것이었다. 물론 SAMi사의 추가적인 탐색일 수도 있었다. 방소연은 덤덤하게 김도이 박사에 대해 알려주었다.

"그 사람은 팔방미인이에요. 뭐든 관심이 있고 뭐든 잘해요. 테니스나 골프 모든 운동에 재능이 있고, 사진촬영도 전문가 수준이에요. 취미뿐만 아니라 연구관심도 넓어요."

이다도 박사는 더욱 궁금해서 계속 김도이 박사에 대해서 물어 보았다.

"무슨 연구관심이 있는데?"

방소연은 자기가 김도이 박사를 잘 알고 있다는 듯이 자랑스럽게 말을 늘어놓기 시작하였다.

“김도이 박사는 본래 화학 전공이잖아요. 거기에다 유전공학과 효소공학 등 바이오기술 전반에 해박한 지식을 가졌어요. 그것이 김도이 박사의 강점인 셈이에요. 어떤 연구자와도 전문적인 논의를 할 수 있으니까요. 그리고 어릴 때부터 미국에서 공부해서 영어소통 능력도 탁월하구요. 그래서 외국 연구동향의 파악이 다른 사람보다 빠르고 정확해요. 그 밖에도 외국친구들도 많고, 한마디로 능력 있는 인물이에요.”

이다도 박사도 약간 놀라면서 “그래요? 요즘은 융합과학의 시대이기 때문에 여러 분야의 전문적인 지식과 외국에 소통능력은 필수지. 그렇지 않으면 새로운 연구접근이 불가능하고, 시대흐름에 뒤처질 수 있는데 김도이 박사는 대단하네. 다시 보아야겠네.”

방소연은 약간 자랑스럽다는 듯이 “연구소에서 유능하다고 평이 나있어요. 연구성과도 좋구요.”

이다도 박사는 방소연으로부터 김도이 박사의 개인소양에 대한 얘기를 들으면서 다소 위축되는 느낌을 받았다.

이런저런 얘기를 나누다가 1시간 이상 드라이브한 후 무의도행 페리 선착장에 도착하였다. 표를 구입한 후 무의도로 건너가는 페리에 승선하여 갑판 층 주차공간에 자동차를 세우고 갑판에 올라갔다. 두 사람은 갑판에서 무의도를 쳐다보니 바로 앞에 보였다. 생각보다 가까운 거리였다. 배에 관한 얘기도 하고 황해바다에 대한 얘기를 하다 보니 페리 스피커에서 벌써 하선하니 준비하라는 안내방송이 나왔다. 두 사람도 주차공간에 내려가 차에 승차하고 하선할 준비를 하였다.

그때까지 방소연은 다른 때와 다르게 별 말이 없이 주변 경관만 살피고 있었다.

“무의도가 생각보다 가까워요. 저는 이런 섬이 여기에 있는 줄 몰랐어요. 생각보다 많은 사람들이 섬을 찾아오네요.”

이다도 박사도 기다렸다는 듯이 “오늘 날씨도 좋아서 인지 가족단위의 주말소풍도 있고, 우리와 같이 데이트하는 사람들도 많은 것 같아.”

방소연도 고개를 끄덕였다. 하지만 무의도의 작고 초라한 선착장을 보고 다소 실망스러운 눈치였다. 이다도 박사는 오늘 방소연이 무슨 말을 할 것으로 기대하고 있었는데 그저 일상적인 얘기와 무의도 관련된 질문뿐이라는 것이 이상했다. 평소와 달랐기 때문이었다. 이다도 박사는 방소연의 무언가 말하고 싶은 내용이 있지만, 머뭇거리고 있음을 알아채고 조용히 기다리기로 했다. 페리가 무의도에 도착하자 사람들은 자동차를 타고 무의도 섬으로 들어가기 시작하였고 또 일부는 걸어서 섬에 올랐다. 많은 사람들이 북적이고 들뜬 분위기에 휩싸이면서 방소연도 입을 열기 시작하였다.

“여기에 놀러온 사람들이 주로 어디로 가나요? 무의도 백사장이 안보여요. 어디에 있어요?”

이다도 박사는 “아! 백사장. 저 산을 넘어가야 해요. 오른쪽 고개를 넘으면 실미도가 나오고, 왼쪽 산을 넘어가면 넓은 무의도 백사장이야. 어디로 갈까?”

방소연은 “저는 실미도 보다는 무의도 백사장으로 갈래요. 실미도는 썩 내키지 않아요. 아마 영화 영향인 것 같아요.”

이다도 박사도 맞장구치면서 “그래요. 무의도 백사장이 좋겠어. 확 트인 공간이잖아.”

방소연은 무의도에 놀러온 많은 사람들의 밝은 분위기에 맞물려 서서히 흥이 오르고 있었다.

“친구가 결혼한대요. 놀기 좋아하고 공부도 잘한 친구였는데, 지금 내과

의사인 동료의사와 눈이 맞았대요. 아주 절친했는데 친구를 빼앗기는 기분이 들어요.”

이다도 박사가 웃으면서 말을 잇는다.

“정말요? 내가 있잖아요. 좀 섭섭한데요.”

방소연은 기다렸다는 듯이 이다도 박사를 쳐다보면서 “어깨가 넓고 듬직한 가슴을 가졌어요?”하며 이다도 박사의 위아래로 훑어보며 빙그레 웃고 있었다. 방소연은 친구의 결혼이야기를 하면서 암암리 이다도에게 자신들의 결혼을 상기시켰다.

이다도 박사는 결혼얘기 대신 다른 얘기꺼리로 말을 돌렸다. 최근 ISO사가 개발한 최신 스마트폰 연구얘기를 슬그머니 끄집어내었다.

“요즘 스마트폰이 엄청나게 변모하고 있어. 이젠 전화통화와 메시지뿐만아니라 뉴스와 생활정보까지도 스마트폰에 매달리고 있어. 이것이 없으면 생활을 못할 정도로 모두다 스마트폰에 빠지게 될 거야.”

방소연도 “저도 그래요. 이젠 제일먼저 스마트폰부터 챙겨요. 그래야 다도 씨 메시지를 받아볼 수 있잖아요. 하하하….”

이다도 박사 역시 ISO사의 스마트폰에 들어가는 핵심부품의 개발에 참여했기 때문에 많은 것을 알고 있었다.

“휴대폰의 정보처리속도가 점점 빨라져. 모든 고화질의 동영상도 바로 볼 수 있게 되었고, 무선 인터넷이 세계 어느 곳이든 바로 연결시켜주지. 스마트폰 발전에 ISO사도 크게 기여했어.”

방소연도 이다도의 말을 받으면서 가급적 ISO사의 자존심을 건드리고 싶지 않았다. SAMi사도 ISO사와 경쟁관계에 있기 때문이었다.

“지구촌 모든 소식이 내 손안에 있어요. 세상이 너무 빨리 변해가요. 스마트폰이 사람들에게 빨리 일하라고 채찍질하는 것 같아요. 모든 정보의 수집과 의사결정과 업무처리도 덩달아 빨라졌고, 이렇게 빨라지면 10년 후엔 무슨 일이 일어날지 모르겠어요."

이다도 박사는 방소연이 다른 때와 달리 이야기소재를 의식적으로 다른 곳으로 계속 돌리고 있다고 생각하였다.

"요즘 어떤 앱(APP.)을 제일 많이 쓰고 있어요?"

방소연은 당연하다는 듯이 "아무래도 메시지 전달하는 카카오톡이 우선이고, 다음으로 저는 클래식 음악을 제공하는 방송국 앱도 좋아해요. 그 많은 음악들을 언제든지 선택해서 들을 수 있잖아요."

이다도 박사는 "난 뉴스 앱과 e-mail, 길 안내 앱을 제일 많이 쓰는 것 같아."

이런저런 얘기를 나누고 있었지만 오늘따라 방소연은 입이 무거웠다. 그렇다고 이다도가 먼저 말을 꺼낼 수도 없었다. 이다도는 방소연의 입만 쳐다본다는 자신의 처지가 우습다고 생각하면서도 SAMi사의 얘기가 나오길 기다리고 있었다.

방소연은 무의도 백사장 가에 앉아서 친구와 식구얘기로 말을 이어갔다. 속으로는 다른 날과 다르게 SAMi사가 새로이 개발한 내용을 말해야 할지를 망설였다. 그때 문득 무의도 젖은 모래바닥을 쳐다보면 암석미생물의 세포막을 동그랗게 그리고 있었다. 그리고 세포막 안에 있는 DNA를 선으로 그리고 있었다. 암석미생물을 그러다가 사람얼굴과 비슷한 그림이 되었다. 방소연은 웃으면서 "있잖아요. 옛날 노래 알아요? 동그라미 그리려다 무심코 그린 얼굴-, 저희 아버지가 엄마한테 항상 불러주던 노래래요."

이다도 박사도 "나도 조금 알아."하며 자연스럽게 섯 노래소절을 따라 불렀다. 방소연도 함께 흥얼대며 따라서 부르고 있었다.

"동그라미 그리려다 무심코 그린 얼굴…." 이렇게 노래를 부르다가 가사를 몰라서 멈추고, 방소연은 이다도의 얼굴을 보며 웃고 있었다.

"노래 잘 하시네요."

이다도 박사는 "가끔 노래방에 연구원들과 함께 가지만 별로 아는 노래가 없어서…."

이다도 박사는 방소연이 무언가 생각하고 있다는 것을 알아채고 너무 서둘지 않고 오후시간을 즐겁게 보내자고 마음을 먹었다. 그런데 갑자기 방소연이 기다렸다는 듯이 입을 열면서 "이거 알아요? SAMi사가 오랫동안 개발하려했던 환상적인 전자소재가 개발되었어요."

이다도 박사는 놀라면서 "오-. 그래요? 어느 정도인데?"

방소연은 SAMi사의 자랑거리라는 듯이 얘기를 꺼내었다.

"암석미생물에서 분리한 황산-규소고분자와 평면형 규소세포막인데, 놀라운 성능을 가졌데요. 차세대 반도체 수준으로 생각하고 있어요. 이미 시제품 시연회까지 가졌어요."

방소연은 별다른 생각 없이 SAMi사의 내부 개발성과를 자랑스럽게 얘기하기 시작하였다. 이젠 연인사이이기 때문에 이다도 박사에게 좋은 소식을 먼저 알려주고 싶은 마음도 일부 작용했지만, 이번에는 조금 달랐다. 굳이 이런 회사사정을 이다도 박사에게 해야 하는지 망설였기 때문이었다. 그런데 입을 열기 시작하자 또 물꼬가 트인 것처럼 또 얘기가 줄줄 흘러나왔다.

"빠른 동작속도와 낮은 전력소비 그리고 전자감응식 분자수준의 반도체래요. 5나노급 선폭이하의 미세공정을 적용해 집적도를 지금 보다 1,000배나 높였나 봐요. SAMi사 연구진들이 모두 대만족하고 있어요."

이다도 박사는 놀라움을 표시하면서 "5나노급 선폭이하의 미세공정이라구요? 대단하네. 1,000배나 빠른 처리속도가 가능하답니까?"

이다도 박사는 SAMi사가 ISO사의 개발목표를 이미 달성한 것을 알자 내심 놀라지 않을 수 없었다.

방소연은 "목표한 수준에 거의 도달했데요. 이 반도체가 출시되면 당분간 세계시장을 장악할 것으로 확신하고 있어요."

이다도 박사는 더욱 흥미를 느끼면서 기술적인 내막이 궁금하였다.

"반도체소재가 뭐지?"

방소연은 SAMi사의 연구비밀을 아무런 생각 없이 다 말해주고 있었다.

"해상유전 채굴장에서 채집한 암석미생물을 유전공학적으로 변형시켰어요. 이 재조합 암석미생물이 새로운 기능성 규소고분자를 생산했어요. 하지만 혐기성 미생물이라서 대량배양이 당분간 어려운 모양이에요."

이다도 박사는 놀랍다는 듯이 "그래요? 우리가 따라가기 바쁘네. 아까 암석미생물이라고 했어요? 우리는 아직 암석미생물을 다루어본 일이 없는데…."

방소연은 "유전공학적으로 재조합 미생물을 만드는데 시간이 꽤 걸렸어요. 어쨌든 이 암석미생물이 반도체소재를 만들어 준 셈이에요."

이다도 박사도 SAMi사의 개발성과에 놀라면서 "정말 놀라워. 어떻게 암석미생물을 연구할 생각을 했지?"

방소연은 "김도이 박사의 아이디어예요."

이다도 박사도 한 건을 했다는 듯이 스마트폰을 깨내어 메모하려다가 속보이는 것 같아서 슬그머니 주머니 속으로 집어넣었다.

"혹시 그 암석미생물을 어디에서 채집했는지 알아요?

방소연은 "제주도 남쪽에 있는 석유시추선에서 채취한 암석이라고 하던데…, Sub-P사에서 얻었어요."

이다도 박사는 이미 옛날의 이다도가 아니었다. 자존심도 다 집어던지고 서슴없이 묻고 있었다.

"우리도 암석미생물을 얻을 수 없을까?"

머뭇머뭇하다가 방소연은 묵시적으로 협조하는 억양으로 이다도 박사에게 "ISO사도 큰 회사인데 독자적으로 개발해야죠."

이다도 박사도 끄덕이면서 "물론이지."라고 말하였지만 방소연에게 한 방 먹으면서 좀 창피한 감도 들었다. 이다도 박사는 겉으로는 꾹 참고 태연하게 연인들의 속삭임을 계속하였다. 하지만 암석미생물이 머릿속을 떠나지 않았다.

한적하고 평화로운 모래사장에서 두 사람은 다정이 몸을 맞대고 상큼한 저녁시간을 보내고 있었다. 한 동안 모래사장에서 거닐다가 근처 분위기 있는 식당을 찾아 조개 매운탕으로 저녁식사를 하였다. 방소연은 이다도의 따뜻한 연인관계를 재확인한 날이었으며, 이다도 박사 또한 매우 큰 수확이 있었던 하루였다. 하지만 이다도 박사는 마음이 무거웠다.

16. ISO사의 대응전략

16

ISO사의 대응전략

SAMi사와 경쟁관계에 놓여있는 ISO사 역시 차세대 반도체소재 프로젝트에 사활을 걸었다. 기획본부는 각종 연구동향을 수집하기 위해 다양한 채널을 통해 정보를 수집해왔고, 최신 반도체 동향이 음전하-규소고분자의 개발과 다층 반도체로 옮겨가고 있음도 파악하였다. ISO사는 특히 경쟁사인 SAMi사의 연구활동도 면밀히 주시하였다. 국내외 학술행사에 연구직 직원을 참석시켜 반도체소재 개발동향과 바이오소재의 연구동향 파악에도 게을리 하지 않았다. 심지어 김도이 박사가 Sub-P 제약회사를 방문하여 협력연구한 사실도 인지할 정도였다. 더 나아가 ISO사 기획본부는 이다도 박사를 통해 SAMi사가 선형 규소고분자와 용해성 규소세포막을 이용하여 차세대 반도체를 성공적으로 개발한 내용도 알았다. 이러한 대내외적인 환경변화에 대처하기 위해 다급한 분위기 속에서 대책회의가 열렸다.

ISO사 나우근 연구소장은 기획회의를 주관하면서 "기획본부 김준수 부장, 그간 수집된 산업동향을 정리하여 발표해주세요."

김준수 부장은 준비된 발표자료를 통해서 "1) 우선 음전하를 띤 규소고분자를 이용하여 다층 반도체의 개발이 지배적인 추세입니다. 이는 메모리 용량을 늘리고 소요전력을 최소화하기에 가장 적합한 시스템으로 판명되었기 때문입니다. 2) 최근 SAMi사가 암석미생물에서 황산-규소고분자와 용해성 규소세포막을 개발하고 고용량 고성능 반도체의 시제품을 제조했다는 정보를 입수했습니다. 3) SAMi사가 개발한 선형 규소고분자와 평면형 규소세포막은 다양한 반도체 제형이 용이하고, 다층 반도체의 제조도 가능한 소재로 알려졌습니다. 그 결과 1,000배 이상으로 메모리 용량과 처리속도를 높이는 경이적인 기술혁신을 하였다는 정보입니다. 현재 SAMi사가 차세대 반도체의 제반규격을 만족시키고 있는 시제품을 제작하여 그 성능을 검증하였다고 합니다. 이 제품이 먼저 시장에 나오면 당분간 SAMi사가 세계 반도체시장의 지배력을 유지할 것으로 판단됩니다. 4) 마지막으로 SAMi사는 황산-규소고분자를 지하 3,500m 암반에서 서식하는 호열균에서 추출하였다고 합니다. 저희 회사도 늦었지만 지하암석을 채취하고, 암석미생물로부터 규소고분자를 생산하는 연구프로젝트를 추진해야 한다고 봅니다."

김준수 기획부장의 발표를 듣고 나우근 연구소장은 "지하암석은 어디에서 얻지요?"

김준수 부장은 잘 알고 있다는 듯이 "SAMi사는 제주 남쪽 제7광구에 위치한 석유시추선에서 채취했다고 합니다. 저희도 연구프로젝트를 진행한다면 SAMi사가 채취한 인근 지역이 바람직하다고 봅니다. 그래야 시간과 노력을 최소화할 수 있습니다."

나우근 연구소장은 알았다는 듯이 끄덕이고 있었다.

"이다도 박사, 다른 의견이 있습니까?"

이다도 박사는 "미국의 ATCC(미생물보존은행)에서 암석미생물들을 수집하여 분양해 주는지도 확인해 보겠습니다. 혹시 회사차원에서 SAMi사에 접촉하여 암석미생물을 분양받을 수 있는지를 알아보면 어떨까요?"

김준수 부장은 고개를 저으면서 "거의 불가능하다고 봅니다. 이미 SAMi사와 협력관계에 있기 때문에 제공해줄 리도 없지만, 요청하고 싶지도 않습니다."

김준수 부장은 계속해서 "또 다른 방안이 있나요?"

이다도 박사와 방소연의 관계를 알고 있었지만 직접적인 언급을 피하고 있었다.

이다도 박사는 아무 대답을 못하고 머뭇거리고 있었는데, 김준수 부장은 알았다는 듯이 "기획실에서는 SAMi사의 암석미생물과 연구진행을 계속 모니터링 하겠습니다."

나우근 연구소장은 석유자원공사에 있는 친구에게 부탁하여 지하암석 시료의 채취방안을 알아보기로 하고 회의를 마쳤다.

일주일 후 나우근 연구소장은 석유자원공사의 친구로부터 제주도 남쪽 200km에 있는 제7광구의 한 석유시추선에서 시료를 채집할 수 있도록 협조를 받았다. 그 석유시추선은 SAMi사가 지하암석을 채취해간 지역에서 불과 10km 밖에 떨어지지 않은 거리에 있었다. 나우근 박사는 이다도 박사와 이서구 박사를 석유시추선에 파견하여 지하 암석시료를 채집케 하였다.

이다도 박사와 이서구 박사도 함께 헬리콥터를 타고 제주 남쪽바다 7광구에 위치하고 있는 석유자원공사 소속 석유시추선에 도착하였다. 이 석유시추선 역시 지하 3,000~4,000m의 암반을 뚫고 석유가스나 석유매장의 유무를 조사하고 있었다. 시추선 선상실험실에서는 채굴한 암석을 전기화학적인 방법으로 암석의 종류를 구분하여 석유존재 유무를 분석하는 작업이 진행 중이었다. 이다도 박사는 시추선 갑판에 너무도 많은 량의 채굴암석이 놓여있어서 어느 시료를 선택해야할지 주저하고 있었다. 또한 이 석유시추선에는 암석미생물의 전문가가 없어서 문의조차 할 수도 없었다. 그래서 이다도 박사는 체격이 건장한 큰 현장책임자에게 다짜고짜 다가가서 "안녕하십니까? 저희는 ISO사에서 온 이다도입니다."

현장책임자는 굵은 목소리로 뻔한 질문을 한다는 듯이 "안녕하십니까. 본부에서 ISO사에서 온다는 연락을 받았습니다."

이다도 박사도 급히 명함을 꺼내어 현장책임자에게 건네고 "석유시추선 현장방문을 허가해주셔서 감사합니다. 저희는 지하 3,000m 이하에서 캐어올린 암석을 수집하고자 합니다?"

현장책임자는 고개를 갸우뚱하며 "돌가루를 수집하려 여기까지 왔습니까? 재미있네요."

이다도 박사는 쌓여진 채굴된 암석을 가르키며 "여기에 있는 암석은 지하 몇 미터에서 채굴한 것입니까?"

현장책임자는 덤덤하고 약간은 귀찮다는 듯이 "오늘 오전에 지하 3,600m에서 채굴한 암석가루입니다. 내가 물어도 되나요? 혹시 이 돌가루를 어디에 쓰는 겁니까?"

이다도 박사는 의외의 질문을 받고 다소 당황스럽게 대답하였다.

"이 돌가루 속에 파묻혀 있는 미생물을 찾습니다."

현장책임자는 이상하다는 듯이 "예? 미생물이요? 돌 속에 생명체가 있단 말이요? 난 이해가 안 되네."하며 고개를 계속 갸우뚱거렸다.

그 옆에서 축축한 회색 암석가루를 손에 올려놓고 쳐다보던 이서구 박사는 다소 심각한 표정으로 "저희도 처음에는 믿지 않았는데, 근년에 과학자들은 지하암석 속에서 미생물을 발견해서 연구하고 있습니다."

현장책임자도 "돌 속에 있는 미생물을 어디에 씁니까?"

이서구 박사는 현장책임자의 관심을 끌기 위하여 또박또박하게 "암석미생물이 자라면서 많은 물질들을 배출해요. 그 중에는 의약품이나, 반도체의 원료로도 이용됩니다."

현장책임자는 더욱 의아한 말로 "암석미생물에서 약과 반도체를 개발한다고요? 별일이 다 있군요. 석유보다 더 돈이 되겠네."

이다도 박사와 이서구 박사는 고개를 끄덕이면서 “좋은 물질을 찾는다면 그렇지요. 하지만 개발하는데 시간과 돈이 많이 듭니다.”

이들은 암석채굴현장에 옮겨가서 어느 시료를 담아갈지 망설이고 있었다. 그때 바로 석유시추봉이 지하암반 시료를 지하에서 끌어올려 놓았다. 이다도 박사와 이서구 박사는 방금 채굴된 암석을 바로 비닐봉지에 싸서 시료박스에 차곡차곡 쌓아 넣었다. 그리고 헬기장에 옮겨 헬리콥터 뒷좌석에 실었다. 그리고 이다도 박사와 이서구 박사는 석유시추선을 둘러보지도 않고 서둘러 현장책임자에게 인사를 하고 헬리콥터를 타고 석유시추선을 떠났다.

2시간 후 헬리콥터는 호수를 넘어 아담한 ISO사 연구소에 도착하였다. 이다도 박사는 이서구 박사와 함께 채굴한 암석시료 상자들을 들고 헬리콥터에서 내렸다. ISO사연구소로 돌아온 이다도 박사는 암석시료보다도 더 무거운 중압감을 느끼고 있었다. 암석들을 채집하였지만, 호열균을 추출하고 배양할 수 있을지 걱정이 앞섰다. 암석미생물에 대한 사전 연구경험이 전혀 없었기 때문이었다. 아무런 사전지식과 경험이 없이 새로운 생물을 연구한다는 것은 커다란 모험이자 무모한 도전일 수밖에 있었다. 하지만 차세대 반도체 개발을 향한 도전정신과 책임을 어깨에 짊어지고 앞으로 나아가야 했다. 물론 암석미생물에서 새로운 반도체 소재를 찾아서 대량생산한다는 것은 간단한 작업이 아니었다.

실험실에 돌아온 이다도 박사는 이서구 연구원과 함께 밀폐된 공간에서 암석시료를 곱게 분쇄하여 살균처리된 증류수에 넣었다. 암석가루가 들어있는 삼각플라스크를 꺼내어 심하게 흔들어 미생물을 추출하였고, 혼합액을 원심분리하여 상층액을 따로 모아 놓았다. 그런데 이들은 미지의 암석미생물의 추출작업을 P4실험실이 아닌 일반실험실에서 진행하였다. ISO사 자체 실험안전규정이 느슨한 탓이었다.

이어서 암석가루에서 추출한 수용액을 배양접시 위에 0.5ml 부어넣고 펼친 다음, 배양접시의 뚜껑을 닫고 산소가 차단된 60도 배양챔버 속에 넣어 배양시켰다. 혐기성 암석미생물의 콜로니가 배양접시 위에 나타나주기만 기다릴 뿐이었다. 3일 후 배양접시를 확인해 보았으나 아직 콜로니(colony, 미생물 군집)들이 보이질 않았다. 실험준비를 잘 못했나 염려도 하였지만 며칠 더 기다려보기로 하였다. 일주일이 되던 날 드디어 배양접시 위에는 여러 암석미생물의 콜로니들이 나타나 있었다.

이다도 박사는 배양접시를 보면서 안심하였다. 암석시료에서 암석미생물을 배양시켜낼지 의문이었기 때문이었다. 다행히도 배양접시 위에는 검붉은 색을 띤 콜로니(I -15)와 녹갈색 콜로니(I -16), 황갈색 콜로니(I -17)들이 유난히도 눈에 뜨였다. 콜로니 I -15와 I -16, I -17를 취하여 500리터 삼각플라스크에 각각 배양할 준비하였다. 각각의 콜로니를 따서 모래분말이 포함된 배양액에 접종하고 산소가 차단된 배양챔버 속으로 넣어 다소 큰 규모로 배양을 시작하였다. 암석미생물이 규소고분자를 가지고 있는지 확인하기 위해 암석미생물의 세포가 많이 필요했기 때문이었다. 산소가 없는 혐기성 조건이었기 때문에 암석미생물들의 배양이 1주일 소요되었다.

또 다시 1주일 후 이서구 박사는 배양된 암석미생물을 수거하여 규소고분자의 생합성 여부를 조사하였다. 다행히도 검붉은 암석미생물(I-15)이 다른 미생물보다 더 많은 규소고분자를 가지고 있음을 확인할 수 있었다. 자신감을 갖은 이다도 박사와 이서구 박사는 암석미생물I-15의 규소고분자를 소량 분리정제하여 전기물성의 분석조사가 우선이라고 판단하였다. 우선 암석미생물에서 규소고분자를 분리하고 정제하는 실험방법부터 알아야 했다. 이다도 박사는 이서구 박사와 함께 규소고분자의 여러 시도 끝에 독자적으로 정제방법을 찾을 수 있었다. 그리고 1차 정제된 규소고분자를 전기물성팀에 보내고 좋은 분석결과가 나오길 기다리고 있었다.

다음 날 전기물성팀이 자료를 보내왔다. 기대와 달리 규소고분자가 전기전도도는 낮았지만 반도체소재로서 가능성이 엿보인다는 판정이었다. 아마도 규소고분자에 황산기(sulfate group)나 인산기(phosphate group)를 추가적으로 도입하여 음전하 빈도를 높인다면 실용성이 있다고 제안하였다. 그래서 이다도 박사는 Ⅰ-15의 배양조건을 바꾸어 보기로 하였다. 탄소배양배지에 추가적으로 다양한 황산염과 인산염들을 차례로 도입하여 음전하-규소고분자의 합성여부를 확인하기로 하였다. 이와 함께 암석미생물(Ⅰ-15)의 유전체정보도 규명하여 암석미생물의 유래와 유전적 특성을 조사하고, 또 규소고분자의 생합성체계와 황산화효소의 존재유무를 찾기로 했다. ISO사는 자체 DNA분석실이 없어서 암석미생물 Ⅰ-15의 유전체해독을 외부 전문분석회사에 보냈다. 예전에는 미생물의 유전체분석이 1년 이상 걸리는 작업이었지만, 최신 자동 DNA분석시스템이 등장한 이후 단2주일 만에 DNA분석을 마치고, 암석미생물 Ⅰ-15 유전체DNA의 염기서열을 이다도 박사에게 보내왔다.

ISO사의 유전정보팀은 암석미생물 Ⅰ-15의 유전체정보를 자체 슈퍼컴퓨터에 입력하고 각종 분석을 시도하였다. 1차 조사한 암석미생물의 유전정보는 기존 미생물의 유전정보와는 너무도 달랐다. 하지만 ISO사의 바이오정보시스템과 미생물에 관한 database가 빈약하여 암석미생물에서 얻어진 유전체정보를 다른 미생물 유전체정보와 심도 있게 비교분석할 수 없었다. 물론 규소고분자의 생합성관련 유전자와 황산화효소 유전자의 존재유무도 확인할 수는 없었다. ISO사는 기존 규소와 세라믹계의 소재를 가지고 반도체 제작에 주력해 왔기 때문에 바이오소재 관련 정보나 분석능력을 구축하지 않아서였다. 특히 혐기성 미생물과 호열균에 대한 유전체정보 database가 전무했고, 그리고 자체 DNA 분석프로그램도 없어서 기본적 분석프로그램만 구입하여 가동하는 수준이었다. 경영진과 연구소 집행부도 제약회사나 바이오회사가 아니고 전자회사니까 반도체소재개발에서 유전체 정보가 필요 없다고 판단하여 소홀히 대처한 결과였다. 이다도 박사는 암석미생물의 유전체 정보를 얻고도 필요한 규소고분자의 생합성 관련 효소유전자를 찾을 수 없었고, 추가적인 연구방향도 잡지 못하였다.

반면 SAMi사는 전자회사이면서도 계속 바이오소재연구팀을 보강해왔고, 오랫동안 유전체 정보의 수집과 해석능력을 높여 왔다. 이뿐만 아니라 두뇌과학과 신경과학의 전문가들까지 유치하여 생물전기학 관련연구를 꾸준히 진행시키면서 두뇌세포의 생체분자와 반도체소자와의 연계성에도 관심을 높여가고 있었다. 특히 생체운영정보에 따른 생체기능의 조절과 전기화학적인 신호전달이 차세대 컴퓨터 개발의 전략임을 간파하고 내실있는 관련연구를 진행시켜왔다. 더 나아가 생물의 정보전달과 제어시스템을 반도체산업과 연계시킬 수 있는 방안까지 모색하였다. 이와 함께 동물의 유전체 정보와 전기화학적 생체기능 관계를 규명하는 연구도 계속 염두에 두고 있었다. 이에 반해 ISO사는 유전체 정보분석시스템의 중요성을 인지를 하고 있었으나, 경영진의 이해 부족으로 전문인력과 관련기반 시스템이 구축되어 있지 않아서 유전체 정보의 해석과 활용능력에서 크게 뒤질 수밖에 없었다. 궁여지책으로 이다도 박사는 Ⅰ-15의 유전정보를 SAMi사의 바이오정보시스템에 넣어 비교하고 싶은 유혹까지 느꼈다.

이다도 박사는 방소연에 메시지를 보내고 있었다.

"이번 토요일 5시에 보보카페에서 만났으면 합니다."

방소연은 스마트폰에 메시지가 와있는 것을 발견하고 답신을 보낸다.

"좋아요. 무슨 일이 있어요?"

바로 이다도 박사에게서 답신이 왔다.

"만나서 얘기 합시다."

한편 SAMi사의 보안팀은 방소연을 정보유출 우려인물로 설정해 놓고 수시로 그의 전화를 감청하거나 전자우편을 들여다보고 있었다. 이미 방소연이 이다도와 자주 만나면서 데이트하고 있는 것도 알았다. 최근 SAMi

사가 획기적인 반도체소재를 개발하였기 때문에 산업비밀의 감시를 더욱 강화하고 있던 때였다. 보안팀은 방소연이 이다도와 만나는 것을 조용히 추적할 계획까지 세웠다. 그리고 그들이 나누는 대화내용과 주고받는 물품에 대한 확증자료를 얻어내고자 하였다. 하지만 방소연은 이러한 사실을 전혀 알지 못했다.

토요일 오후 이다도 박사는 즐거운 마음으로 방소연을 만나기 위해 보보카페에 나갔다. 연인관계이기 때문에 시시콜콜한 얘기까지 나누며 친밀하고 좋은 분위기를 유지하였다. 저녁식사는 절간음식을 먹기 위해 산초식당으로 옮겨 갔다. SAMi사 보안팀도 조용히 산초식당까지 따라가서 그들의 동태를 파악하고 있었다.

드디어 다양한 나물과 채소가 곁들인 전체음식이 나왔다. 산초식당의 한정식은 자연의 음미를 살린 훌륭한 건강식이었고 긴 음식문화를 느낄 수 있었다. 많은 나라를 방문하고 다양한 식단을 경험한 이다도 박사 역시 정성이 담긴 채식에 계속 감탄사가 이어졌다. 불교관행과 한국 고유의 음식문화가 절제 있게 표현된 음식이었다. 후식으로 한식다과가 나왔을 때 이다도 박사는 방소연의 눈치를 살피며 어려운 말을 꺼내었다.

"최근 ISO사도 암석미생물을 확보하고 그 유전체 정보를 해독했어."

방소연이 깜짝 놀라며 "정말요? 그렇게 빨리요? 놀라운데요."

이다도 박사는 계면쩍다는 듯이 "우리도 한다면 해요. 내가 있잖아요."

방소연은 ISO사 역시 연구 추진력에 놀라면서 "벌써 암석미생물을 입수하고 그 유전체 정보의 해석을 끝냈다고요? 믿을 수 없어."

방소연은 ISO사의 연구능력에 놀랍기도 하였지만, 다른 한편으로 자기가 언급한 내용을 전해 듣고 ISO사가 움직이고 있다는 사실에 내심 염려되고 부담스러웠다. 방소연이 정색을 하고 "이다도 박사님, ISO사와 SAMi사의 연구내용이 비슷해지네요. 말하는 게 조심스러운데요."라고 다소 완곡하면서도 직설적으로 이다도 박사의 모방연구에 지적하였다.

이다도 박사도 방소연이 의외 질문에 당황하는 기색이 역역했다.

"아니. ISO사도 예전부터 규소고분자 프로젝트가 진행되어 왔어요. 단지 최근에 그 연구역량을 강화했을 뿐이지."하고 말의 초점을 다소 돌렸다.

방소연은 다소 안심한 듯이 "그래요. 물론 ISO사도 큰 회사이니까."라고 대답하고 알면서도 이다도 박사와의 관계를 생각해서 더 깊은 곳을 건드리지 않았다.

방소연은 계속해서 "혹시 무슨 문제가 있어요?"하고 퉁명스럽게 말을 던졌다.

이다도 박사는 자기 연인에게 이러한 업무적인 내용을 상의하고 도움을 정말로 요청하고 싶지는 않았다. 그래서 한 참 더 다른 절간음식과 채식에 관한 얘기로 대화를 이끌어 갔다.

"식물성 식재료로 이렇게 다양하고 맛있는 음식이 나온다면 굳이 동물성 음식에 연연할 필요가 없어 보여. 식물만으로 우리 몸에 필요한 영양분을 충분히 공급하는 것 같아. 물론 건강에도 좋으니까."

방소연은 이다도 박사가 하고 싶은 얘기가 있지만 멋쩍으니까 다른 대화소재를 돌리고 있다는 것을 알아챘다. 아무 것도 모른다는 듯이 음식얘기를 계속 이어갔다.

"식물성 식단은 깔끔해요. 스님들의 얼굴 모습이 깨끗하고 화사한 것을 보면 절간음식이 좋긴 좋은가 봐요. 저는 아직 익숙하질 않아서 크게 내키지는 않아요. 아직 고기류가 좋거든요."

이다도 박사와 방소연이 함께 웃으면서 화기애애한 분위기가 다시 유지되었다. 후식을 다 먹고 이다도 박사는 영화관에 가기 위해 일어섰다. 이들은 SAMi사 보안팀의 감시망에 노출된 것을 모르고 그 날 유쾌한 시간을 보냈다.

식당에서 나온 이다도 박사는 "오늘 아바타 영화 관람권을 예약했어. 오래 전에 나온 영화인데 난 보질 못했거든. 그런데 다들 파격적인 상상력이 흥미롭고 입체영화라고 해서…."

방소연도 고개를 끄덕이며 "저도 못 보았어요. 친구들이 그러던데 컴퓨터 그래픽의 완성도가 매우 높고 3D영화라서 새로운 분위기를 안겨 준데요. 그런데 지금도 상영하는 곳이 있나요?"

이다도 박사는 "내가 찾아보았는데 대학로에 『Yesterday』라는 작은 상영관이 있어. 그곳에서는 지나간 명화만을 엄선하여 보여준대."

방소연은 "그래요? 하고 두 사람은 아바타 영화를 보기 위해 대학로 행 지하철을 탔다. 이다도 박사는 지하철 전동차에서도 마음속으로는 암석미생물의 유전체 정보분석에 머물러 있었다. 그리고 방소연의 눈치를 살피며 용기를 내어 말을 꺼내었다.

"SAMi사는 암석미생물과 혐기성 미생물 유전정보의 database와 분석프로그램을 어떻게 가동하고 있어요?"

방소연도 왜 물어보는지 알았지만 돌려서 친근하게 대답하고 있었다. 이다도 박사와의 관계가 더 중요하다고 생각했기 때문이었다.

"생물정보 전문가들이 달라붙어 최고의 분석수준을 유지하고 있어요. 모든 유전공학자의 필수적인 분석수단이 되었어요. SAMi사는 혐기성 미생물에 관련된 database를 꾸준히 보강해 왔고, 최근에는 암석미생물의 정보를 분석하기 위해 회사차원에서 많은 노력을 했어요. 아마 ISO사도 분석시스템을 갖추려면 꽤 시간이 걸릴 텐데요."

이다도 박사도 방소연의 말을 인정하면서 "그래요. 사실 ISO사 바이오 정보시스템을 가동하여 암석미생물의 유전체정보를 비교분석해 보았는데 아직 결과를 얻지 못했어. 관련 미생물의 database와 분석프로그램이 빈약해서….”

방소연은 “ISO사 정도의 회사면 충분히 유전체정보의 분석시스템을 갖추고 있다고 생각했었는데….”

이다도 박사는 방소연에게 하고 이런 말을 꺼내고 싶지 않았지만 우선 업무상 필요하니까 어렵게 말을 계속 이어갔다.

“그간 투자를 소홀히 한 탓이지요. 혹시 도와줄 수 있어요?”

방소연은 퉁명스럽게 “먼저 Genebank의 DB와 비교해 보았어요?”

이다도 박사는 “일반 유전체은행에 가서 일차적으로 분석을 시도해 보았는데 암석미생물에 대한 유전정보가 없었어. 그리고 다소 신뢰성이 떨어지고 우리가 요구하는 고품위 분석결과는 없었어요.”

방소연이 다소 난처한 표정으로 “SAMi사의 바이오시스템에 들어가 분석은 가능한데, 외부기관 유전정보의 분석은 연구소장의 허락이 있어야 해요. 어떻게 하지요?”

이다도 박사는 난처한 표정으로 “방법이 없을까?”

그러면서 방소연에게 암석미생물 I-15의 유전체정보가 들어있는 외장하드디스크를 넘겨주고 방소연을 꽉 껴안아주면서 “이곳 안에 ISO사의 암석미생물의 유전체정보가 들어있어. 다른 암석미생물과의 연관성과 규소고분자 생합성효소 그리고 황산화효소의 유무를 알아봐줘.”

방소연은 괜한 심부름을 한다는 표정을 지으면서 “어째든 분석할 방안을 찾아볼게요. 그런데 내가 바이오분석시스템에 들어가면 기록이 남는데…, 다른 방안이 없을까요?”

이다도 박사는 억지로 웃으면서 꼭 해달라고 얼굴 표정이었다.

"어려운 부탁을 해서 미안해."

방소연은 "방법이 있는지 찾아볼게요. 그런데 혹시 저희 회사 바이오정보팀의 전자우편주소를 알고 계세요?"

이다도 박사는 "갑자기 그걸 왜 물어요?"

방소연은 "전에 들은 얘기인데, 바이오정보시스템의 서버를 접근하는데 전자우편 통로가 비어있다는 말을 들었어요. 일종의 해킹이 가능한 통로래요."

이다도 박사도 놀라면서 "뭐라고 해킹? 그런 말은 하지 마세요. 안들은 걸로 할께."

그러한 비밀접근은 해킹행위로서 엄연한 범죄행위였기 때문이었다.

다시 대화내용은 서로 개인적인 얘기로 바뀌었다. 그러는 중에 얘기꺼리가 궁하던 방소연은 무심코 SAMi사의 최근 소식을 꺼내었다.

"SAMi가 반도체소재(Si-RS)의 개발을 완료하고 한 단계 높여 분자반도체소재(Si-RX)의 개발프로젝트를 시작했어요."

방소연은 전문적인 산업스파이는 아니지만 연인관계에 있는 이다도 박사에게 내부 연구발표회에서 들은 SAMi사의 연구현황을 재미있다는 듯이 재잘거리고 있었다. 회사기밀을 지킬 만큼 단호한 의지를 가진 여자가 아니었고, 회사정보의 보안에 대한 민감성과 범죄행위에 대한 아무런 인식도 없었다. 이다도 박사와의 원만한 관계가 우선이라고 생각하는 단순하고 쾌활한 보통 아가씨일 뿐이었다. 하지만 본인의 의도와 달리 방소연은 SAMi사의 산업정보를 빼내어 넘겨주는 거의 산업스파이나 다름없었다. 이다도 박사는 이러한 상황을 인식하고 있었지만 방소연의 거침없는 대화에 다소 어리둥절하면서도 다른 한편으로 듣고 싶은 내용이기도 해서 싫지는 않았다. 이날 SAMi사의 보안팀은 방소연의 정보유출에 대한 결정적인 증거를 확보하려고 노력하였으나 식당주위가 산만하고 방소연이 이다도 박사의 연인으로 서로 만나서 대화하고 즐거운 시간을 갖고 있다는 것만 확인하였다. 물론 조그만 물건이 오가는 것을 보았지만 정보유출의 확증자료라고 단정지울 수 없었다. 그들의 대화내용과 주고받는 것을 모두 확인할 수 없었기 때문이었다. 하지만 감시대상인 것만은 분명했다.

다음 날 이다도 박사는 김준수 기획부장에게 SAMi사의 유전체 정보 분석 능력과 최신 개발동향을 전하였다. 물론 이다도 박사도 이런 형태로 수집한 정보를 회사에 전달하는 자체가 방소연에게 미안함을 넘어 범죄행위라는 생각을 하였다. 스스로 자제해야겠다고 다짐을 하였지만 이미 활시위를 벗어난 꼴이었다. 이런 SAMi사의 정보를 입수한 김준수 기획부장은 나우근 소장실에 들어가서 SAMi사의 진행사항을 전하였다.

"소장님, 쫓아가기 힘든데요. 저희도 바이오연구팀과 유전정보의 분석능력을 보강해야할 것 같습니다. 암석미생물의 유전체정보를 확보하고도 필요한 정보를 얻어낼 수가 없습니다."

나우근 소장은 "회사차원에서 검토해 볼게."

직접적으로 SAMi사의 정보시스템을 언급하지 않았지만 SAMi사 보유하고 유전체 정보 분석 시스템이 절실히 필요한 것을 잘 알고 있었다.

한편 다음 날 SAMi사 보안팀은 방소연에 대한 추가적인 동태를 살필 필요가 있다고 판단하고 방소연이 사용하는 모든 컴퓨터와 전화, 전자우편 그리고 스마트폰까지 감시대상 목록에 올려놓았다. 보다 구체적인 정보유출의 증거를 잡기 위해서였다. 이러한 움직임에 대해 방소연은 아무 것도 모르고 평상시처럼 근무하였다.

방소연은 바이오정보시스템에 들어가 이다도 박사가 제공한 유전체 정보를 비교분석을 시작하였다. 방소연은 이다도 박사가 건네준 암석미생물의 유전체 정보가 기존 SAMi사의 정보와 95% 이상 유사했기 때문에 놀라지 않을 수 없었다. 혹시 자신이 입력을 잘 못했는지 확인할 정도였다. 방소연은 이다도 박사가 연구하고 있는 암석미생물이 SAMi사의 암석미생물과 거의 같은 종이라는 것을 바로 알 수 있었다. 이러한 결과를 김도이 박사에게 말해야 할지 망설이면서 암석미생물의 연구경쟁이 두 회사 간에 복잡하게 전개되는 것을 감지하였다. 더 이상 SAMi사의 정보를 이다도 박사에게 얘기하면 안 된다는 것을 직감하였다. 두 회사가의 보이지 않는 산업전쟁에 휘말리고 싶지 않았고, 잘못하면 자신에게도 큰 일 난다는 것을 알았다. 그래서 방소연은 이다도 박사가 의뢰한 유전체 정보 분석의 결과를 다른 이유를 들어 넘겨주는 것을 연기하였다.

한편 보안팀은 방소연의 유전체 정보 분석을 감시하였으나, 입력한 유전체 정보가 SAMi사의 기존 정보와 거의 비슷했으므로 자체 유전정보를 입력하여 검색한 것으로 판단하였다. 일상적인 연구업무로 간주한 것이었다. 사실 보안팀은 이러한 미세한 차이를 감지할 만큼 유전체 정보에 대한 전문적인 지식이 없었기 때문에 방소연의 해사행위를 모르고 넘어갈 수밖에 없었다.

17. 괴생명체의 출현

17

괴생명체의 출현

ISO사 연구소도 SAMi사의 차세대 반도체의 개발소식에 다소 다급해졌다. 나우근 소장은 이다도 박사를 사무실로 불러 바이오전자소재 개발에 힘써달라고 독려하였다.

"이다도 박사, 우리도 좀 더 속도를 내야겠어. SAMi사가 치고 나가면 우리는 닭 쫓던 개 신세가 될 수도 있어요. 연구소에서 도울 일이 있으면 다 지원하겠네."

이다도 박사는 유전체 정보 분석능력을 보강해 달라고 말하고 싶었으나 그 일이 하루 이틀에 이루어지는 작업이 아니기 때문에 고개만 끄덕이며

"알겠습니다. 박차를 가하겠습니다."라고 말하고 소장실을 나와 실험실로 돌아왔다.

이다도 박사는 실험실에 돌아와 조용히 실험구상을 하였다. 우선 석유시추선에서 채취해온 암석미생물로부터 규소고분자를 얻었지만 전기물성이 만족스럽지 못한 것에 대한 성능개선이 우선이라고 보았다. 그 때 전기물성분석팀에서 제안한 "음전하를 가진 황산기(SO_4^{2-})나 인산기(PO_4^{3-})를 규소고분자에 추가적으로 부착시킨다면 전자이동속도를 높일 수 있다."라고 한 말이 떠올랐다. 그리고 황산금속염이나 인산금속염을 배양액에 넣어 세포배양을 생각하였다. 이것이 당장 손쉽게 시도할 수 있는 실험이라

고 보았다. 암석미생물 I-15의 배양액에 황산이온과 인산이온을 가진 금속염을 넣어 배양하는 일은 간단했기 때문이었다. 물론 황산금속염이나 인산금속염을 배양액에 넣어 암석미생물을 키운다면 규소고분자에다 황산기나 인산기를 부착될 수 있다고 판단하고 실험을 착수하기로 하였다.

규소고분자에 음전하를 부착시켜야 한다는 문제는 SAMi사 김도이 박사와 똑 같았으나, 이다도 박사는 암석미생물의 배양을 통해 보다 빠른 해결책을 택하였다. 다소 성급한 접근방법이었으나 이다도 박사로서는 별다른 선택의 여지가 없었다.

이다도 박사는 이서구 박사를 불러 그간 시도한 배지조성과 배양조건을 언급하고, 암석미생물의 배양액에 금속염을 추가로 넣자고 제안하였다.

"이서구 박사, 황산기를 부착해주는 황산화효소의 발굴은 너무도 긴 시간이 걸리고 성공여부도 장담할 수도 없어요. 우선 선행실험으로 암석미생물의 배양액에 황산금속염을 넣어 키워봅시다. 황산기가 부착된 규소고분자가 생성될 수 있다고 봅니다."

이서구 박사는 심해화산에서 서식하는 호열균들이 유황화합물을 활용하는 것을 알기 때문에 암석미생물에도 황산화효소가 있을 수 있다고 보았다. 이다도 박사의 제안대로 일단 배양실험을 시도하기로 하였다.

"알았습니다. 다른 호열균처럼 암석미생물도 황산금속염을 좋아할지 모릅니다. 실험실에 있는 모든 황산금속염을 찾아 따로따로 넣어 다 배양하고, 생성된 규소고분자들을 분리하여 조사해 보겠습니다."

이다도 박사는 이서구 박사의 말에 고개를 끄덕이며 "좋아요. 우선 여러 황산금속염을 차례로 넣어 암석미생물(I-15)을 키워 봅시다."

그런데 ISO사의 실험실 안전규정이 다소 느슨하여서 안전성이 검증되지 않은 암석미생물도 P4실험실이 아닌 일반실험실에서 배양실험이 허용되고 있었다. 이서구 박사는 이번에도 별다른 생각 없이 습관적으로 일반

실험실에서 배양배지를 만들기 시작하였다. 먼저 실험실 시약장에서 여러 황산금속염 시약들을 찾았다. 황산소듐(sodium sulfate, Na_2SO_4)과 황산포타슘(potassium sulfate, K_2SO_4), 황산마그네슘(magnesium sulfate, $MgSO_4$)이 우선 눈에 뜨였다. 황산소듐와 황산포타슘, 황산마그네슘 용액들을 이미 만들어진 배양배지에 추가로 넣고 미세 플라스틱 여과지를 통과시켜 공기를 제거하였다. 혐기성 미생물의 배양에는 공기 중에 들어있는 산소가 금물이기 때문이었다. 그리고 고운 분말의 규사분말을 삼각플라스크에 넣고 고압살균기에서 혼합배지를 살균하였다. 배양배지를 식힌 다음 혐기성 배양챔버 속에서 암석미생물(Ⅰ-15)을 접종하고 70도를 유지하였다.

1주일 후 이서구 박사는 배양된 암석미생물을 원심분리기로 회수하고, 이전과 같은 방법으로 규소고분자를 분리하였다.

그때 이다도 박사가 실험실에 들어왔다.

“이 박사, 암석미생물이 잘 자랐습니까? 혹시 황산금속염의 종류에 따라 차이가 있습니까?”

이서구 박사는 원심분리기 튜브 밑에 가라앉은 암석미생물을 보여주며

“대체로 비슷하게 자랐습니다. 확인실험에 충분할 것 같습니다.”

이다도 박사도 알았다는 듯이 “규소고분자를 분리하여 NMR분석실과 전기물성팀에게 보냅시다.”라고 말하고 사무실로 돌아갔다.

이서구 박사는 암석미생물의 세포를 수거하여 규소고분자를 분리하고 NMR분석실과 전기물성팀에게 보냈다. 암석미생물로부터 생성된 규소고분자에 황산기가 얼마나 부착되었는지 또 전기전도도가 얼마나 증가했는지 알기 위해서 NMR 스펙트라와 전기물성자료가 필요했다.

다음 날 NMR분석실은 규소고분자의 NMR 스펙트라를 컴퓨터 파일로 보내왔다. 이다도 박사와 이서구 박사는 컴퓨터 화면에 나타난 ^{1}H-NMR과

^{13}C-NMR, ^{29}Si-NMR, ^{33}S-NMR 스펙트라를 면밀히 검토하였다. 지난번 분석한 시료와 비슷하게 황산기에 해당하는 피크(peak)가 보이지 않았다. 전기물성팀 역시 규소고분자에 부착된 음전하가 적어서인지 반도체의 전기전도가 향상되지 않았다고 분석결과를 보내왔다.

이다도 박사는 분석데이터를 보면서 한숨을 내쉬며 다소 실망스러운 표정이었다. 그리고 대안으로 무슨 실험을 해야 할지 생각하고 있었다. 그때 이서구 박사 실험실 시약장에서 먼지가 쌓인 황산철(ferrous sulfate, $FeSO_4$) 시약병을 찾아가지고 왔다.

"이 박사님, 실험실에 황산철도 있는데요. 같은 방법으로 배양실험을 해 볼 까요?"

이다도 박사는 이미 다른 황산금속염들을 배양실험에 넣어 보았으나 별 효과가 없었기 때문에 크게 내키지는 않았으나 당장 다른 실험계획이 없었으므로 허락을 하였다.

"네. 황산철도 넣어 배양해 봅시다. 그리고 결과를 알려줘요."

이서구 박사는 실험실에 돌아와 황산철(ferrous sulfate)을 넣은 배양배지를 만들었다. 암석미생물을 여러 차례 배양하였기에 아무런 부담이 없이 평소대로 만들었다. 그간 암석미생물의 배양이 다른 미생물의 배양과 크게 다르지 않았기 때문에 배양조건이나 안전성에 신경을 쓰지 않고 순차적으로 진행하였다. 오로지 암석미생물 배양세포의 양을 높이고, 음전하가 부착된 규소고분자의 생성에만 관심이 집중되었다. 마지막으로 공기가 제거된 배양챔버에서 암석미생물을 접종하였다.

그런데 갑자기 이상한 일이 벌어졌다. 황산철이 들어간 삼각플라스크에서 배양액이 넘쳐 배양챔버 바닥으로 흐르는 것을 발견하였다. 깜짝 놀란 이서구 박사는 무슨 일인지 배양플라스크를 한참 들여다보았지만 이유를 알 수 없었다. 혹시 황산철의 시약병에 이상이 있는지 재차 확인하였으나 분명히 황산철 시약병이 맞았다. 미생물의 배양과정에서 아무런 착오가 없었는데 배양플라스크에서는 배양액이 계속 넘치고 있었다. 처음 보는 현상이었다. 혹시 배양온도를 70도에 맞추어 놓았는데 너무 온도가 높아서 배양액이 끓고 있는지 확인하고 싶었다. 이서구 박사는 배양챔버에 부착된 고무장갑에 손을 넣었다. 외부공기와 차단한 상태로 조작하기 위해 만들어 놓은 장치였다. 그리고 배양챔버 안에 있는 온도계를 집어 배양플라스크 속에 넣어 온도를 확인하였다.

'온도는 70도 맞는데. 무슨 일일까?'

이서구 박사는 혐기성 배양챔버를 열어 삼각플라스크를 꺼내어 무슨 일이 일어났는지 들여다보고 싶었다. 하지만 혐기성 배양챔버를 열면 오늘 진행한 배양실험이 모두 허사로 돌아가기 때문에 배양챔버의 유입구를 열지 않고 주위를 빙글빙글 돌고 있었다.

그때 이다도 박사가 실험실에 들어왔다. 그런데 이서구 박사가 배양챔버 앞에서 안절부절 하고 있는 것을 보았다.

"이 박사, 무슨 일이야?"

이서구 박사는 당황한 기색으로 "암석미생물을 접종하였는데 계속 배양액이 넘치고 있습니다. 이런 일이 없었는데 이상한데요."

이다도 박사는 대수롭게 않게 생각하면서 이서구 박사가 배양액에 다른 배지성분을 넣어서 이런 일이 생겼다고 생각하였다.

"배양액에 넣은 배지와 황산철을 확인했나요?"

이서구 박사는 정색을 하고 "물론이죠. 제가 재차 확인했습니다."

이다도 박사도 배양챔버를 바라보면서 "이상하네. 계속 기포와 함께 흘러넘치는데 혹시 다른 시약을 넣은 게 없어요?"

이서구 박사는 다시 눈을 크게 뜨고 정색을 하면서 "네. 분명합니다. 제가 황산철 시약병도 두 번이나 확인했습니다."

한동안 두 사람은 배양액이 넘치는 플라스크만 바라보고 있었다. 두 사람은 많은 미생물을 배양해보았지만 이런 이상한 현상은 처음이었다. 전혀 예기치 않은 상황이었다. 왜 이런 일이 일어났는지 생각해 보았으나 알 수 없었다. 당장 아무런 조치를 취하지 못하고 머뭇거리고 있었다. 한참 쳐다본 두 사람은 그저 보고만 있을 수도 없다고 생각하였다. 그때 이다도 박사는 무슨 조치를 취해야 한다고 판단하고 "이 박사, 이렇게 계속 보고만 있을 수 없잖아요. 이렇게 배양액이 계속 흘러내린다면 배양실험을 다시 해야 할 것 같아요. 배양챔버를 열고 배양플라스크를 꺼내어 확인합시다."

이서구 박사가 배양챔버의 유입구를 열고 배양플라스크를 꺼내어 공기 중에 노출되는 순간 배양액은 걷잡을 수 없을 정도로 위로 치솟아 넘쳐흘렀다. 마치 샴페인 거품처럼 부풀어 올랐다. 그리고 넘친 배양액은 검붉은 색으로 변하면서 갈색가스를 분출하기 시작하였다.

이서구 박사는 배양액이 너무 격렬하게 넘치니까 플라스크를 들고 싱크대에 뛰어가서 급하게 내려놓았다. 흘러넘친 배양액이 싱크대에 남아있는 물과 공기를 접촉하더니 더욱 왕성하게 거품이 일어났다. 분명히 암석미생물이 무슨 일을 하고 있다는 생각을 하였다. 거품은 공기에 오래 노출되면서 더욱 진한 검붉은 색으로 바뀌고 강한 산성(酸性)의 갈색가스로 피어올랐다. 갈색가스는 견딜 수 없을 정도로 강하게 코를 찔렀고 순간적으로 머리가 아찔해지면서 정신을 잃을 정도로 멍멍했다. 이서구 박사는 정신을 차리려 하였지만 어지러웠고, 다리가 휘청하는 것을 느꼈다. 놀란 이서구 박사는 무의식적으로 싱크대에 넘친 배양액을 흘려보내려고 엉겁결에 수돗물을 거세게 틀었다. 독한 용액을 제거하기 위해서였다. 플라스크에서 흘러넘친 검붉은 용액은 배수구 밖으로 흘러내려갔다. 그때 배양플라스크를 자세히 들여다보니 배양액이 플라스크의 유리가 일부 녹아있었다. 수많은 배양실험을 해보았지만 유리가 녹아내리는 것은 처음 보는 광경이었다. 특히 강한 산성의 갈색증기가 호흡기 기도에 자극을 주는 것으로 보아 일종의 독가스라고 판단하였다. 하지만 갑자기 발생한 상황이라서 어떤 조치를 취해야할지 모르고 서로 주저하면서 눈만을 쳐다보고 있었다. 그리고 검붉은 배양액과 가스가 위험하다고 보고 응급처치를 생각하였다. 이다도 박사는 급히 비상응급박스에 가서 방독면을 꺼내 착용하였다. 그리고 다른 하나는 이서구 박사에게 건네주었다.

"이 박사, 이건 독가스나 다름없어. 빨리 방독면을 착용해."

하지만 이서구 박사는 방독면을 착용하지 않고 괴현상을 자세히 관찰하기 위해 방독면을 쓰지 않은 채 삼각플라스크를 더 가까이 접근하여 관찰을 하였다. 일부 갈색가스의 냄새를 맡으면서 무슨 성분인지 알고 싶었다. 이제까지 수많은 화학약품과 시약을 다루어보았지만 이러한 냄새는 처음이었고 알 수 없었다. 이 이상한 검붉은 거품용액과 갈색가스에 대한 의문이 풀리지 않았다.

이때 더욱 믿을 수 없는 놀라운 광경이 벌어졌다. 급기야 싱크대 배수구 속으로 내려갔던 거품 용액이 부글거리면서 역류하고 있었고, 강한 갈색가스가 싱크 배수구를 통해 더 심하게 치솟았다. 놀란 이서구 박사는 수돗물을 세게 틀어서 싱크대에 남아있는 배양액을 모두 쓸어내렸고, 발생한 갈색가스를 피하면서 손을 씻었다.

"어-어-, 유리까지 녹이고 더 심한 거품용액과 갈색가스가 역류되네요. 이해할 수 없는데요?"

그때 여러 차례 갈색가스에 노출된 이서구 박사는 계속 재채기를 하였고, 호흡곤란을 호소하였다.

"이 박사님, 강한 산성가스 때문에 숨을 쉴 수가 없어유."

그리고 이서구 박사가 싱크대 옆에 비틀거리면 주저앉았다.

방독면을 착용한 이다도 박사도 황급히 이서구 박사 옆으로 달려와서

“왜 그래요? 이서구 박사 정신 차려요!”

이다도 박사는 엄청난 사고가 발생했다는 것을 바로 감지하고, 수돗물을 더 욱 세게 틀어서 넘쳐있는 검붉은 용액을 배수구로 모두 흘려보냈다. 검붉은 거품용액은 더 이상 역류하지 않았지만 갈색가스는 싱크 배수구에서 계속 솟아오르고 있었다. 그때 옆에 있던 이서구 박사를 쳐다보았다. 손을 목에다 대고 호흡의 고통을 호소하다가 정신을 잃고 싱크대 옆으로 쓰러지고 말았다. 바로 갈색가스에 의해 질식된 것 같았다. 이다도 박사는 재빨리 휴지에다 물을 묻혀 이서구 박사의 코에다 대고 정신을 차리도록 흔들어댔다. 하지만 이서구 박사는 혼수상태였다. 이 모든 것이 생각할 겨를도 없이 순식간에 발생한 일이었다. 이다도 박사는 재빨리 이서구 박사를 끌어안고 실험실 밖 복도로 옮기고 정신을 차리도록 계속 흔들어 댔지만, 이다도 박사의 의식은 바로 돌아오지 않았다.

이다도 박사는 방독면을 벗고 “도와주세요! 도와주세요!”라고 크게 소리치면서 인공호흡은 계속하였다. 복도를 지나가던 다른 실험실 연구원에게 바로 안전관리실에 안전요원을 불러달라고 요청하였다.

그 연구원은 실험실에 들어가 구내전화기를 들고 안전관리실로 전화를 걸었다.

“사고가 발생했습니다. 생화학실 이서구 박사가 복도에 쓰러졌습니다. 4층 생화학연구실로 빨리 오셔서 조치를 취해 주십시오.”

조금 후 안전요원들이 들것을 들고 달려와서 이서구 박사를 의무실로 즉각 옮겼다. 다른 안전요원은 이다도 박사와 함께 실험실에 들어와 창문을 열고 우선 환기팬의 스위치를 올려 실내공기를 환기시켰다. 조금 후 안전요원들이 이다도 박사와 함께 실험실을 둘러보았지만, 약간 산성가스의 냄새가 날뿐 위험한 상황이 아니라고 판단하였다.

"무슨 가스였습니까?"

이다도 박사는 차분히 설명을 하였다.

"배양실험을 하던 중 황산철을 넣었더니 강한 산성가스가 발생하고 배양액이 거품처럼 끓어올랐습니다. 무슨 가스인지 모르겠습니다."

안전요원은 즉시 실험실 주변에 차단막을 치고 『접근금지』라는 표식을 하였다. 그리고 전화로 안전관리실로 전화를 걸러 사고현장의 상황을 보고하였다.

"생화학실험실에서 알려지지 않은 갈색가스와 검붉은 거품용액이 발생했다고 합니다. 갈색가스를 흡입한 연구원이 의식을 잃어서 의무실로 옮겼습니다. 아직 사고의 정확한 원인을 모르고 있습니다. 이 실험실 주위의 접근을 차단시키겠습니다."

하지만 안전요원은 대형 실험사고라고 판단하지 않았기 때문에 후속조치를 취하지 않고 철수하였다. 별다른 사고가 아니라는 듯이 이다도 박사에게 "추가적인 일이 발생하면 즉시 연락하여 주십시오."하고 실험실을 떠났다.

안전요원이 떠난 후 이다도 박사는 실험실에 남아서 곰곰이 생각해 보았다. '왜 이런 일이 발생했을까? 혹시 암석미생물에 무슨 일이?, 아니 황산철이? 아니야 황산철은 매우 안전한 금속염이야.' 혼자 중얼거리고 있었지만 별다른 사고원인을 짐작할 수 없었다.

하지만 지난 배양실험과 비교하여 실험조건이 바뀐 것은 황산철을 넣은 것뿐이었다. 황산철이라는 금속염은 매우 흔히 사용하는 시약이기 때문에 이로 인해 이러한 괴이한 현상이 일어나리라고 짐작할 수 없었다. 그리고 황산철은 미생물의 증식에 크게 영향을 미치지 않은 물질이었기에 이번 사고에 연관지을 수 없었다. 더욱이 이해할 수 없는 것은 암석미생물이 혐기성 미생물이라는 점이었다. 공기 중에 산소와 접촉하면 증식을 멈추는 특성을 가진 미생물인데, 배양플라스크를 배양챔버에서 공기 중으로 꺼내자마자 폭발적인 끓어오른 현상이 더욱 이상하였다. 전혀 예상 밖의 일이었다. 더 이상한 점은 싱크대에서 거품용액을 흘려보낸 후 검붉은 용액과 갈색가스가 더 거세게 역류하였다는 점이었다. 이것은 싱크대 배수구를 지나면서 거품용액이 더 증폭되었다고 판단하였다. 이 거품용액이 배수구를 타고 계속 내려가면서 더 증폭되지 않을지 염려스러웠지만, 기다려 보기로 하였다. 이다도 박사는 추가적인 사고를 막기 위해서 다음부터 암석미생물의 배양을 꼭 P4실험실에 수행해야겠다고 생각하였지만 이미 때는 늦었었다. 만약 P4실험실에서 배양실험을 수행했었다면 이러한 사고가 있어도 미생물과 배양액을 모두 태운 후에 배출하기 때문에 사고를 미연에 막을 수 있었지만 이제 어쩔 수 없었다.

이다도 박사는 암석미생물과 황산철의 만남으로 발생한 사고였지만 '도대체 이해가 안 되네. 내가 모르는 다른 현상이 있나?' 중얼거리면서 배양챔버와 싱크대를 수돗물로 대충 치우고 의무실로 바로 쫓아갔다.

의무실에 가보니 다행히도 이서구 박사가 의식을 조금씩 되찾고 있었다. 간호사에게 잘 부탁한다고 말한 다음, 바로 나우근 연구소장에게 뛰어가 이 암석미생물의 괴현상에 대해 보고하였다.

"소장님, 실험사고가 있었습니다. 암석미생물의 배양실험 중에 배지에 황산철을 넣었더니, 갑자기 배양액이 검붉은 거품으로 솟아오르고 강한산성의 갈색가스가 발생했습니다. 이로 인해 실험을 하던 이서구 박사가 정신을 잃고 쓰러졌습니다. 지금은 의무실에서 회복중입니다."

나우근 소장은 크게 놀라지 않고 차분하게 "이서구 박사가 쓰러졌다고?"

이다도 박사는 "네. 제가 방금 다녀왔습니다. 서서히 의식이 돌아오고 있습니다."

나우근 소장은 "정말 다행이네. 근데 아직 이해할 수가 없어. 당신들이 다루고 있는 암석미생물이 혐기성이 아닌가요?"

이도이 박사는 "네. 맞습니다."

나우근 소장도 이해할 수 없다는 듯이 "이런 현상을 본 일이 없는데…, 화학반응도 아니고. 어떻게 혐기성 미생물이 그런 괴현상을 만들었을까?"

같은 시간 실험실 건물의 배수구를 타고 내려간 암석미생물은 검붉은 배양액을 증폭시키면서 계속 부글부글 끓었고 또 강한 갈색가스를 발산하고 있었다. 일부는 다른 층 실험실의 싱크 배수구로 역류하기 시작하면서 다른 층에 있던 연구원들도 놀라서 실험실 밖으로 뛰쳐나왔다. 그 중에는 갈색가스 냄새를 많이 맡은 연구원이 실신하여 의무실로 옮겨지기도 하였다. 이윽고 커다란 정화조로 내려간 암석미생물 거품용액은 괴이한 현상을 폭발적으로 증폭하였다. 정화조에 모여 있는 수분과 철분을 만나면서 동시 다발적으로 부풀어 올랐고, 삽시간에 정화조에 고여 있던 모든 폐수를 검붉은 용액으로 만들고 대량의 갈색가스를 발산시켰다. 갈색가스의 일부는 정화조 공기조절통로를 타고 밖으로 배출되었다. 밖으로 배출된 갈색가스는 공기보다 무거워서 땅바닥을 타고 서서히 연구소 정원 쪽으로 밀려나갔다. 마치 죽음의 갈색가스가 퍼져 나가는 듯하였다. 그 근처를 지나가던 사람들이 재채기를 하며 빨리 피신하기도 하였다. 정화조의 많은 검붉은 용액은 배수구를 따라 밖으로 내려가기 시작하였다. 그때 괴이한 일이 또 벌어졌다. 정화조 콘크리트 기벽을 녹기 시작한 것이었다. 정화조 속에는 괴생물의 증식에 필요한 물과 탄소원, 규사, 그리고 철분이 함께 있어서 암석미생물이 폭발적으로 증식하기에 좋은 환경을 제공하였기 때문이었다.

의무실에 되돌아온 이다도 박사는 이서구 박사의 몸 상태를 지켜보면서 암석미생물의 괴현상을 심각성을 인식하고 후속조치를 생각하였다. 그때 이서구 박사는 침대에서 일어나 다시 정신을 차리고 있었다. 천만다행이었다고 생각하였다.

그때 갑자기 사내방송이 긴급상황을 알리고 있었다.

"긴급상황입니다. 긴급상황입니다. 지금 연구소 정화조에서 맹독성 갈색가스가 발생하고 있습니다. 연구소 직원들은 즉시 연구소 건물 밖으로 대피하시기 바랍니다. 다시 전합니다. 긴급상황입니다." 사내방송은 같은 내용을 반복적으로 알리고 있었고, 긴급사이렌 소리가 요란하게 울렸다. 많은 연구원들과 직원들이 허겁지겁 건물에서 빠져나와 연구소 정원으로 뛰어가 대피하여 걱정스럽게 정화조와 사고현장을 바라보고 있었다. 일부 연구원들은 관망하다가 황급히 주차장으로 뛰어가 자동차를 타고 연구소를 빠져나갔다.

한편 정화조의 검붉은 배출수가 넘치면서 하수구를 타고 회사 연못으로 흘러들어가기 시작하였다. 그 검붉은 거품용액이 연못에 도달하자마자 괴현상은 삽시간에 연못가 주위를 모두 검붉은 색으로 변모시켰고, 강한 갈색가스를 더 큰 규모로 발산시켰다. 그때 연못가 주변의 모든 식물들이 시들어가고 있었다. 더욱 해괴한 일은 검붉은 용액이 연못가의 흙과 모래까지 녹이면서 일부 연못가에 있던 흙이 무너져 내리기 시작하였다. 녹아내린 걸쭉한 흙용액은 연못 속과 땅속으로 스며들고 있었다. 이런 현상은 지켜보던 연구소 직원들은 경악을 금지 못했다. 한 번도 본 일이 없었고 상상 조차 할 수 없는 광경이 눈앞에서 벌어진 것이다.

그리고 정화조에서 배출된 일부 갈색가스는 건물의 1층과 지하실 속까지 스며들어갔다. 아직 대피하지 않았던 직원들이 놀라서 젖은 수건이나 휴지를 얼굴에 대고 건물 밖으로 뛰어 나왔다. 일부 연구원은 의식을 잃어서 다른 연구원이 부축하여 밖으로 대피하고 있었다. 연구소 내부공간에는 수분이 적은 탓으로 괴생물의 증식이 심하지는 않았지만, 견딜 수 없는 맹독성의 갈색 산성가스가 연구소 아래층에 스며들어 사람이 출입할 수 없는 상황이었다.

나우근 소장은 안전관리실에 전화를 걸어 "남아있는 모든 직원들에게 업무를 중단하고 강제 퇴실명령을 내리세요. 그리고 모든 창문과 문을 봉쇄하고 방호벽을 내려 출입을 차단시켜주세요. 또한 정화조의 상황을 파악하고 피해상황을 조사하여 알려주십시오."라고 지시하였다.

이다도 박사도 이서구 박사의 몸을 부추겨 건물의 다른 출입구를 통해서 나와 정원 옆 잔디밭으로 나왔다. 그리고 다른 연구원에게 이서구 박사를 부탁하고, 연못 근처에서 있는 나우근 소장 옆으로 달려갔다. 나우근 연구소장은 소방당국에 연락하고 사고현장에서 안전관리실 직원들과 사고를 수습하느라 여념이 없었다.

이다도 박사가 연못에 도착하였을 때 이미 연못 주변은 코를 찌를 정도로 강한 산성의 갈색가스가 피어올랐고, 검붉은 거품용액이 연못가를 따라 멈추지 않고 계속 확산되었다. 이다도 박사도 방독면을 들고 나우근 소장 옆으로 다가갔다.

나우근 소장은 침착하게 "연구소 직원들은 다 퇴실했나요?"

이다도 박사는 차분히 "네. 건물 안에는 더 이상 없습니다."

나우근 소장은 "이 박사, 이 괴현상의 원인이 암석미생물이 맞지요?"

이다도 박사는 죄인이 된 기분으로 고개를 숙이며 "네. 다른 사고요인은 없습니다. 암석미생물이 분명합니다."

이 말을 들은 나우근 소장은 고개를 끄덕이면서도 상식적으로 이해할 수 없다는 표정이었다.

계속해서 방독면을 착용하고 사고 전개상황을 지켜보고 있었으나 거센 맹독성 갈색가스로 연못가에 더 이상 서있을 수 없었다. 나우근 소장과 안전관리실 직원들이 조금씩 뒤로 물러설 수밖에 없었다. 그때 연구소 안전관리실 직원들이 연못가에 가서 소화장비로 물을 뿌려보았으나 아무런 소용이 없었다. 속수무책으로 지켜 볼뿐 더 이상 다른 조치를 취할 수 없었다. 이윽고 여러 소방차가 요란한 사이렌 소리를 요란하게 울리며 연구소 정문을 통과하여 연못가에 도착하였다. 소방차와 소방관들도 사고현장과 연구소 인근 연못에 당도하였지만, 갈색가스 때문에 연못과 정화조 근처에 접근할 수도 없었고, 그저 난감한 표정만 짓고 있었다. 다른 소방관들은 방독면을 착용한 채 건물의 이쪽저쪽을 부산하게 움직이며 사고상황을 파악할 뿐 아무런 조치를 취할 수 없었다. 이런 괴현상을 본 일도 없었지만 어떻게 조치를 취해야 할지도 몰랐기 때문이었다. 소방본부는 연구소 건물과 연못 주위는 물론 연구소 진입도로에 까지 출입통제선을 설정하고 사람들의 접근을 차단할 뿐이었다.

소방본부장은 나우근 소장에게 다가서서 "사고경유를 말씀해 주시지요."

나우근 소장은 차분하게 "미생물을 배양하다가 발생한 사고입니다. 자세한 내용은 이다도 박사가 설명하겠습니다."

이다도 박사는 다소 당황스럽고 죄스러운 표정으로 "실험실에서 황산철을 넣어 암석미생물을 배양했는데 그 배양이 넘쳐흐르면서 이러한 괴현상이 발생했습니다. 현재로서는 이 괴현상의 근본적인 원인을 모르고 있어서 차단할 방안을 모르고 있습니다."

소방본부장은 이해할 수 없다는 듯이 "미생물요? 무슨 독극물 화학물질이 방출된 것은 아닙니까?"

이다도 박사는 단호하게 "절대로 화학물질이 아닙니다. 미생물이 폭발적으로 증폭하면서 발생한 사고입니다."

소방본부장은 이해할 수 없다는 듯이 "무슨 말인지 잘 이해가 안 됩니다. 알아듣게 설명해주세요."

이다도 박사도 답답하였다. 자신도 정확한 사고원인을 몰랐기 때문이었다.

“저희들도 처음으로 겪은 사고입니다. 문제는 이 암석미생물의 폭발적으로 증식하면서 흙을 녹이고 있다는 점입니다. 이로 인해 흙이 무너지고 일부는 지반이 내려앉고 있습니다.”

소방본부장은 더욱 놀라며 “흙을 녹이다니요? 그게 가능합니까?”

그때 연못가에서 발생한 갈색가스가 방향을 바꿔어 불어오고 있었다. 사고경유를 경청하던 소방본부장과 나우근 소장, 이다도 박사도 출입통제선 뒤로 멀리 물러서면서 대책을 논의하기 시작하였다.

소방본부장은 상황을 관망하고 방재대책을 상의하였지만, 괴현상을 차단하고 억제할 방안이 보이질 않았다. 단지 할 수 있는 일은 경찰당국에 연락하여 지역통제와 주민대피 그리고 대피소의 설치를 요청하는 일이 전부였다.

그때 안전관리실 직원이 나우근 소장으로 달려와 정화조의 상황을 보고하였다.

“소장님, 큰일 났습니다. 정화조 구조물이 녹아내려 인접건물이 기울고 있습니다. 조금 더 지나면 건물이 무너질지도 모르겠습니다.”

나우근 소장은 놀란 눈으로 안전관리실 직원을 바라보며

“그게 무슨 말입니까? 건물이 무너진다고요?”

그 직원은 고개를 끄덕이며 “곧 무너질 수도 있습니다. 대책을 세워야겠습니다.”

그 때 정화조 쪽에 있는 일부 구조물이 “꽈광-! 꽝!” 소리를 연거푸 내며 기울고 있었다. 조만간 건물일부가 정화조 쪽으로 무너질 것 같았다. 나우근 소장과 이다도 박사, 소방본부장은 황급히 연구소 정화조의 구조물 쪽으로 달려가서 기울어져가는 구조물을 바라보고 있었다. 정화조 밑바닥에 있는 콘크리트가 녹아내려 생긴 일이었다.

상황이 악화되자 소방본부장은 “여러분 상황이 계속 악화되고 있습니다. 모두 대피하십시오. 출입통제반경을 넓히겠습니다.”

나우근 소장과 이다도 박사는 소방통제차량에 타고 인근주거단지로 이동하였다. 소방본부장은 상급기관과 연락하고 임시 사고대책상황실을 주거단지의 상가건물에 설치하였다. 이 주거지역에는 ISO사 연구소와 가까워 많은 ISO사의 직원들이 거주하고 있었는데, 이다도 박사도 이 거주지역의 아파트에서 부모와 조부모가 함께 살고 있었다.

이다도 박사는 사고대책상황실에 도착하여 집에 계시는 부모님께 전화를 하였다.

“오늘 연구소에서 큰 사고가 발생하여 냇가와 호수가로 번지고 있습니다. 사고대책상황실이 저희 아파트 앞 상가건물에 설치되어 이곳에 와있습니다. 조금 후에 뵙겠습니다. 혹시 모르니까 간단한 생활용품을 챙겨 대피할 준비를 하세요. 자세한 것은 집에 가서 말씀드리겠습니다.”

한편 검붉은 산성용액이 연못에서 냇가로 흘러가기 시작하였다. 연못과 마찬가지로 냇가 경계면에서 심한 산성 갈색가스가 피어올랐고, 일부 흙과 모래는 검붉은 색으로 바뀌었다. 그리고 질퍽한 흙의 괴용해물이 땅 속으로 스며들었고, 일부는 냇물에 떠내려가고 있었다. 흙과 모래가 녹아내리는 현상은 너무도 충격적이었다. 높은 온도에서나 녹을 수 있는 흙과 모래가 상온에서 녹아내리기 때문이었다. 검붉은 색으로 변한 냇가에서는 수많은 고기들이 죽어 하얗게 떠올랐고, 주변 풀과 식물들도 강한 산성증기로 말미암아 갈색으로 시들어갔다. 검붉은 거품용액은 인근 호수를 향해 갈색가스를 발산하며 흘러내려갔다. 소방관들과 경찰관들은 통제선에서 집결하여 긴급사태를 진정시키려고 우왕좌왕하였지만 아무런 조치를 취할 수가 없었다. 원인을 모르기 때문에 아무런 처치방안을 강구할 수 없었고, 사고현장을 구경하려는 사람들의 접근을 통제할 뿐이었다.

이때 한 아파트 주민이 사고대책상황실에 달려왔다.

“아파트단지에 갈색가스가 하수도에서 분출되고 있습니다. 조치를 취해 주십시오.”

냇가를 타고 내려가던 검붉은 거품용액이 사고대책상황실 인근에 있는 다른 아파트 정화조에서 내려오는 하수도 물을 타고 역류하여 올라가면서 갈색가스를 분출하기 시작하였다. 괴미생물은 주거단지에서 내려오는 폐수에서도 매우 빠르게 증식하였고, 점점 주거단지 지하에 있는 대형 정화조 쪽으로 향해 올라가고 있었다. 하수도에서 발생한 검붉은 거품용액과 갈색가스가 배출구를 통해 조금씩 더 분출되기 시작하였다. 주민들은 쾌쾌한 냄새를 풍기는 산성 갈색가스에 놀라서 집으로 대피하는 사람들도 있었고, 일부는 차를 타고 급히 주거지역을 탈출하기도 하였다. 점점 암석미생물의 증식이 아파트단지의 정화조 중심부를 향하면서 더 심하게 갈색가스가 하수도에서 뿜어져 나왔다. 그때 여러 하수도들이 교차하는 곳에 있던 맨홀의 뚜껑이 여기저기에서 “뻥-뻥-.” 터져 올랐다. 맨홀에서는 많은 검붉은 거품용액과 갈색가스가 동시에 분출되었고, 아파트단지 전체로 퍼져나가기 시작하였다. 이에 놀란 주민들이 우왕좌왕하며 일부는 황급히 건물 밖으로 다른 일부는 집안으로 도망쳐 들어갔다.

이때 경찰들은 관리실에 들어가서 긴급 대피방송을 반복으로 내보내기 시작하였다.

“주민 여러분. 정화조에서 갈색의 독가스가 방출되고 있습니다. 맹독성의 갈색가스가 건물주위에 엄습하여 여러분의 생명을 위협하고 있습니다. 간단한 소지품을 챙겨서 즉시 대피하시기 바랍니다. 지금 각 아파트건물 현관에 긴급 대피차량을 배치하겠습니다. 서두르시기 바랍니다. 다시 알려드립니다. 지금 정화조에서….”

많은 사람들이 트럭이나 버스를 타고 황급히 대피를 시작했고, 일부 가족들은 사고현장을 둘러보다가 주차장으로 달려가서 자기 차를 타고 아파트 단지를 탈출하였다. 또 일부는 너무 당황하여 어떻게 할 줄을 모르다가 다시 집에 들어가 창문을 통해 구호요청을 하는 사람들도 있었다. 거동이 어려운 노인들도 창가에서 구조를 요청하는 모습도 보였다. 상가건물에 있던 사람들도 급히 뛰쳐나와 집으로 가야할지 어디로 피신해야할지 몰라서 우왕좌왕하며 동동거리고 있었다. 일부 주민들은 건물 밖에서 사태를 관망하거나 다른 식구들을 찾고 있었다.

시간이 경과하면서 아파트단지는 점점 사람이 접근할 수 없을 정도로 갈색가스가 깔려있었고, 아파트단지의 지하에 위치한 정화조에서 괴미생물이 폭발적으로 증식하면서 정화조의 구조물이 녹아내리기 시작하였다.

이다도 박사의 부모도 이다도 박사가 오기만 기다리면서 창문 밖으로 계속 쳐다보고 있었다. 갈색가스가 아래층에서 위층으로 서서히 상승하면서 창가에서 아들이 오는 것을 기다리던 할머니가 갈색가스를 마시고 순간적으로 정신을 잃고 다리가 휘청하여 주저앉고 말았다. 이다도 아버지는 놀라서 급히 할머니를 부축하여 계단을 통해 밖으로 나가서 대피버스를 잡아탔다. 이미 대피차량에는 많은 사람들이 타고 있었으나 대부분 겁에 질려 놀란 얼굴들이었고, 일부는 가족을 모두 다 챙기지 못한 사람들도 있었다. 이다도 박사의 부모와 조부모가 탄 대피차량도 곧 출발하였다. 아파트단지를 떠나 10km 밖에 있는 호수초등학교 실내체육관에 대피주민들을 내려놓았다.

늦게 도착한 이다도 박사는 코에다 물수건을 대고 갈색가스를 피하여 허둥지둥 집으로 들어갔다. 부모님과 조부모가 이미 집을 떠난 것을 알았다. 그런데 챙겨놓은 가방이 그대로 있는 것을 발견하고 그 가방을 들고 밖으로 나와 또 다른 대피차량에 편승하여 다른 임시대피소로 향했다. 그곳에는 수많은 사람이 있었고 일부는 입구에서 이름을 등록하고 있었고, 다른 사람들은 대피소 안을 돌면서 가족을 찾는 사람도 있었다. 이다도 박사도 부모와 조부모를 계속 찾았으나 보이지 않았다. 다시 등록대에 가서 대피자 명단을 확인하였으나 이 임시대피소에는 없었다.

이다도 박사는 놀라서 다른 임시대피소 위치와 등록명단을 알고자 하였으나 임시로 파견된 자원봉사자들은 그런 임시대피소 위치와 관련정보를 알지 못했다. 단지 이다도 박사에게 주어진 공간에 가서 조용히 있으라고 할 뿐이었다. 이다도 박사는 혼자 놀라 밖으로 나가서 다른 임시대피소의 위치를 찾아 나섰다.

지방자치단체도 긴급상황을 인지하고 소방당국과 협조하여 재난 통제선 밖에 있는 학교나 교회건물에 임시 대피소를 마련하고 대피한 주민들을 돕고 있었다. 또 긴급투입된 공무원 자원봉사자들을 가동하여 임시대피소를 운영하기 시작하였다.

소방관들과 경찰이 출동하여 긴급상황을 수습하려하였지만 괴현상이 보이지 않은 지하 정화조에서 발생하여 아무도 아무런 조치를 취할 수 없었다. 단지 아파트단지를 통제구역으로 설정하고 거주민에게 긴급대피하라는 방송만 내보낼 뿐이었다. 사고대책상황실에서도 상부에 사고현황만을 보고할 뿐 별다른 조치를 취하지 않고 서성거리고 있었다.

이윽고 검붉은 산성액이 호수에 도달하였다. 검붉은 거품용액은 호수주위를 빠르게 휘감고 번지면서 호숫가 주변을 검붉은 색으로 바꾸었다. 특히 호수와 흙과의 경계면에서는 검붉은 산성 갈색가스가 유난히 강하게 피어올랐고, 강한 산성 용액이 흙과 모래를 끈적끈적한 괴용액으로 만들었다. 그리고 괴용액은 주변 흙 속으로 스며들었다. 시간이 지나면서 호수둑의 흙이 땅 속으로 꺼지면서 둑이 조금씩 무너져 내려앉고 있었다. 불과 1 시간 만에 호수의 경계면에서 수많은 어류들이 죽어 물위에 떠오르고, 수생식물들도 노랗게 타들어갔다. 호수가 죽음의 물로 바뀌었지만 아무도 괴현상을 막을 수 없었고, 사고대책상황실에서는 사고지역의 확대만 파악하여 상부에 보고할 따름이었다. 그때 상부에서 사고대책상황실을 10km

후방으로 철수하여 설치하라는 지시가 내려왔다.

소방본부장은 전화를 받자마자 “여러분, 상부에서 사고대책상황실을 후방으로 철수하라는 명령이 내려왔습니다. 철수준비를 하세요.”

상가건물 밖에는 상황실 요원들의 철수를 위한 차량들이 대기하고 있었다.

그때 상공에는 괴현상을 취재하러 나온 TV 방송국 헬리콥터가 ISO사 연구소와 냇가, 호수, 그리고 인근 주거지역의 상공을 배회하며 사고현장을 전국에 생방송하기 시작하였다.

그리고 또 다른 긴급뉴스가 들여왔다.

“중앙재해대책본부는 그 호수주변과 인근 거주지역을 재난지역으로 선포하고 ISO사 연구소와 상가, 그리고 아파트 주민에게 대피명령을 내렸습니다. 통제구역의 반경도 20km로 확대하여 주민들을 대피시켰습니다.”

호수초등학교 실내체육관에 대피한 이다도 부모는 아들 이다도 박사를 애타게 기다리고 있었으나 나타나지 않았다. 또 다시 통제구역 반경에 20km밖으로 넓혀짐에 따라 대피차량을 타고 20km 밖에 있는 한 교회 내에 설치된 임시대피소로 옮겨졌다.

이다도 박사는 겨우 부모와 조부모가 대피한 곳에 도착하였으나 조금 전에 또 다른 대피소로 옮겨갔다는 것을 알았다. 남아있는 대피요원들에게 어느 곳으로 대피했는지 물어보았으나 알 수 없었다. 밤늦게까지 헤매었으나 허사였다.

18. 김수덕 박사의 집에서

18

김수덕 박사의 집에서

한편 사고 당일 한들한들 바람이 나부끼는 초여름 날 오후 김수덕 박사는 앞마당에서 들꽃을 가꾸고 있었다. 그때 갑자기 사이렌소리가 멀리서 들려왔다. 시골에서는 흔히 들을 수 없는 사이렌 소리였다. 놀란 김수덕 박사는 소리나는 방향으로 눈을 돌려보니 멀리서 여러 대의 소방차가 요란하게 사이렌소리를 내며 ISO사 연구소 주위로 몰려드는 것을 볼 수 있었다. 좀 더 자세히 보니 ISO사 연구소와 호숫가 주변에 연기가 피어오르고 있었고, 소방 헬리콥터가 그 주위를 맴돌고 있었다. 그리고 갈색연기가 인근 호숫가와 아파트단지 주변에도 깔려 있었다. 불이 나겠거니 하고 대수롭지 않게 생각하였다.

“불이 났군.”하고 하던 일을 계속하였다.

그때 부인이 성급하게 남편을 불렀다.

“여보. TV 긴급뉴스를 보세요.”

김수덕 박사는 별일도 아니라는 듯이 “알았어.”하고 하던 일을 계속하였다.

또 부인이 더 소리로 긴급뉴스를 보라고 독촉하였다.

“큰 일 났어요. 우리 동네에서 큰 사고가 났대요.”

그제야 김수덕 박사는 밭에서 일어나 정원 옆에 있는 수돗가에서 손을 씻고 집안 거실로 들어와 긴급뉴스를 보았다.

“ISO사 연구소에서 발생한 괴현상이 호수와 주변 주거지역을 초토화시키고 있습니다. 현재 재해당국은 인근 지역의 주민들을 긴급 대피시켰습니다.”

TV 방송국 헬리콥터는 사고현상을 생생히 보여주고 있었다. 검붉은 거품용액이 냇가와 호숫가에 커다랗게 띠를 이루고 있었고, 또 그곳에서 갈색연기 로 뒤덮여 있었다. 놀란 김수덕 박사는 방송국의 긴급피난 방송내용을 청취하면서 무슨 사고인지 알고 싶었으나 그 원인을 알 수 없었다. 바로 그 때 전화가 왔다.

“저 도이예요. 지금 그곳은 어떠세요? TV 긴급재난방송을 보셨나요?”

김수덕 박사는 다소 황당하다는 어조로 “나도 방금 TV 속보를 보았는데 무언지 잘 모르겠구나.”

그때 김도이가 큰소리로 “지금 피난준비를 하세요. ISO사에서 연구하다가 강한 독가스가 발생하여 호수와 주변을 초토화시켰데요. ISO사 연구소의 반대방향 길로 나와서 저희 집으로 대피하세요.”

김수덕 박사는 아들의 전화를 끊고 다소 느긋했다. 긴급상황으로 보이지 않았기 때문이었다. 그리고 서재에 가서 쌍안경을 가지고 다시 마당으로 나와 ISO사 쪽을 자세히 살폈다.

“큰 일이 벌어지긴 했군.”하면서 집안으로 다시 들어가서 카메라와 대형 망원렌즈, 그리고 삼각대까지 들고 나왔다. 평소에도 김수덕 박사는 고해상도 사진을 찍을 정도로 전문적인 사진을 촬영하기 때문이었다. 무거운 카메라 박스와 삼각대를 들고 마당에 내려와 카메라를 설치하기 시작하였다. 카메라 본체에 500mm 고해상도 망원렌즈와 릴리스(release)를 부착하고 삼각대에 얹혀 놓았다. 그리고 어디부터 찍을지 살피고 있었다. 갈색 연기가 솟아오르는 ISO사 연구소와 인근 냇가와 호숫가, 인근 아파트단지까지 빼놓지 않고 사진을 찍었다. 그리고 검붉은 색으로 변한 연못과 냇가 그리고 호숫가를 더 자세히 찍기 위해 2배 확대렌즈를 추가로 망원렌즈에 부착하고 사고현장의 중심부를 세밀히 촬영하였다.

"대단히 큰 사고인데, 저 검붉은 색이 무엇이지? 생각보다 심각하군."

사고현장에서는 갈색연기가 치솟았지만 불꽃은 보이지 않았다. 화재사고는 아니었다. 물가 주변이 검붉은 색으로 변하는 것으로 보아 물과 관련이 있다고 생각하였다.

TV 속보에서도 ISO사에서 발생한 괴현상이 주변 물가를 초토화시키고 있다고만 말하지만, 그 사고의 원인에 대해서 자세한 설명이 없었다. 주민을 긴급히 대피시키는 것으로 보아 대단히 큰 사고가 발생한 것이 분명한데 무슨 일인지 알 수가 없었다. 아무튼 대피하기로 하였다.

"여보, 서둘러야겠어. ISO사 연구소에서 독가스 사고가 발생했대. 모두들 대피하는 모양이야. 우리도 짐을 챙겨서 도이네 집으로 갑시다."

김수덕 박사와 부인은 간단한 외출복을 서둘러 입고 몇 가지 옷과 세면도구, 지갑, 휴대폰 등을 챙겼다. 그리고 카메라 박스도 자동차 트렁크에 실었다. 언덕 넘어 시골길을 따라 한참 달리다가 조그만 마을로 접어들었다. 이미 마을 대로변에는 다소 많은 대피차량으로 붐비고 있었지만, 마을 다른 한쪽에서는 아무 일도 없다는 듯이 평상시처럼 움직였다. 사고현장과 거리가 떨어져있기 때문에 급하지 않다고 판단한 것 같았다. 생각보다 마을 거주민들의 동요가 심하지 않아서 큰 혼란 없이 마을을 빠져나올 수 있었다. 마을을 통과하여 한참을 달리니 고속도로 진입구가 나왔다. 이미 고속도로 진입로 주변에는 수많은 자동차가 밀려있었지만 생각보다는 교통혼잡이 심하지 않아서 서서히 고속도로에 진입할 수 있었다. 시간이 지나면서 차량은 서서히 움직이기 시작하였다. 일부 차량들이 고속도로에서 엉켜있었지만, 아직 사고지역이 한정되어 있어서 극도의 혼잡은 피할 수 있었다. 김수덕 박사는 아들 김도이가 살고 있는 아파트단지를 향했다. 김도이 박사의 거주지는 SAMi사 인근에 있는 직원을 위한 사원연립주택이었다. 비교적 조용한 주거환경을 가진 곳이었다. 오후 늦게 김수덕 박사 부부는 도착하여 아들 집으로 들어갔다. 아들 김도이가 현관문 앞에서 기다리고 있었다.

김도이는 반가운 얼굴로 "오셨어요? 별 일 없었죠? 오늘 ISO사 연구소에서 큰 사고가 난 것 같아요."

아버지는 궁금하여 "무슨 사고인데 주민대피령까지 내렸냐?"라고 물으면서 집안 거실로 들어왔다.

괴현상이 계속 악화되면서 TV에서는 정규방송을 멈추고 재난방송을 계속 내보내고 있었다.

"오늘 ISO사에서 정체를 알 수 없는 괴이한 사고가 발생하여 인근지역을 초토화시켰습니다. 미생물을 배양하다가 배수구를 통해 정화조에 들어가면서 시작되었다고 합니다. 현재에도 이 괴이한 현상은 호숫가 주변에서 검붉은 거품용액과 갈색연기를 만들어내며 계속 확대되고 있습니다. 더욱 우려스러운 것은 사고현장의 흙이 녹아 땅속으로 스며들면서 일부 냇가와 호수 인근지역의 제방이 무너지고 있고, 주변 아파트단지의 정화조가 녹아내려 건물들이 기울고 있습니다."

TV화면은 ISO사의 건물과 연못, 냇가, 호수 그리고 인근 거주지역을 자세하게 화면으로 보여주고 있었다. 그 광경을 보고 있던 김수덕 박사는 아들에게 "도이야, 저 검붉은 거품용액이 무엇이지. 그리고 여기저기 둥근모양의 물체가 보이잖아. 정말 괴이하네."

김도이도 TV화면을 유심히 들여다보면서 "정말 이상한데요. 잘 모르겠어요."라고 말하며 고개를 갸우뚱하며 아버지에게 다시 질문하였다.

아버지는 방송내용을 유심히 듣고 있다가 "저 괴현상이 물과 흙을 만나면서 더 증폭되는구나. 그런데 미생물이라고 하는데 에너지도 없이 어떻게 증식할 수 있을까? 그리고 저 둥근 물체는 뭐야?"

그리고 김수덕 박사가 아들에게

"자동차에 가서 내 카메라 박스를 들고 오렴. 오늘 사고현장을 자세히 촬영했어. 다시 한 번 보자."

김도이가 카메라를 들고 오자 김수덕 박사는 카메라 본체를 꺼내어 모니터 화면에 나타난 영상을 하나씩 살피고 있었다.

"도이야, 이것 봐라. 냇가와 호수가 주변만 검붉은 색으로 변했어. 갈색 연기도 검붉은 곳에서만 피어올라."

김도이도 한참 자세히 살피다가 그때 김도이 박사가 무엇을 알았다는 듯이 "아버지, 조금 전에 TV에서 암석미생물이라고 했어요?"

김수덕 박사는 당연하다는 듯이 "그래. 암석미생물을 배양하다가 배양액이 정화조에 들어가서 발생한 거라고 하는구나."

김도이는 암석미생물이 규사를 용해시킬 능력이 있는데 그 현상이 증폭되었는지 알고 싶었다. 그리고 고해상도 사진을 면밀히 살펴보았다.

"분명히 암석미생물이 폭발적으로 증식되는 것 같아요."

김수덕 박사는 무슨 말을 하는지 알아채지 못하고 "무슨 소리냐? 미생물이 폭발적으로 자란다고?"

김도이가 확신에 찬 표정으로 "맞아요. 저도 암석미생물을 배양하는데 이 미생물이 규사를 활용해서 규소고분자를 만들어요. 저 정도까지는 아니지만 흙을 용해시킬 수 있는 것은 암석미생물 밖에 없어요."

그제야 알아들었다는 듯이 김수덕 박사는 고개를 끄덕이며 "네 실험실에 있는 암석미생물도 저렇게 폭발적으로 증식하냐?"

김도이는 "아뇨. 저희 암석미생물은 혐기성 미생물이라서 매우 서서히 자라지요."

김수덕 박사는 계속 질문을 하였다.

"일반적으로 지하 암반에서 채집한 암석미생물들은 공기가 없는 곳에서만 자라는 혐기성 미생물인데 어떻게 공기 중에서 폭발적으로 증식하지?"

김도이도 알 수 없다는 듯이 "저도 모르겠어요. 암석미생물이라면 저럴 수 없는데. 혹시 악성변종은 아닐까요."

두 사람은 이번 사고가 암석미생물이라는 점은 확인하였으나 더 이상 설명할 수 없었고, 방재방안도 떠오르지 않았다.

한편 김도이 박사는 ISO사가 이미 암석미생물을 연구하고 있다는 사실에 깜작 놀랐다. SAMi사만 암석미생물을 다루고 있는 줄 알았는데 뒤통수를 맞은 기분이었다. 그렇다면 암석미생물에서 규소고분자를 만들어 반도체소재 개발연구에 착수했다는 말이었다. 김도이 박사는 이 괴이한 사고보다 ISO사의 암석미생물 연구가 마음에 걸렸다. 한참동안 멍하니 TV만 쳐다보고 있다가 '어느 정도지?'라고 중얼거리면서 ISO사의 연구개발 진척이 더 궁금하였다.

암석미생물과 규소고분자에 대한 이런저런 생각을 하다가 갑자기 '그렇다면 우리 암석미생물은 안전한가? 우리 것과 무엇이 다르지?'라고 혼자 중얼거렸다. 이제까지 수차례 배양했지만 아무런 이상이 없었기 때문에 이번 괴이한 사고를 이해할 수 없었다.

또 다시 TV 긴급재난방송이 이어졌다.

"방금 들어온 긴급소식입니다. 사고인근 주민거주지역에 있는 아파트

내 정화조가 내려앉아 인접 아파트 건물이 조금씩 기울고 있다는 소식입니다. 검붉은 거품용액은 흙과 콘크리트 구조물을 녹일 정도로 용해력이 강력해서 사고현장의 아파트 정화조 주변의 구조물과 지반을 조금씩 무너뜨리고 있습니다. 시간이 더 지나면 건물들이 커다란 웅덩이 속으로 무너져 내릴 수도 있으니 아파트 주민은 빨리 대피하시기 바랍니다. 중앙재해대책본부에 연락하여 현재 상황을 알아보겠습니다. 박경빈 기자 나오세요."

"여기는 중앙재해대책본부 입니다. 현재 괴현상은 호숫가와 농경지 주변으로 계속 확대되고 있습니다. 사고 인근지역은 이미 재난지역으로 선포되었고 사고지역에서 반경 20km 내 모든 지역의 출입은 통제되었습니다. 사고지역에 거주하는 모든 주민들은 이미 후방지역의 학교나 교회, 공공시설로 임시대피소로 옮겼고, 일부는 다른 지역으로 피신하였습니다. 하지만 중앙재해대착본부는 아직 이 괴현상의 원인을 알 수 없다고 합니다. 그에 따라 방재대책도 수립하지 못하고 있습니다. 이 괴현상의 피해지역은 계속 확대되고 있어서 머지않아 주변 건물과 시설물의 붕괴로 이어질 것으로 보고 있습니다."

다음 날 더욱 큰 일이 벌어졌다. 모래와 흙을 녹인 끈적끈적한 액체가 땅속 깊이 침투되면서 연못과 호수의 주변의 땅이 푹 꺼져있었다. 여기저기 생겨난 거대한 웅덩이 속으로 주변에 있는 시설물과 도로들, 그리고 나무들이 휩쓸려 들어가고 있었다. 그 웅덩이의 크기가 대단하여 대형 아파트 건물도 삼킬 정도였다. 호수 인근 아파트단지에서는 상가건물이 정화조 근처에 생긴 커다란 웅덩이 속으로 빠져 들어가고 있었다. 그런데 웅덩이 속에서 둥근 도넛 모양의 괴물체가 여기저기 움직이고 있는 것이 발견되었다.

여전히 호숫가와 건물들의 정화조 주변에서는 괴생명체가 증식되었고, 주변 농경지로 확산되었다. 특히 물이 고여 있는 곳에서 유난히 이 괴현상이 뚜렷하게 나타나 있었다. 그리고 점점 더 많은 대형 웅덩이들이 여기저기 생겼고, 그 크기와 깊이를 더해 갔다. 거대 웅덩이들은 계속 늘어났고, 호수나 냇가 그리고 ISO사 연못 속까지 이상한 둥근 물체가 움직이고 있었다. 축구공만한 도넛 같은 둥근 괴물체가 통통 위로 튀면서 움직이는 것도 있었다.

이러한 재앙수준의 긴급사태를 진압하기 위하여 재해비상대책본부와 관련 공공기관, ISO사 연구소, 인근 소방서, 군부대까지 총출동하였으나 뾰족한 방재방법이 없었다. 한마디로 속수무책이었다. 재해비상대책본부가 할 수 있는 일이라고는 주민의 대피와 통제구역의 설정과 교통통제가 전부였다. TV방송국들도 출동하여 이러한 참혹한 광경을 헬리콥터로 사고현장을 계속 중계하였지만 안타까운 모습만 전할 뿐이었다. 그리고 갈색의 둥근 괴물체가 움직이는 것도 보여주었지만 그것이 무엇인지 전혀 알 수 없었다.

ISO사 연구소와 호수 인근 주거지역, 그리고 아파트는 이미 사람과 생물이 살 수 없는 저주의 땅으로 변하였다. 하루 만에 일어난 참혹한 괴현상이었다. 더 이상한 것은 어제 TV에서 보여준 도넛 같은 둥근 괴물체의 수가 대폭 증가하여 호수주변과 ISO사 연못 근처에서 여기저기에서 통통 튀어 다녔다. 도넛 같은 괴물체들의 움직이는 모습은 아이들이 공놀이하면 뛰어노는 모습 같기도 하고, 다른 한편으로 수백만 마리의 붉은 게가 철에 따라 이동하는 것처럼 보이기도 하였다. 헬리콥터 TV카메라는 둥근 괴물체를 더 가까이 접근한 화면을 보여주었다. 자세히 보니 그 모습이 흰 줄이 규칙적으로 그려있는 갈색 도넛 같은 둥근 물체였다. 갈색 괴물체의 외각에는 수많은 가르다란 다리 같은 것으로 둘러싸여 있었다. 아마 그 가르다란 다리들로 통통 튀어 오르면서 움직이는 것 같았다. 모습이 우습고도 귀엽게 생겼으나 방재당국은 접근조차 하지 못하고 속수무책으로 지켜만 바라보고 있었다. 다행이 둥근 물체들은 파괴적인 행위를 불러일으키지 않았지만, 검붉은 거품용액과 갈색가스와 무슨 관계가 있는지 추측조차 할 수 없었다. 일부 활동성이 강한 둥근 괴물체들은 통제선 밖까지 튀어나오는 녀석들도 있었다. 소방관과 군인들이 발로 차서 짓이기려고 하였으나 둥근 괴물체는 요리저리 잘 피해 도망갔다. 마치 함께 게임하듯 이리저리 통통 튀며 움직이고 있었다. 다행이도 둥근 괴물체는 사람들에게 직접적인 피해를 주지는 않았다. 이러한 둥근 괴물체의 발생과 관계없이 재난의 외곽지역에 물이 많은 고여 있는 곳마다 검붉은 거품용액을 뿜어내었고, 갈색가스가 계속 방출되었다.

김수덕 박사는 집에서 TV 긴급방송을 계속 지켜보면서 괴미생물과 둥근 괴물체와 관계가 무엇인지 궁금하였다. 아무래도 서로 상관관계가 있는 듯하였다. 둥근 괴물체는 하루 후에 발생하였기 때문에 거기에 무슨 실마리가 있다고 보았다. 만약 미생물이 모여서 커다란 미생물군집을 만들기 위해서는 시간이 필요하기 때문이었다. 김수덕 박사는 미세녹조류 같은 미생물이 대량 증식되고 난 후 그 녹조류들이 뭉쳐서 커다란 군집형태로 발전하는 모습을 떠올렸다.

'혹시 괴미생물이 증식하여 커다란 도넛 같은 미생물군집로 변형된 게 아닐까?'하는 생각이 머리를 스치고 갔다. 일단 미생물군집을 이루었다면 강렬한 증식활동보다는 휴면상태일 수도 있다고 보았다. 아무튼 괴미생물과 둥근 괴물체의 등장은 방재당국을 더욱 긴장시키고 있었다. 전혀 예기지 못한 형태의 괴현상으로 발전할 수 있기 때문이었다.

19. 비상재해대책위원회 구성

19

비상재해대책위원회 구성

엄청난 환경재앙을 일으킨 괴생명체의 심각성을 인식한 정부도 긴급히 정부부처의 고위간부와 환경전문가, 과학자들로 구성된 비상재해대책위원회를 구성하였다. 괴현상에 대한 과학적 수습대책을 세우고 정부차원의 즉각적인 방재조치를 취할 목적이었다. 정부는 바로 비상재해대책위원회를 소집하고 다각적인 방재방안을 모색하기 시작하였다. 그 위원회에는 행정자치부 손서보 장관과 보건복지부 차관, 환경부 차관, 국방부 차관, 교육과학기술부 차관, 경찰청장, 자연재해대책위원회 위원장, 한국생명공학연구원 원장, 한국환경연구원 원장, 한국수자원공사 사장, 그리고 김춘추 SAMi사 연구소장 등이 참여하였다. 정부는 범부처적으로 대책위원회에 참여하여 괴현상에 의한 긴박한 환경재해를 해결하고자 총력을 기울이는 모습이었다. 김도이 박사의 아버지인 김수덕 박사도 극한환경미생물 전문가를 대표해서 대책회의에 과학위원으로 참석하였다.

비상재해대책위원회의 손서보 위원장은 대책위원회를 개회하고 대책회의를 진행하였다.

"저는 위원장 손서보입니다. 긴박한 환경재해에 중책을 맡아 어깨가 무겁습니다. 참여하신 모든 위원께서는 금번 사태의 심각성을 인식하시어 조속한 대책을 강구해 주시기 바랍니다. 먼저 이번 사태의 발생경위를 들어보겠습니다."

손서보 위원장은 괴현상을 발생시킨 이다도 박사와 이서구 박사를 불러 발생경유를 보고하도록 하였다.

이다도 박사가 회의장 앞 화면 앞에 서서 사고현장과 원인을 더듬거리며 설명하였다.

"ISO사 연구원 이다도입니다. 금번 사태를 일으켜 크게 송구스럽게 생각합니다. 저희들은 지하암반에서 채취한 암석미생물을 배양하는 과정에 황산철이라는 금속염을 넣었는데, 이 미생물이 공기 중에서 돌발적으로 증식하면서 이번 괴현상으로 발전했습니다. 아직 괴현상의 정확한 원인을 모르고 있습니다…. 저희들이 알고 있는 모든 정보를 제공하여 괴현상을 조기에 차단할 수 있도록 최선의 노력을 다하겠습니다."

이다도 박사의 사태발생의 경위를 설명하였지만 모든 위원들은 괴현상의 정체도 몰랐고, 또 최근에 나타난 둥근 괴물체와 무슨 관계인지 몰라서 눈만 깜박이며 아무런 방재대책을 제시할 수 없었다. 비상재해대책위원회 손서보 위원장이 말을 이어갔다.

"이번 발생한 환경재해이자 괴현상은 사고발생지역에서 인근 주거단지를 넘어 농경지까지 계속 확대되고 있어서 국가안전에도 크게 위협하고 있습니다. 정부당국은 가능한 모든 방재수단을 동원해서 조속히 괴현상을 차단하고 원상복구할 계획입니다. 비상재해대책위원회에 참여하신 정부부처 관계자와 전문가들께서 모든 지식과 방재수단을 총동원하여 조속히 금번 환경재해의 수습방안을 제시해 주시기 바랍니다."

비상재해대책위원회 회의에에 참석한 환경전문가와 미생물전문가들도 이러한 괴현상을 한 번도 경험하지 못했기 때문에 뚜렷한 방재대책을 바로 내놓지 못했다. 괴생물과 둥근 괴물체에 대한 차단방법을 논의하면서 과학적인 접근방법보다는 우선 극단적인 방재방안을 동원하자는 쪽으로 의견이 모아지고 있었다.

손서보 비상재해대책위원회 위원장은 “지금 재해지역이 계속 확대되고 있지만, 별다른 방재대책이 보이지 않습니다. 다소 극단적인 방법이지만, 먼저 군당국이 보유하고 있는 화생방 무기와 장비를 동원하면 어떨지 여러분의 의견을 듣겠습니다.”

처음에는 환경학자들이 화생방 무기를 사용하는 것에 대해 적극 반대하였으나, 사태가 확대되고 대피지역과 대피주민의 수가 급증함에 따라 위원들은 화생방 무기를 허용할 수밖에 없다는 쪽으로 기울었다. 비상재해대책위원회에서는 군당국에게 시범적으로 호숫가에 석유와 네이팜탄까지 뿌려 주위 흙과 모래를 완전히 태워서 괴생물을 제거하도록 요청하였다. 이 방법이 성공하면 더 확대할 방안이었다. 하지만 이것도 여의치 않으면 강한 알칼리성 화학약품이나 강력한 항생제, 심지어 화생방 무기까지 대체 투여할 계획도 차선책으로 마련하였다.

군당국은 수십 대 헬리콥터에 네이팜탄을 가득 싣고 괴현상이 발생한 호수와 웅덩이 주변지역에 다량의 석유를 뿌리고 이어서 강력한 네이팜탄을 집중 투여하여 지상 위에 있는 모든 것을 태웠다. 일차적으로 투여한 네이팜탄은 괴생물과 둥근 괴물체를 대부분 연소시켜 괴현상의 증폭을 일시적으로 막을 수 있었다.

군당국은 네이팜탄이 어느 정도 효과가 있다고 판단하여 대상지역을 넓히고, 2차, 3차로 석유와 네이팜을 투여하여 모든 생명체를 연소시켰다. 엄청난 불꽃이 솟아오르고 땅위에 있는 나무와 동물 그리고 괴생명체 모두를 지글지글 태웠다. 일단 성공적인 듯 보였다. 하지만 시간이 지나면서 괴현상은 다시 발생하였다. 네이팜탄은 괴생명체를 비가역적으로 차단할 완전한 방재방안이 아니었다.

하지만 하루가 지나면서 땅 속에서 남아있던 일부 괴미생물이 다시 힘을 얻어 다시 증식을 시작하면서 거품용액과 갈색가스를 내뿜었다. 그리고 이상하게도 전에 없었던 도넛 모양의 괴물체 대신 울퉁불퉁한 작은 공

모양의 괴물체가 새로이 보이기 시작하였다. 또 다른 형태의 괴물체가 나타난 것이었다. 이것은 통통 튀어 오르지도 않고 짧은 다리군집으로 이곳저곳으로 굴러다녔다. 네이팜탄의 강한 화염의 영향으로 도넛 모양의 괴물체가 울퉁불퉁하게 변형된 것으로 보였다. 그런데 이 작은 공 같은 괴물체가 놓여있는 물가에서는 그 주위로 더욱 강력한 거품용액과 갈색가스가 방출되면서 흙과 모래를 녹이고 있었다. 마치 괴미생물과 울퉁불퉁한 괴물체가 힘을 합해서 화염에 강력하게 대항하는 것 같았다. 결과적으로 네이팜탄을 투여하여 더 강한 괴물체를 등장시킨 셈이었다.

비상방재대책위원회는 네이팜의 투여를 전 재해지역을 확대하면 가능하다고 1차 보고하였으나, 정부당국은 재해지역의 반경이 너무 넓고, 괴현상이 다시 재현된다는 점을 들어 다른 대안을 찾도록 지시하였다.

그 다음으로 화학적인 방재방안을 시도하기로 하였다. 우주인처럼 온몸을 감싸고 방독면을 착용한 방재요원들이 가성소오다 용액을 특수차량에 가득 싣고 호숫가와 대형건물의 정화조 근처에 접근하여 강한 알칼리용액을 뿌리기 시작하였다. 네이팜탄보다는 조용히 진행되었지만 괴생명체의 증식억제는 더 효과가 더 지속되었다. 특히 울퉁불퉁한 괴물체의 출몰이 현저히 떨어졌다. 괴생명체가 알칼리용액의 투척지역에서 괴미생물의 세포증식이 불가능하였고, 그에 따라 괴미생물들이 모여 군집을 이룰 수 없기 때문이었다. 하지만 3일이 지난 후 투척된 알칼리용액이 흙과 섞여 약화되면서 땅속으로부터 괴현상이 다시 발생하기 시작하였고, 울퉁불퉁한 괴물체가 다시 나타나기 시작하였다. 물론 계속해서 화학적인 방재방안을 시행할 수 있었지만 화학약품의 독성이 너무도 강하고 방대한 량의 알칼리용액이 요구됨에 따라 이 방재방안도 강행할 수 없었다. 마지막으로 화생방 작전이 남아있었다. 군당국은 화생방 무기의 사용을 고려하기 시작하였다. 하지만 비상방재대책위원회 위원들은 강력히 사용을 막았다. 설령 화생방 무기로 괴생명체를 박멸해도 그 지역의 주민과 거주지, 농경지 등에 수십 년 동안 지속적인 폐해를 남기기 때문이었다. 이러한 우려사항을 받아드려 화생방 무기는 마지막 수단으로 남겨 놓았다. 그 대신 미생물의 증식을 억제하는 강력한 항생제를 투여하기로 하였다. 이상하게도 시범적으로 살포한 항생제들이 괴생명체에게 전혀 작동하지 않았다. 규소기반 생명체이기 때문이었다.

2차 비상방재대책위원회 회의에 참석한 김수덕 박사는 딴 생각에 머물러 있었다. 괴생물체의 출현이 서식조건과 연관성이 있다고 생각하면서 두 가지 괴현상의 원인을 곰곰이 생각하였다. 어떻게 혐기성 미생물이 공기 중에서 폭발적으로 증식할 수 있을까? 그리고 왜 괴미생물이 도넛 모양의 괴물체와 울퉁불퉁한 공 형태의 괴물체로 돌변할까? 분명이 서로가 밀접한 상관관계가 있다고 보았다. 회의 중에도 암석미생물과 괴물체에 대한 생각이 떠나질 않았다. 한참 후 김수덕 박사는 괴물체의 출현은 암석미생물의 잠재적인 유전특성이 환경요인과 연관이 있다고 판단하였다. 그 결과 외부환경조건에 따라 유전특성의 발현이 다르게 나타나 전혀 다른 변종 괴물체를 출현시킨다고 보았다. 결국 괴미생물과 2종류의 괴물체 같은 암석미생물에서 출발한 동일한 생명체라고 보았다.

김수덕 박사는 무엇을 알아냈다는 표정으로 '혹시 암석미생물이 공생체일 수도 있어.'라고 중얼거렸다. 그리고 김수덕 박사는 이중적 특성을 가진 공생체를 떠 올렸다. 한 생명체 속에 침투하여 복합 생명체를 구성했다가, 서식조건이 좋아지면 원래 형태의 생명체로 환원하면서 폭발적으로 증식하였다고 추정해 보았다. 그 괴생명체가 박테리아나 바이러스일 수도 있지만 흙과 모래까지 녹일 수 있는 유별난 별종의 생명체로 보았다.

그리고 김수덕 박사는 '괴생명체가 충분히 증식한 다음 제2 성장주기로 넘어갈 수 있어.'라고 생각하고 변화무쌍한 괴생명체의 환경적응력과 그 변신이 궁금해졌다.

괴물체로의 2차 변신은 녹조류의 행태와 비슷하였지만 동물의 발생과 세포분화와도 일부 연관이 있다고 생각하였다. 그 과정에서 성장주기와 서식조건에 따라 유전적 특성이 다르게 발현된 결과로 해석하였다. 그 결과 이 괴미생물들이 충분히 증식되고 나면, 제2의 성장주기로 넘어가면서 서식조건에 따라 특정 형태를 가지는 미생물 군집체나 괴물체의 출현으로 이어진다고 판단하였다. 도너스 형태의 괴물체와 공 모양의 괴물체가 주어진 환경에 따라 모양과 행태가 달라질 수 있다고 본 것이다. 더 나아가 지구생물의 행태가 아니었기 때문에 외계생명체일 가능성까지 열어 놓았다.

그 날 밤 재난상황실에 돌아온 김수덕 박사는 아들 김도이 박사에게 전화를 걸어 괴현상을 상의하였다.

"내 생각으로 물과 흙에 반응하는 점으로 미루어 보아 암석미생물 하나만 개입된 것 같지 않다. 두 개 다른 생물체들이 상호 연계된 괴현상일 가능성이 있어. 혹시 두 생명체가 결합된 공생체이지 않을까? 암석미생물을 배양할 때 무슨 이상한 점을 관찰한 일이 없었냐?"

김도이 박사는 "공생체요? 저희는 괴현상을 관찰하지 못했는데요."

김수덕 박사는 걱정스러운 말투로 "혐기성 미생물이 공기 중에서 증식한다는 점이다. 그리고 연못과 호수 중앙에서는 괴현상이 적고, 물과 흙이 만나는 경계면에서 괴생명체가 활발히 증식하는 것으로 보아, 흙 속에 있는 어떤 물질이 암석미생물의 증식을 촉발시키는 것 같이 보인다. 그리고 더 중요한 것은 괴미생물의 성장주기에 따라 2차적인 형태를 만들고 그에 따른 행태가 발생하는 것 같다. 그것이 바로 괴물체들이 출현한 이유일 수도 있어."

김수덕 박사는 괴물질을 수거하여 배양실험을 시도해야한다고 보았다. 그리고 김도이에게 "아무래도 전문가로 구성된 과학실무대책반을 구성해야겠다. 단순사고가 아니고 미지의 괴현상을 이해하기 위해서는 과학적인 접근이 필요해. 내일 비상방재대책위원회에 건의할 생각이다. 아무래도 전문가를 투입해서 장기적인 대책도 함께 세워야겠다. 너도 대책위원으로 추천하겠다. 알고 있어라."

김도이 박사는 "알겠습니다. 괴생명체와 괴물질의 시료를 채취해서 심층분석을 해 볼게요."

그날 저녁 늦게 비가 오고 바람이 부는 음산한 밤이었다. 괴생명체는 비바람을 만나면서 그 세력을 더욱 넓혀 가기 시작했다. 특히 강한 바람을 타고 먼 지역까지 날아감에 따라 괴생명체의 피해지역이 걷잡을 수 없이 더욱 확대되었다. 그 범위가 수습할 수 없을 정도로 급속도로 확대되었고, 더 나아가 평야지대의 논까지 번졌다. 물이 없는 도심지역에서는 괴현상의 정도가 약했지만, 호수와 강, 저수지와 농경지 인근지역에서는 특히 괴생명체가 폭발적으로 증식하였다. 논으로 옮겨간 괴생명체는 괴현상을 크게 증폭하면서 검붉은 용액과 강한 산성의 갈색증기를 뿜으면서 계속 확산하였다. 벼농사에 한창이던 농부들에게는 하늘에서 날벼락이 떨어진 거나 다름없었다. 괴현상은 빠른 속도로 드넓은 논들을 점령하였고 벼를 검붉게 타들어가게 하였다. 일부 논에서는 강한 산성 증기가 자라던 벼를 새까맣게 말려 죽였다. 다음 날 아침 농부들은 출입통제선 안쪽으로 들어와 논농사 평야에 나와 새까맣게 타버린 황량한 암흑 평야로 바뀐 모습에 땅을 치고 울부짖었다. 농부들은 대피요원들과 경찰의 저지에도 아랑곳하지 않고 논경지에 들어와 처참한 재해현장을 맥없이 쳐다보고 또 쳐다보았다. 그때마다 그리고 도넛 모양의 둥근 괴물체가 여기저기 뛰어 다니며 농부들 근처로 접근하였다. 농부들은 겁이 나서 허둥지둥 뛰어서 통제선 밖으로 도망쳐 나갈 수밖에 없었다.

하지만 바람을 타고 검붉은 괴미생물은 인접 논으로 계속 번져갔다. 이곳저곳에서 땅이 꺼지고 거대한 웅덩이들이 계속 발생하였고, 그 웅덩이 속에는 도넛 모양의 괴물체들이 바글바글 모여서 이리 튀고 저리 뛰었다. 마친 음산한 악마의 소굴과 같았다. 도심지역보다 괴현상의 증식속도가 훨씬 높았다. 인근에 있는 농가와 농산물 창고까지 커다란 웅덩이 속으로 빠져들어 저장해 놓은 농산물도 모두 잃은 곳에 있었다. 호수와 벼농사 인근지역은 사실상 사람이 살 수 없는 공포의 재난지역으로 변모하였다. 이제 괴현상은 거대한 국가적인 환경재앙으로 발전하였고, 인명과 가옥 그리고 농경지를 파괴함으로서 죽음의 공포로 엄습하였다.

인근 농민과 주민은 물론 소방관과 경찰관, 그리고 화생방 군부대까지 철수할 수밖에 없었다. 무방비 상태에서 괴현상은 점점 넓은 지역으로 확대되어 갔다. 공상그림에서 보던 외계행성의 표면과 같이 울퉁불퉁하고 시꺼먼 표면에서 살인적인 증기까지 피어오르는 황량한 암흑지대로 변모시켰다. 죽음의 지옥이 따로 없었다. 점점 괴현상은 국가적 위기로 치달았고, 인근 주민들뿐 만아니라 다른 지역주민들도 두려움과 공포에 빠지기 시작하였다.

세계 각국은 처음에는 이 괴생명체가 만들어내는 괴이한 현상을 관망만 하고 있었으나, 그 피해범위와 확산속도가 걷잡을 수 없이 커짐에 따라 자국의 보호책을 마련하기 시작하였다. 맨 먼저 항공기와 외래 무역선박의 입국을 선별적으로 봉쇄하였고, 육상의 모든 국경을 통제하기 시작하였다. 모든 국가가 국제공항에서 화물항공기의 이착륙을 금지시켰고, 외국공항도 선별적으로 민간항공기의 이착륙을 통제하였다. 전 세계가 교통대란으로 이어졌고, 세계 경제 역시 한순간에 대혼란에 빠졌다. 수많은 여행객들이 각국의 국제공항에서 발이 묶여 아수라장이 되었고, 오도 가도 못하는 여행객의 일부는 여행경비가 다 떨어져 당장 숙식을 걱정해야했다. 일부는 공항과 인근 식당에서 먹을 것을 구걸하였고, 공항로비에서 잠을 잘 수밖에 없었다. 무역선박과 화물항공기까지 운항이 정지되면서 생활필수품의 공급까지 막히면서 식량수입국은 먹거리 확보에 총력을 기울이고 있었다. 순식간에 괴생명체의 출현은 국제적인 긴급현안으로 대두되었고, UN차원이 긴급회의를 개최하였으나 구체적인 대책을 찾지 못했다. 괴생명체의 출현한 원인을 모르고, 그 방재대책이 없었기 때문이었다.

한편 정부당국은 대피지역의 반경을 50km로 더욱 넓히면서 피해 논경지와 인근 농촌지역과 가까운 도시까지 봉쇄하였다. 인근 지역의 도시주민들과 농민들도 강제 대피시키기로 결정하였다. TV에서는 재난방송을 계속 내보내면서 재난지역에서의 대피요령과 대피 교통수단과 임시대피소의 위치를 알려주고 있었다.

"여기는 국가 재난방송입니다. 지금 참담한 환경재해가 계속 번지고 있습니다. 재난지역 반경 50km안에 거주하는 주민들은 빠른 시간 내에 최소한 생활도구와 용품을 가지고 임시대피소로 가시기 바랍니다. 그리고 재난지역의 모든 관공서와 학교는 휴무임을 알려드립니다. 임시 대피소는 다음과 같습니다."

또한 경찰차와 소방자동차들도 스피커를 달고 주거지역을 돌며 대피방송을 보내고 있었다.

"웽--. 알려드립니다. 지금 재난대피령이 내려졌습니다. 주민께서는 최소한의 생활용품을 가지고 임시대피소로 대피하시기 바랍니다. 웽--."

큰 도시들과 농촌 마을들에서 집을 뒤에 두고 떠나는 피난민들이 수없이 많았다. 일부는 버스와 군수송차량을 타고 재난지역을 탈출하였다. 도심의 피난차량이 대거 몰리면서 교통체증으로 고속도로가 아수라장이 되었고, 인근 모든 도로들의 교통흐름이 막혀서 대피도 용이치 않았다. 그리고 논과 인접한 고속도로와 일반 국도를 괴현상이 엄습하여 차량들이 통제구간들이 계속 늘어났다. 피난민들도 심리적 동요가 일어나 극도의 공포와 혼란뿐이었다. 더구나 대규모 피난민의 발생으로 이들을 수용할 임시수용소도 턱없이 부족하였다. 그래서 일부 피난민들을 학교와 체육관, 공원에 들어갔고 어떤 이들은 들이나 야산으로 피신하기 시작하였다. 정부당국은 이대로 방치하며 국가적 환경재난을 넘어 국민의 안전과 경제활동, 교육 그리고 모든 일반시민의 일산생활에까지 위협하는 단계에 도달한다고 판단하였다. 더 나아가 국가의 영토보전과 국민의 생존권까지 위협할 수 있다고 보고, 정부당국은 극단의 조치까지 염두에 두고 있었다.

급한 정부당국은 전 세계 환경미생물학자들과 영상회의를 통하여 다양한 방재기술과 퇴치방안을 찾고자 하였지만, 처음으로 관측되는 괴현상이었기에 국외 전문가들도 뚜렷한 방재방안을 내놓지 못했다. 정부당국은 국내외 모든 채널을 가동하여 다각적으로 괴현상을 차단하고자 노력하였으나 이 역시 모두 허사였다. 그러한 가운데 괴현상은 하루에 100미터씩 더 확대되었고 바람에 의해 1km까지 번지는 곳도 있었다. 또 비상재해대책위원회는 괴생명체의 차단조치뿐 만아니라 대규모 주민이동계획을 넘어 국가탈출계획까지 수립해야할 정도였다.

비상재해대책위원회는 김수덕 박사가 건의한대로 과학실무대책반을 구성케 하고 그 사무실과 실험실을 SAMi사 연구소에 두기로 하였다. SAMi사 연구소가 재난지역에서 멀리 떨어져 있었고, 암석미생물의 전문가들이 있기 때문이었다. 정부당국은 극한환경미생물과 괴생물의 억제를 위한 관련 실험도 SAMi사에서 수행할 수 있도록 조치를 취했고, 과학실무대책반의 반장으로 김수덕 박사를 임명하였다. 전문적인 환경지식과 현장경험을 가졌고 다양한 과학분야의 연구경험을 인정해서였다. 김도이 박사와 이서희 박사도 SAMi사 대표로 과학실무대책반에 합류하여 회의에 참석하였고, 괴현상을 만들어낸 ISO사 이다도 박사와 이서구 박사도 실무위원으로 참석시켰다. 이는 괴현상에 대한 발생경위를 설명하고 방재대책에 필요한 사전정보를 제공하기 위해서였다. 물론 사고발생에 대한 문책이 필요하였으나 사태가 너무 급박하여 우선 과학실무대책반에 합류시켜 괴생물의 차단방안을 마련하는데 도움을 주도록 배려하였다. 그리고 Sub-P사의 암석미생물 전문가인 박수지 박사도 함께 참석하였고, 극한환경미생물과 환경전문가와 국립환경연구소의 전문가도 과학실무대책반에 합류하여 괴생명체의 과학적인 방재대책을 찾기로 하였다.

과학실무대책반은 첫 모임을 가졌다. 여러 전문가들이 SAMi사 연구소

회의실에 모여 서로 악수하며 통성명을 하였다. 그리고 박수지 박사도 김도이 박사 옆에서 다른 연구자의 소개를 받고 명함을 교환하고 있었다. 이서희 박사도 반갑게 박수지 박사와 인사하고 통성명하였으나, 김도이 박사와 박수지 박사가 만나서 서로 반갑게 대면하는 모습을 보고 이들 사이가 이미 친구관계를 넘었다는 것을 직감하였다. 모두들 자리에 앉아 회의를 시작하였다. 그리고 회의에 앞서 연구현장에서 실무를 지휘할 조정반장으로 김도이 박사를 선출하였다. 그때 박수지 박사의 얼굴에 웃음이 가득했고 뿌듯하다는 표정이었다. 그 모습을 본 이서희 박사는 고개를 돌리며 애써 김도이 박사를 마음에서 지우려는 듯 시선을 책상 위에 놓여 있는 메모지에 괜한 낙서만 하고 있었다. 얼굴은 어두웠고 무슨 결심을 한 듯 입을 꼭 다물고 있었다.

김수덕 반장은 과학실무대책반 전체회의를 주재하면서 이다도 박사에게 사고발생경위를 요청하였다.

"먼저 괴현상의 발생경위를 듣겠습니다. 이다도 박사께서 어떤 상황에서 발생했는지 보다 구체적이고 과학적인 설명을 부탁합니다."

이다도 박사는 고개를 숙이고 기가 꺾인 모습으로 힘없이 서서 사고경위를 또 다시 설명하였다.

"이러한 환경재해를 만들어 죄송합니다. 금번 환경사고의 발생경위를 설명하겠습니다. ISO사에서는 반도체소재를 개발하기 위해 지하암반에서 추출한 혐기성 호열균의 배양조건을 최적화하는 중이었습니다. 여러 배양배지조건을 만들어 실험하던 중 황산철을 배지에 넣고 혐기성 호열균을 접종하자마자 배양액이 부글부글 부풀어 올랐습니다. 그래서 배양플라스크를 혐기성 미생물의 배양챔버에서 꺼내어 공기 중에 내놓으니 괴현상이 돌발적으로 증폭되어 배양액이 치솟았습니다. 급한 마음에 배양용기를 싱크대에 놓고 수돗물로 씻어 내렸습니다. 처음에는 대수롭지 않게 생각했으나 결국 괴생물이 정화조로 내려가면서 폭발적 증식으로 이어졌고 이러한 환경재해로 확대되었습니다. 이렇게 큰 환경재앙으로까지 발전할 줄은 몰랐습니다."

Sub-P사 박수지 박사는 "그 지하암반 미생물의 원서식지가 어딥니까?"

이다도 박사는 SAMi사가 사용하고 있는 암석미생물의 출처와 비슷하여 말하고 싶지 않았으나, 박수지 박사의 예리한 질문을 피할 수 없었다. 이미 온 몸에 땀이 흘리기 시작하였고, 너무 긴장하여 다리가 굳어질 지경이었다. 그래도 정신을 가다듬고 대답을 이어갔다.

"제주 남쪽 석유탐사 7광구에서 지하 3,500m에서 채굴한 암석에서 추출했습니다. 저희들은 이 혐기성 암석미생물 유래 규소고분자를 찾고 있었습니다."

SAMi사 이서희 박사는 "혐기성 미생물이 아닙니까? 그리고 황산철과 암석미생물과 무슨 연관성이 있기에 폭발적인 괴현상이 나타난 것이죠?"

이다도 박사는 머뭇거리며 "그 이유는 알 수 없습니다. 황산철 용액을 넣자마자 샴페인 병의 뚜껑을 열 때처럼 바로 배양액이 부풀어 올랐고, 이어서 갈색의 강한 산성증기도 함께 발생했습니다."

박수지 박사는 "혹시 ISO사에서 미지의 미생물을 다룰 때 P4실험실에서 연구를 수행했나요?"

이다도 박사는 미안하다는 듯이 "일반실험실에서 배양실험을 했습니다. 저희 연구소에서는 맹독성을 가졌다는 보고가 없으면 신규 미생물이라도 일반실험실 배양이 허용되었습니다."

김도이 박사는 배양실험을 P4실험실에서 진행하지 않은 것이 문제였다고 생각하였다. 만약 P4실험실에서 암석미생물을 배양하였다면 괴미생물을 태워서 내보내기 때문에 이런 사고를 사전에 막을 수 있다고 보았다. 한편 ISO사 이다도 박사의 암석미생물이 SAMi사의 김도이 박사가 연구하고 있는 암석미생물과 거의 같은 종의 혐기성 미생물이라는 것을 바로 알아챘다. 속으로 SAMi사의 암석미생물(X-21)도 황산철 성분을 넣으면 괴생명체가 발생할 수도 있었겠다고 생각하면서 "혹시 괴생물의 증식억제방안을 알고 있습니까?"

이다도 박사는 땀을 뻘뻘 흘리며 "암석미생물에 대한 연구가 막 시작되어 증식억제방안을 생각할 겨를이 없었습니다. 단순하게 생각하여 항생제를 일차 투여해보았으나 일반미생물과는 너무도 달라 항생제가 작동하지 않았습니다."

과학실무대책반은 괴미생물의 증식을 억제할 방안을 다각도로 상의하였으나 뚜렷한 해결책이 보이질 않았다. 그래서 김수덕 박사는 괴미생물과 괴물질을 최우선적으로 확보하고 그 특성을 SAMi사의 P4실험실에서 배양하면서 억제수단을 찾아보자고 제안하였다.

다음 날 방재당국의 허가를 얻어 김도이 박사는 이서희 박사 그리고 박수지 박사와 함께 괴미생물과 괴물질 시료를 채취하러 호숫가 인근의 재해현장에 나갔다. 모두 우주인과 같은 방재복과 방독면을 쓰고 호숫가에 접근하여 검붉은 거품용액과 녹아내린 괴물질, 그리고 도넛 형태의 괴물체와 공 모양의 괴물체들을 채취하였다. 그리고 근처의 커다란 웅덩이에도 갔다. 웅덩이의 크기가 놀라웠고 어떤 것은 화산폭발처럼 거대한 웅덩이같은 규모도 있었고, 강한 산성의 갈색가스가 분출하는 모습은 마치 화산의 잔여 후속분출과도 같았다. 이미 커다란 건물이 웅덩이 속으로 넘어져 파묻혀 있는 모습도 멀리 보였고, 도로가 절단되어 웅덩이에 침몰된 곳도 있었다. 이들은 웅덩이 외곽에서 용융된 끈적끈적한 괴물질과 괴미생물, 괴물체들을 추가적으로 조심스럽게 채취하여 불소고분자인 테프론(tefron) 용기 속에 넣었다. 다행이도 괴미생물은 테프론 용기 속에서는 증식이 일어나지 않았다.

김도이 박사는 박수지 박사에게 괴미생물의 배양조건을 조사하게하고,

이서희 박사에게는 괴물질의 구성성분과 화학구조를 분석을 요청하였다. 우선 황산철과 흙 성분이 괴미생물의 폭발적인 증식과 연관이 있다는 가정을 하고 여러 농도의 황산철과 흙이 포함된 배지에서 괴생물의 배양실험을 P4실험실에서 재현하기로 하였다. 괴미생물을 배양하는 플라스틱용기는 테프론 용기 안에 2중으로 넣어 설령 배양액이 넘친다해도 테프론 용기 밖으로 배출되지 않도록 충분한 안전조치를 취하고 배양실험을 수행하였다. 맨 먼저 박수지 박사는 공기 중에서 극소량의 황산철과 흙 성분이 들어있는 소량의 배양배지에다 괴생물을 접종하고 변화를 관찰하였다. 이때 매우 희석된 배양조건이었지만 괴생물이 활발히 증식하면서 배양액이 검붉은 색으로 바뀌고 조그만 기포가 부글부글 끓어오르는 것을 관찰할 수 있었다. 그리고 테프론 배양용기 대신 유리배양용기에서 배양을 시도하였을 때는 괴생명체가 유리를 조금씩 부식시키는 것도 관찰할 수 있었다. 매우 약한 배양조건이었기 때문에 배양된 괴미생물의 배양액을 쉽게 차단할 수 있었고, 배양이 끝난 후에는 소각로에서 태워 괴미생물을 완전히 제거하였다.

박수지 박사는 '그래. 바로 암석미생물이야. 그런데 이 암석미생물이 어떻게 이런 괴현상으로 발전했지?'

아무리 생각하여도 혐기성 호열균이 공기 중에서 황산철과 흙을 만나서 폭발적으로 증식하는 것을 이해할 수 없었다.

이서희 박사는 "흙속에 철분 성분이 얼마나 있는지 알았으면 해요."

화학분야에도 경험이 많은 김도이 박사는 바로 "지표면에 있는 대부분의 흙은 철분을 상당량 가지고 있습니다. 아마 암석미생물도 이 철분을 활용하고 있다고 봅니다. 어떻게 활용되는지는 모르지만 암석미생물이 증식하기에 꼭 필요한 성분 같아요."

옆에 있던 박수지 박사는 또 다른 제안을 했다.

"우선적으로 괴미생물의 유전적 속성을 알아야한다고 봅니다. 유전적 특이성을 알아야 다른 생물과의 연관성을 찾을 수 있기 때문입니다. 김 박사님. 이 괴생물체의 유전체 정보를 알아야겠습니다."

김도이 박사도 같은 생각이었다. 김도이 박사는 이다도 박사에게 괴생물의 유전정보를 제출하도록 요청하였고, 이다도 박사는 ISO사의 경영진의 허락을 득하여 ISO본사 제3의 예비컴퓨터에 저장된 암석미생물 유전정보를 과학실무대책반에 제출하였다. 한편 박수지 박사에게는 괴물질의 정제를 요청하였고, 이서희 박사에게는 괴미생물과 괴물체들로부터 DNA를 추출하여 서열분석을 요청하였다. 그 날 오후 박수지 박사는 괴미생물이 배출하는 괴물질을 물에 녹인 후, 알코올 침전물을 분리하여 2 종류의 규소고분자를 분리하였다. 하나는 점도가 낮은 규소고분자였고, 다른 하나는 점도가 높은 규소고분자였다. 각각의 생체기능은 알 수 없었다. 박수지 박사는 점도가 두 시료를 중수(重水)에 녹여 NMR분석실에도 보냈다. 하지만 이서희 박사는 괴미생물과 괴물체들에서는 분리한 것은 점도가 높은 규소고분자이 대부분이었지만, 실험기술이 좋은 이서희 박사는 규소고분자를 제거하고 소량의 DNA를 겨우 분리할 수 있었다.

다음 날 DNA분석실 김소라 박사와 NMR분석실 장미리 박사가 일차 분석결과를 과학실무대책반 가지고 왔다. 김도이 박사는 이서희 박사와 박수지 박사와 함께 김소라 박사의 DNA분석결과를 경청하였다.

김소라 박사는 다소 흥분된 어조로 "놀랍게도 괴미생물과 괴물체들이 동일한 DNA를 가지고 있습니다. 도넛 모양의 괴물체와 공 형태의 괴물체 모두가 괴미생물로부터 출발했습니다.

김도이 박사는 의아한 표정으로 "정말요? 모두가 같은 DNA를 갖고 있나요? 그렇다면 괴미생물의 군집체였다는 말입니까?"

박수지 박사가 무엇을 알았다는 듯이 "아마 그럴 가능성이 있어요. 그러니까 괴미생물들이 독립적으로 생존하다가 세포수가 많아지면서 군집체를 형성했다는 말이군요. 간혹 녹조류에서 발견되곤 하는데 이는 미생물과 고등생물들의 중간단계의 생명체처럼 행동할 때도 있어요."

김도이 박사가 고개를 끄덕이며 "그렇다면 서식환경에 따라 군집체의 형태가 달라졌다는 말이군요. 형태가 다르면 괴물체들의 행태도 다른가요? 아무튼 놀랐습니다."

괴미생물은 일반 미생물과는 완전히 다른 생명체였다. 미생물처럼 독립적으로 서식하다가 환경이 좋으면 대량으로 증식하여 군집체를 만들어 고등생물처럼 활동하고 있었다. 미생물도 아니고 고등생물도 아니었다.

김소라 박사는 다시 말을 잇는다.

"더 이상한 점이 있어요. 괴미생물의 DNA염기서열가 SAMi사 암석미생물 X-21의 DNA서열과 비교하였을 때 96.5%나 일치합니다. 유전체 DNA의 크기까지도 거의 비슷합니다. 분명히 괴미생물이 SAMi사의 암석미생물과 밀접한 연관관계가 있어요."

김도이 박사가 깜짝 놀라면서 "아니 그럴 수가. 어떻게 암석미생물 X-21과 괴생명체의 DNA가 같을 수 있지요? 혹시 contamination?"

이서희 박사는 단호하게 "절대로 아닙니다. 저희 DNA가 섞일 수가 없습니다."

김도이 박사는 꼼꼼하고 차분한 이서희 박사가 그런 실수를 하지 않는다는 것을 잘 알고 있었다. 그래서 다른 가능성을 생각해야 했다.

"그렇다면 같은 종의 암석미생물이라는 말입니까?"

공교롭게도 그 괴미생물이 SAMi사가 연구하고 있는 암석미생물 X-21과 매우 유사하다는 점이었다. 그때 김도이 박사는 남해 제7광구에 있는 석유시추선에서 암석을 채취했다는 이다도 박사의 말이 떠올랐다.

‘거의 불가능한데 어떻게 이런 일이….’라고 중얼거리고 있었다. 아무튼 암석미생물 X-21이 괴미생물과 같은 종의 미생물이라고 단정할 수밖에 없었다. 하지만 암석미생물 X-21은 그러한 파괴적인 행태를 전혀 보이지 않았기 때문에 더욱 이해할 수 없었다. 김도이 박사는 SAMi사의 암석미생물도 괴미생물로 발전할 수도 있다는 생각을 하였다.

아무튼 한 종의 괴미생물이 흙과 모래를 녹이면서 엄청난 환경재해를 일으킨다는 것을 이해할 수 없었다. 여기에다 예상치도 못했던 2종류의 괴물체들의 추가적인 출현이었다. 한 괴미생물에서부터 발생하였지만 그 괴물체들은 형태도 행태도 달랐다. 도넛 모야의 괴물체는 스피링 같이 튀어 오르며 활동성이 강했지만 그 행태는 온화하게 보였고, 울퉁불퉁한 공 모양의 괴물체는 유동성이 적었지만 공격적인 행태를 보였다. 재미있게 생긴 괴물체는 건조한 실험실에서는 별다른 행태를 보이지 않고 조용히 비닐보관함에 있었다. 문제를 일으키지 않을 때는 귀여운 구석이 있는 애완동물과도 같았다. 이제까지 알고 있던 지식과 모든 연구경험으로는 이 괴미생물의 변신과 행태를 이해할 수 없었다. 막연하나마 외계생명체라는 가능성까지 열어 놓았다.

그때 박수지 박사가 어두운 분위기를 깨며 엉뚱한 말로 거들었다.

“도넛 같은 괴물체를 『규순이(Si-F)』라고 부르고, 울퉁불퉁한 까칠한 녀석을 『규돌이(Si-M)』라고 부르면 어때요? 마치 순한 암컷과 우락부락한 수컷과의 느낌을 줘요.”

그 자리에 있던 모든 사람들이 웃으며 “그렇게 부릅시다.”라고 동의하면서 웃었다. 간혹 박수지 박사는 재치 있는 한마디로 분위기를 바꾸고 사람들의 긴장감을 풀어주었다.

김소라 박사는 괴생명체의 DNA서열을 가르키며 또 다른 면을 지적하였다.

"특정서열의 중복성이 많은데 이는 규소생합성과 연관이 있다고 봅니다. 야생에서 자라는 잡초들에서 그러한 유전정보의 반복성이 흔히 나타나거든요. 혹시 괴미생물이 모래와 흙을 녹이는 유전자들을 가질 수 있다고 생각합니다."

박수지 박사는 "분명한 것은 괴미생물이 모래를 엄청난 속도로 녹이는 것을 보면 모래를 먹이로 취하여 세포증식을 하고 있어요. 그 끈적끈적한 괴물질은 모래의 분해산물로서 생체 규소고분자들을 만들기 위한 출발물질일 수 있어요."

김도이 박사는 괴생명체의 DNA가 암석미생물 X-21와 높은 상동성과 중복성이 있다는 점에 신경이 쓰였다. 유전가계도에서 두 미생물의 상호 연계성이 높은 것으로 보아 출처가 같다는 것을 재차 확인할 수 있었다. 그리고 암석미생물이 서식조건이 달라지면 모래를 먹이로 취하면서 돌발적으로 증식한다는 점은 의외였다. 지구생물 중에서 모래를 먹이로 취하여 돌발적으로 증식하는 생물은 그 어디에서도 보고된 사례가 없었기 더욱 당황스러울 뿐이었다.

그리고 김도이 박사는 혼자서 중얼거리며 ISO사의 연구행태를 생각하고 있었다.

'ISO사도 독자적으로 암석미생물을 입수하여 연구하고 있다는 말이군. 어떻게 우리 암석미생물의 출처를 알았지?'

확신은 없지만 방소연이 이다도 박사와 매우 절친하다는 것을 알고 있었기 때문에 방소연을 의심하기 시작하였다. 지금 긴급상황에서 연구비밀에 관한 얘기를 꺼낼만한 분위기가 아니었기에 김도이 박사는 혼자만 알고 있었다.

이어서 NMR분석실 장미리 박사가 괴물질 구조의 1차 분석결과를 설명하였다.

“1차 NMR 분석결과를 볼 때 괴물질은 매우 복잡한 형태의 고분자입니다. 점도가 높고 고분자이기 때문에 정확한 화학구조를 확인하는데 다소 시간이 걸릴 것 같습니다. 하지만 분명한 것은 규소고분자가 규칙적으로 반복되어있는 구조인데, 흥미롭게도 SAMi사의 규소고분자와 유사하다는 점입니다. 한편 점도가 낮은 규소고분자는 모래가 분해된 단순 규사고분자로 판명되었습니다.”

김도이 박사는 괴물질이 암석미생물 X-21의 규소고분자와 구조가 유사하다는 것에 또 다시 놀랐다. 그렇다면 ISO사가 비슷한 암석미생물을 채취하여 SAMi사와 비슷한 규소고분자를 가지고 반도체소재의 개발연구를 하고 있었다는 말이었다.

김도이 박사는 한참동안 아무 말이 없었다. 그리고 다시 돌아와 “오늘 괴미생물의 유전정보와 규소고분자의 구조정보를 보았습니다. 무슨 획기적인 억제방안이 떠오르는 게 있습니까?”

박수지 박사와 이서희 박사는 괴미생물의 유전체 정보와 규소고분자의 구조정보가 SAMi사에서 연구하던 암석미생물과 여러 면에서 유사하다는 점에 크게 놀랐지만, 그렇다고 SAMi사의 암석미생물을 괴생명체의 방재방안과 연관지을 수는 없었다. 아무튼 당황스러운 것만은 사실이었다. 이는 괴생물과 SAMi사의 암석미생물이 상호 연관이 있다는 말이기 때문이었다.

그때 박수지 박사가 갑자기 김수덕 박사의 제안을 상기시켰다.

“김수덕 박사님이 지적한 것처럼 괴생물을 배양하면서 증식억제제를 찾아야할 것 같습니다. 그 외에 다른 방법은 보이질 않습니다.”

이서희 박사도 “저도 그 방법이 최선이라고 생각해요. 유전정보와 구조정보를 정밀분석을 통하여 억제방안을 찾는 것은 시간상 무리가 있어 보입니다.”

김도이 박사는 이다도 박사의 암석미생물이자 괴미생물이 SAMi사가 갖고 있는 암석미생물과 거의 같다는 점에 맘이 편치 않았다. 방소연이 SAMi사의 내부정보를 이다도 박사에게 모두 다 전달하고 있음을 확인하였기 때문이었다. 그와 연관하여 이다도 박사가 암석미생물을 확보하고 배양실험을 하다가 괴미생물로 돌변하여 환경재앙을 초래한 것으로 보았다. 또한 ISO사의 연구정보의 수집과 연구진행의 속도를 가름하면서 놀라지 않을 수 없었다.

박수지 박사가 "뭘 그렇게 곰곰이 생각하고 계세요?"

김도이 박사는 말을 돌려 다른 말을 하였다.

"어, 아니야. 그저 괴미생물의 폭발적인 증식의 힘이 어디에서 오는지 생각하고 있어. 그래요? 괴생물을 배양하면서 억제제를 찾아보아야겠어. 지금 다른 선택의 여지가 없어요."

사실 수억 년 동안 이 괴생명체는 지하 수천km 속 암석에서 동면하다가 철분과 유황, 규사를 만나면서 혐기성 미생물에서 외계생명체로 돌변하여 폭발적인 증식을 하는 공생체였다. 이 공생체는 지하암석 속에서 숨어 있다가 생육조건이 맞을 때까지 기다리고 또 기다려 온 셈이었다. 바로 규소와 물, 공기 그리고 철분이온(Fe^{2+})을 기다린 것이었다. 이것이 외계미생물의 생존전략이었고, 다른 각도에서 보면 지구환경에 침입한 외계생명체였다. 이 공생체는 지구미생물의 유전자와 외계생물의 유전자를 동시에 갖고 있다가 생육조건에 따라 유전자를 바꾸어가며 생존하는 공생체이자 괴생명체였다. 그리고 환경조건에 따라 세포군집체까지 만들어 다른 행태를 보이는 또 다른 차원의 신출규몰한 외계생명체였다.

그 날 저녁 김도이 박사와 박수지 박사는 카페테리아에서 함께 저녁식사를 하였다. 김도이 박사는 밥을 입에다 넣고 아무 말도 없이 멍하니 먼 산을 쳐다보고 있었다. 공상소설에서 나타날 법한 괴생명체가 김도이 박사의 머리를 장악하였고, 또한 ISO사가 자신의 연구진행을 정탐해왔다는 것에 마음이 편하질 않았다. 이러한 모습을 본 박수지 박사는 김도이 박사의 기분을 전환시키기 위해서 엉뚱한 말을 꺼내었다.

"도이 씨, 최근에 재미있는 SF영화가 나왔데요. 우리도 한번 가서 봐요."

김도이 박사는 덤덤하게 "그럽시다."라고 간단히 대답하고 다시 조용히 앉아 있었다.

김도이 박사의 관심을 다른 곳으로 돌리기 위해 여러 시도를 해보았으나 아무 반응이 없었다. 괴생명체의 여운이 김도이 박사의 뇌리를 짓누르고 있었고, 괴생물의 방재에 대한 중압감과 책임감이 그의 머리에서 떠나지 않았기 때문이었다. 겨우 식사를 마치고 실험실에 돌아온 박수지 박사는 괴생명체의 보관 상태를 확인하고 싶어져서 P4실험실로 들어갔다. 모르는 사이에 무슨 일이 벌어질 수 있기 때문이었다. 두 종류의 괴물체가 따로따로 투명한 플라스틱상자 속에 넣어 P4실험실 구석에 있는 냉장실에 보관하고 있었다. 차갑고 건조한 조건에서는 특별한 증식활동이 거의 없다는 것을 알았기 때문이었다. 박수지 박사가 P4실험실에 들어가 조명등 스위치를 켜려고 할 때 냉장실 유리창을 통해 이상한 불빛이 새어 나왔다. 박수지 박사는 무슨 일인지 알아보기 위해 조용히 냉장실 창문을 통해 들여다보았다. 놀랄 광경이었다. 냉장실 구석에 있는 두 개 플라스틱상자 속에서 괴물체들이 불빛을 발산하고 있었다. 박수지 박사는 너무도 이상하여 냉장실 안으로 들어가 자세히 들여다보고 싶었다. 자세히 보니 두 괴물체들의 모습이 완전히 변해 있었다. 규돌이와 규순이의 외각에 부착된 수많은 가느다란 다리들이 보이지 않았고 형태나 색깔도 달라져 있었다. 이녀석들이 허물을 벗은 듯 플라스틱상자 밑바닥에는 허물 같은 것이 놓여있었다. 도넛 모양의 규순이(Si-F)는 몽실몽실한 5각형 연두색 도넛 같은 형태로 변했고, 울퉁불퉁한 공 모양의 규돌이(Si-M)는 여러 조각들이 모여 만들어진 진홍색 축구공 같은 모습으로 변신해 있었다. 두 녀석 모두 한번 만져보고 싶을 정도로 귀여운 모습이었다. 어제까지 혐오감을 주는 괴물이었는데 이제 완전히 달라져 부드럽고 청순하기까지 하였다. 박수지 박사는 이러한 변화된 모습을 보면서 괴생명체가 곤충의 성장주기와 비슷하다고 생각하였다. 단세포 알에서 출발하여 세포분화를 통해 애벌레가 되고 마지막으로 허물을 벗어 곤충으로 변신하는 우화를 연상시켰기 때문이었다. 하지만 이것은 곤충이 아니고 미생물인데 어떻게 개별세포들이 독립적으로 성장하고 제3의 괴생명체로 변신할 수 있었는지 이해할 수 없었다. 미생물의 경우 이러한 형태의 발생주기는 한번도 관측되거나 보고된 일이 없었기 때문이었다.

더욱 놀랄 일이 또 벌어졌다. 규돌이가 불빛을 발산하고 있었다. 처음에는 미약했지만 점점 강한 연분홍 불빛을 내비추었다. 그리고 불빛에 따라 규돌이(Si-M)가 꿈틀대기 시작하였다. 심해 해양생물들의 불빛신호와 유사하였지만 불빛이 강하고 또렷했다. 놀랍고 겁에 질린 박수지 박사는 아무 말도 못하고 숨죽인 채로 한동안 괴물체들의 행태를 물끄러미 관찰하였다. 괴물체들의 불빛쇼가 잠시 멈추더니 입이 다물어지지 않는 일이 또 벌어졌다. 규돌이(Si-M)가 플라스틱상자 속에서 서서히 부상하여 정지된 상태에서 연분홍 불빛을 발산하기 시작하였다. 규순이(Si-F)를 향해 있는 면이 더욱 불빛이 밝았다. 공상영화에서나 볼 법한 일이 벌어지고 있었다. 더욱이 괴물체가 중력을 거슬러서 부상하는 광경은 너무도 놀라웠다. 현대과학으로는 도저히 이해할 수 없는 현상이었기 때문이었다. 그리고 규돌이가 발산하는 불빛이 무슨 신호인 것처럼 반복적 문형을 계속 규순이를 향해 발산하였지만 어떤 규칙성이나 의미를 찾을 수는 없었다. 조금 후 연두 색 공 모양의 규순이(Si-F)도 따라서 서서히 부상하기 시작하였다. 그리고 빠른 템포의 파란 불빛신호를 발산하면서 떠있는 상태에서 빙빙 돌고 있었다. 서로가 신호를 주고받는 것처럼 보였다. 박수지 박사는 계속 지켜보면서 혼자만 볼 수 없어서 김도이 박사에게 P4실험실에 오라고 조용히 메시지를 보냈다.

"김 박사님, P4실험실에 급히 오세요. 괴물체들이 불빛을 발산하면서 활동해요. 빨리요."

그리고 박수지 박사는 조용히 걸어서 실험대 서랍 속에 있는 비데오 카메라를 꺼내어 이 녀석들의 움직임을 찍기 시작하였다. 그 때 김도이 박사가 조용히 P4실험실 냉장실에 들어와 박수지 박사와 함께 Si-M와 Si-F의 무중력 불빛 쇼를 한동안 감상하였다. 그런데 이 녀석들의 불빛이 무작위적인 신호와 같으면서도 일정한 문형에 반복적인 것에 놀랍고 조심스러웠다. 김도이 박사는 호기심에 찬 눈으로 플라스틱상자 속을 보면서

"놀라운데. 이 녀석들이 무슨 신호를 보내나? 또 다른 일을 꾸미나?"

박수지 박사가 조용히 속삭이듯 조용히 말을 건넸다.

"마치 만화영화에서 보던 외계인 비행접시가 공중에서 빙빙 돌면서 불빛을 발산하는 것 같아요."

김도이 박사도 조용히 말을 이어간다.

"아니, 어떻게 중력의 영향을 안 받지? 믿을 수 없어."

김도이 박사는 귀엽게 생긴 모습으로 변신한 것도 이해 할 수 없었고, 더구나 지적 생명체처럼 신호를 주고받는 행동은 상상 조차 할 수 없었다. 아무리 생각하여도 괴미생물에서 출발한 괴생명체가 어떻게 이런 능력이 있는지 눈을 의심할 정도였다. 특히 중력을 이기고 부상하는 능력은 더더욱 이해할 수 없었다.

"혹시 중력을 활용할 능력을 가진 지적생명체일까? 그렇다면 어떻게 단세포 미생물에서 다세포 거대 생명체로 발전하여 이런 일까지 하지? 내가 홀린거 아냐?"

박수지 박사가 "이 녀석들이 지구생명체가 아닌 것 같아요."

김도이 박사는 약간 겁이 났지만 좀 더 자세히 관찰하고 싶었다. 두 녀석이 들어있는 플라스틱상자들을 조심스럽게 들어 올렸다. 약간의 흔들림

이 있자 이 녀석들은 바로 불빛신호를 멈추고 내려앉았다. 플라스틱상자를 냉장실 안에 있는 조그만 실험대 위로 올려놓고 조금 기다리니 두 녀석들은 플라스틱상자 속에서 조금 전과 다르게 빠른 템포의 불빛을 발산하였다. 그리고 한동안 잠잠해졌다. 그러더니 갑자기 약속이나 한 듯이 플라스틱상자의 느슨한 문을 박차고 나와 실험대 위에서 부상하여 노란색과 빨간색 불빛 번갈아 발산하고 있었다. 불빛신호가 없이도 상호연락을 취하고 있었다.

김도이 박사는 깜작 놀라 몸을 움츠리면서 중얼거렸다.

'혹시 이 녀석들이 텔레파시와 같은 신호체계가 있나? 어떻게 조용히 있다가 동시에…. 그리고 어떤 동력원을 활용하지? 또 어떻게 중력을 거슬러 부상할 수 있지?'

두 사람은 뒷걸음으로 뒤로 물러나 이 녀석들의 행동을 관찰하면서 잡아넣을 궁리를 하였다. 김도이 박사와 박수지 박사는 비닐장갑을 끼고 이 녀석들을 서서히 접근하였더니 천정위쪽으로 치솟아 이리저리 움직이면서 불빛을 발산하고 있었다. 서로가 신호를 주고받는 것처럼 보였다. 한동안 술래잡기를 하였지만 그 녀석들을 잡을 수 없을 정도로 민첩했다.

한참 후 돌연 Si-M이 천정에서 내려와 실험대 위에 있는 비닐상자 위에 얌전히 앉았다. 이어서 Si-F가 내려와 도넛 모양의 Si-M의 오목한 부분에 살포시 포개 앉았다. 두 녀석들의 포개진 모습은 짝짓기를 연상시키기에 충분하였다. 김도이 박사와 박수지 박사는 이 녀석들을 잡으려던 행동을 잠시 멈추고 다시 조용히 관찰하기로 하였다. 그 때 두 녀석들의 접촉면에서 부드러운 연분홍 불빛신호가 조용히 전달하고 있었다. 한동안 불빛이 나오다가 서서히 미약해지더니 완전히 사라졌다. 에너지가 다 소진된 것처럼 보였다. 그리고 아무런 불빛과 동작도 없이 조용히 포개진 채로 앉아 있었다. 두 사람은 두 괴물체의 행위를 보면서 예상치 않은 또 다른 대형사고가 일어날까봐 조마조마한 마음이었다. 혹시 폭발적인 증식으로 이어질 수 있다는 생각에 불안불안한 마음이었다.

그 때 김도이 박사는 슬그머니 P4실험실의 조명스위치를 켜고, 합치된 두 괴물체를 잡아서 비닐상자 속으로 넣었다. 이 규돌이와 규순이는 아무 일도 없었다는 듯이 조용히 있었다. 두 사람은 어안이 벙벙했다. 왜 갑자기 조용해졌는지 그리고 아무런 움직임과 저항이 없는지 전혀 이해할 수 없었다. 아무튼 김도이 박사는 Si-F과 Si-M를 플라스틱상자의 자물쇠로 단단히 걸어놓고 재빨리 냉장실에서 꺼내어 영하 70도 냉동실 속으로 옮겨 놓았다. 괴물체들을 태워서 죽이는 것보다 동결시켜 보관하는 것이 좋다고 보았다. 나중에 이 괴생명체의 행태에 대한 추가 조사를 해보고 싶었기 때문이었다. 놀란 가슴을 쓸어안고 두 사람은 조용히 숨을 내쉬며 서로 쳐다만 보고 있었다. 마치 괴물체들에게 홀린 듯 하기도 하고 또 환상이나 환형을 본 것 같기도 하였다.

P4실험실을 정리하고 사무실로 돌아온 두 사람은 카메라에 잡힌 불빛 문형을 컴퓨터 화면에 올려놓고 꼼꼼히 들여다보았다.

박수지 박사가 "도이 씨, 이 녀석들이 보내는 불빛신호에 무슨 규칙성이 있는 신호전달과 같아요."

김도이 박사도 화면을 뚫어지게 쳐다보면서 무심코 미래 통신과 디스플레이 개념을 떠올렸다. 이 규소기반의 괴생명체를 잘 연구하면 반도체소재나 디스플레이 개발에서 많은 것을 배울 수 있다고 보았다. 또 텔레파시와 같은 미지의 신호체계도 머리를 스쳐갔다.

"반복적인 문형인데 전혀 알 수 없네. 하지만 두 녀석들이 서로 대화하고 있었던 것 같아. 그리고 이 녀석들이 새로운 개념의 LED 액정화면과 신호전달체계를 가동하고 있어. 혹시 지적생명체인가?"

박수지 박사가 어이없다는 듯이 웃으면서 "지금 그런 얘기가 나와요? 이 녀석들이…."라고 얘기하다가 말을 잇지 못하고 김도이 박사의 얼굴만 쳐다보고 있었다. 아무튼 너무도 많은 일들이 한꺼번에 터져 나오기 때문에 박수지 박사도 정신을 차릴 수 없었다.

김도이 박사 역시 마찬가지로 몹시 혼란스러웠다. 밖에서는 온갖 파괴적인 행위를 자행하고 있는데 여기에서는 완전히 다른 행태를 보이기 때문이었다. 온순한 행태 때문에 일부 안심이 되었지만 다른 한편으로 불안감을 떨쳐 버릴 수 없었다. 다음에 무슨 일이 또 발생할지 예측할 수 없기 때문이었다.

김도이 박사는 이 괴물체들의 행태를 보면서 더욱 외계생명체일거라는 심증이 굳어지고 있었다. 지적생명체처럼 소통과 관계를 인식하는 행태를 잊을 수가 없었다. 이 녀석들은 성장주기를 거치면서 미지의 변신방법으로 제3의 괴생명체로 거듭났다고 생각하였다. 다시 말해 미생물에서부터 출발하여 두 번의 변신을 통해 제3의 생명체가 되었고, 그리고 전혀 다른 행태를 가진 지적생명체로 변신한 것이었다. 시간이 더 지나면 제4, 제5의 괴생명체로 변신하여 더 가공할 괴이한 행태를 보일 가능성도 염두에 두어야했다. 김도이 박사는 이 녀석들의 성장주기와 행태가 더욱 궁금하면서도 다른 한편으로 미지의 괴생명체에 대한 두려움이 증폭되고 있었다. 하지만 지금 당장 그 괴물체들의 행태를 관찰하고 연구할 계제는 아니었다. 지금 당면한 일은 이 녀석들의 증식을 차단하여 가공할 환경재해를 막는 일이 최우선이었기 때문이었다.

20. 외계생명체

20

외계생명체

다음 날 과학실무대책반 회의를 마치고 김도이 박사는 긴박하면서도 혼란스러운 마음으로 박수지 박사와 함께 실험실로 향했다. 며칠 간 괴생물 엄습으로 ISO사 주변의 자연환경이 파괴되고 생활터전이 붕괴되는 광경들이 뇌리에서 떠나지 않았고, 또 귀여운 괴생명체로의 변신도 떠올랐기 때문이었다. 하지만 걷잡을 수 없이 확대되는 괴생물들의 환경파괴행위를 차단할 방안이 없다는 점에 더 난감했다. 과학실무대책반의 조정반장 직을 맡고 있는 김도이 박사에게도 보이지 않는 커다란 부담이었다. 물론 김수덕 박사와 다른 과학실무대책반원도 마찬가지였지만, 조정반장은 방재방안을 강구하는 실무책임자였기 때문에 더 많은 심리적 압박을 받고 있었다. 이제까지 수많은 미생물들을 배양하고 연구했지만 한 미생물이 세상을 이처럼 참혹하게 만드는 경우는 처음이었고, 또 아무런 억제방안이 없다는 것도 특히 김도이 박사를 암울하게 하였다. 외계생명체 같은 이 괴미생물의 엄습이 이렇게 무섭고 엄청날 줄 몰랐다. 괴생물에 대한 공포감과 책임감 때문에 이렇게 마음을 졸인 것도 처음이었다.

재해상황의 긴박성을 알고 있던 방소연 연구원도 퇴근을 하지 않고 김도이 박사와 함께 배양실험을 돕고자 하였다. 실험에 임하는 방소연도 자신도 긴장하면서 경계하는 모습이 역역했다. 김도이 박사는 방소연이 회사의 내부정보를 ISO사에 노출했다는 사실을 함구하였지만, 방소연 연구원과 같이 괴생물의 배양실험을 진행하는 것이 불편하였다. 물론 방소연 연구원도 김도이 박사의 표정을 보면서 김도이 박사가 뭔가 눈치를 채고 있음을 직감할 수 있었다. 그로 인해 실험실의 분위기는 매우 싸늘했고, 김도이 박사 역시 방소연이 근처에 있다는 자체가 불편하였다.

"방소연 씨, 괴생물의 배양실험은 박수지 박사와 함께 하겠습니다."

그 말을 듣고 방소연은 침울한 얼굴로 실험실로 돌아갔다.

방소연은 자신 역시 이번 괴현상의 원인제공자라는 것을 알고 있었다. SAMi사의 암석미생물의 정보를 ISO사에 알려주지 않았으면 이런 가공할 사태로까지 번지지 않았기 때문이었다. 또한 악의적인 의도는 없었지만 SAMi사의 개발정보를 ISO사에 넘긴 것에 대한 죄책감이 머리에서 맴돌고 있었다. 아마도 김도이 박사가 자신의 산업정보 누출행위를 알고 있을 거라고 짐작하면서 허탈하고 죄인 같은 무거운 마음으로 실험실에 돌아왔다. 김도이 박사는 방소연이 떠난 후 마음을 가라앉히면서 괴생명체의 배양과 확인실험계획을 구상하였다. 박수지 박사가 제안한 것처럼 괴미생물의 배지성분을 바꾸어가며 배양을 조사하면 증식억제제를 찾을 수도 있다고 보았다. 그래서 박수지 박사와 배양실험의 준비와 조건들을 다각적으로 상의하였다.

김도이 박사는 "박 박사, 난 먼저 흙 성분과 괴미생물 증식과의 관계가 궁금해."

박수지 박사는 철분에 더 비중을 두고 조사하기를 원했다.

"맞아요. 같은 생각이에요. 하지만 흙 속에 있는 철분이 괴생물의 폭발적인 증식을 유도하고, 그 때 흙 속에 있는 규사를 먹이로 취하여 성장하는 것 같아요."

김도이 박사는 "그렇다면 철분과 흙을 가지고 괴미생물의 성장관계를 우선 병행조사하면 어떨까요? 그리고 그 다음으로 괴물질과 규소고분자의 구조와 생체기능의 조사는 나중에 해도 늦지 않아요."

두 사람은 강한 중압감 속에서도 차분히 배양실험을 시작하였다. 우선 P4실험실에 들어가기 위해 에어샤워를 하고 특수실험복을 갈아입었다. 박수지 박사도 뒤따라와 우주복과 같은 특수실험복을 입고 P4실험실에 들어가 괴미생물의 정체를 알고자 정밀 배양실험을 착수하였다. 배양실험은 아주 작은 규모로 준비를 하였고, 충분히 사전 안전장치를 해놓았기 때문에 괴현상이 크게 증폭할 요인은 없었다. 배양용기는 유리용기 대신 플라스틱 용기를 사용하기로 하였다. 두 개의 플라스틱 배양용기에 한쪽은 탄소배지만을 넣고 다른 한 쪽은 탄소배지에다 호숫가에서 채취한 흙을 소량 넣었다. 배양온도는 우선 70도에 맞추어 혐기성 조건과 호기성 조건으로 각각 나누어 각각 배양하였다. 놀랍게도 이 괴생물은 탄소배지에서 일반 혐기성 미생물처럼 매우 느리게 증식되었지만, 공기 중에서 흙이 들어간 배지에서는 갈색가스를 발산하면서 검붉은 용액을 만들며 왕성하게 증식하는 것을 관찰할 수 있었다. 흙에 들어 있는 성분이 문제였다. 바로 철분이었다.

그래서 김도이 박사와 박수지 박사는 흙에 들어있는 성분 중 모래나 유황, 철분 중 하나만 제거된 배양배지를 만들어 괴미생물의 배양을 재시도하였다. 철분이 없는 배양조건에서는 증식이 거의 없었지만, 철분이 있는 곳에서는 검붉은 거품용액을 만들며 괴미생물을 왕성하게 증식시켰다. 이다도 박사가 언급한 것처럼 바로 철분이 문제였다. 배양액에 황산철 성분을 넣었을 때 폭발적으로 증식했다는 것을 재확인한 셈이었다. 특히 규사와 유황성분이 포함된 탄소배지에 철분이 들어가면 괴미생물로 변신하여 더욱 폭발적으로 증식하였다. 그 때 발생되는 검붉은 강한 거품용액과 갈색가스는 모래분말을 분해시켜 세포성장에 활용하였고, 시간이 지나면서 괴미생물은 끈적끈적한 기품용액과 갈색가스를 세포 밖으로 방출하였다. 끈적끈적하고 점도가 높은 검붉은 거품용액은 일종의 괴생명체가 종족번식을 위한 유전물질 배출과정이었고, 또 갈색가스는 주변 위험인자들을 제거하는 자체방어체계이기도 하였다.

이해할 수 없는 점은 모래를 녹이는 갈색의 산성액이었다. 이제까지 알고 있는 모든 산(酸)은 유리나 모래를 거의 녹이지 못하기 때문에 실험실의 모든 용기가 유리로 만들어져 있다. 그런데 괴미생물은 유리와 모래를 아주 쉽게 녹여 먹이로 취하였고, 또 이를 생합성에 활용하고 있었다. 모래를 녹이는 새로운 규소기반의 산(酸)은 화학계에 커다란 파장을 안겨줄 것으로 보았다. 더욱 놀라운 것은 배양액에 철이온 성분만 들어가면 즉각적으로 괴미생물의 세포분열이 일어나는 점이었다. 여기에다 암석미생물이 혐기성 미생물 임에도 불구하고 공기 중에서도 폭발적으로 증식하는 것은 전혀 예측할 수 없었던 괴이한 현상이었다. 이때 막연하나마 암석미생물의 규소고분자가 DNA처럼 2중 나선구조의 괴미생물의 유전물질일 가능성이 떠올랐다.

김도이 박사는 “혹시 철이온 성분이 존재하면 괴미생물들이 규소의 생합성 체계로 전환시키는 신호물질일까? 분명히 괴미생물의 유전물질과 연관이 있는 것 같아.”라고 박수지 박사에게 말했다.

박수지 박사도 괴미생물의 증식을 가동하기 위해서는 맨 먼저 괴생명체의 유전물질의 증식이 우선이라고 보았다.

“맞아요. 이 괴미생물 비밀의 실마리가 철분과 규소고분자에 있는 것 같아요. 철분이 혐기성 미생물 속에 들어가면서 새로운 생명력을 얻어 괴미생물로 전환되고 폭발적으로 증식해요.”

김도이 박사가 이어서 “분명히 철분은 또 다른 생명력을 가동하는 필수성분일 것 같아. 그렇다면 두 유전정보체계를 가동하고 두 생명체가 한 몸으로 이루어진 공생체일 가능성이 있어.”라고 박수지를 쳐다보면서 확신에 찬 모습으로 말하였다.

박수지 박사도 “다소 파격적이지만 그럴 가능성이 있어요.”

아직 그러한 결론에 이르는 것이 다소 성급하지만, 박수지 박사는 김도이 박사의 판단에 동의하였다.

더 나아가 김도이 박사는 "혹시 지구생물 가운데 규소를 먹이로 취하고 또 규소고분자와 같은 형태의 유전정보를 가진 생물이 있었나요?"

박수지 박사는 "물론 없어요. 동식물들이 규소원소를 소량 생체구성물로 활용하지만, 그건 단순한 구성물일 뿐이에요. 다시 말해 사람의 뼈나 머리카락, 그리고 벼나 잡초의 잎에 규소가 발견되지만 유전물질과는 전혀 상관이 없어요."

두 사람은 괴미생물의 또 다른 의문점이 규소고분자와 관련이 있다는 생각을 하면서 만약 규소고분자가 유전물질이라면, 이 괴미생물은 지구생물이 아닐 수 있다는 생각에까지 이르렀다.

김도이 박사는 확실하다는 듯이 "외계생명체?"

박수지 박사는 너무 놀라서 눈만 껌벅거릴 뿐이었다.

다음 날 NMR분석실 장미리 박사가 김도이 박사의 사무실에 황급히 달려와서 분석결과를 설명해 주었다.

"김도이 박사님, 괴미생물이 배출한 괴물질이 바로 탄소원소가 포함된 2중 나선형 규소고분자의 구조를 갖고 있습니다. 공교롭게도 저희가 개발한 규소고분자(Si-RS) 2개가 포개져 있는 2중 나선형 형태입니다. 더 중요한 점은 2중 나선형 규소고분자 사이에 규칙적으로 철 성분이 끼어 있다는 점입니다."

놀랍게도 황산-규소고분자(Si-RS)이 두 가닥으로 접합된 상태였고, 그 접합점의 중앙에는 철(iron)원소가 하나씩 놓여있었다. 이는 마치 페로신(ferrocene)과 같은 형태의 금속착화합물이 연속적으로 연결된 구조였다. 지구생물의 이중나선형 DNA와 유사한 구조를 연상시키기에 충분하였다.

아직 알려지지 않은 규소계열의 고분자였지만, 기하학적으로 너무도 아름다웠다. 여기에다 이중 나선형 규소고분자 내에 전자공명이 가능한 탄소기반 환형방향족 화합물과 음전하를 가진 인산기도 규칙적으로 놓여 있었다. 마치 이중나선형 DNA에서 염기와 염기사이 상보적인 결합하고 있는 염기쌍과 흡사하였다. 더 흥미로운 사실은 페로신에 연결된 $-N(Me)_2$[N]은 -pyridine[P]과 상보적인 관계를 유지하였고, $-N(Et)_2$[E]는 -pyridine-Me[M]와 상보적인 염기쌍을 이루고 있었다. 다시 말해 2중 나선형 DNA에서 A(adenine)-T(thymine) 그리고 G(guanine)-C(cytosine)와 염기쌍을 이루는 것과 똑같이 N::P와 E::M라는 상보적인 관계를 갖고 있었다. 괴미생물이 배출한 액체 괴물질의 NMR 분석결과는 김도이 박사 자신이 짐작한 대로 유전정보를 담고 있는 규소고분자와 일치하였다. 이것은 규소기반 유전정보시스템이었다. 지구생물에는 존재하지 않은 유전정보이자, 괴생물의 생명의 정보였다. 다른 선택의 여지가 없었다. 괴생물은 틀림없는 외계생명체였다.

김도이 박사는 황당한 표정으로 '놀라운데, 어떻게 이런 일이…' 믿을 수 없다는 듯이 혼자 중얼거렸다. 지구생물에서는 이런 규소기반 유전물질이 발견된 일이 없기 때문이었다.

이 괴생물은 철이온 성분을 가지고 규소산화물(모래)에서부터 절묘한 2중 나선형 규소고분자를 합성하였다. 그것도 폭발적인 세포분열을 유도하는 것이 신비로웠고, 또 다른 외계생명체의 생명력을 알게 되어 흥분되었지만, 다른 한편으로 외계생명체에 대한 두려움도 함께 다가왔다. 외계생명체에 대한 아무런 지식과 대처방안을 모르기 때문이었다.

한편 외계 유전물질의 화학구조는 DNA와 같은 전기전도체로서의 가능성도 보였다. 다시 말해 지구생물의 DNA도 염기와 염기사이에 음이온을 가진 인산기가 있어서 생명의 전기줄인 셈인데, 이 규소고분자도 음전하 방향족 환형구조가 반복적으로 놓여 있어서 전자이동이 가능한 형태였다.

충분히 전기신호의 저장과 전달이 가능한 화학구조로 보였다. 규소와 철이 절묘하게 연결되어 있어서 반도체로서 완벽한 구성조건을 가진 화학구조였기 때문이었다. 결국 김도이 박사는 이 괴미생물이 철이온 성분을 만나면 이중 나선형 규소고분자를 조립하고 또 외계미생물로 변신한다고 결론을 내렸다.

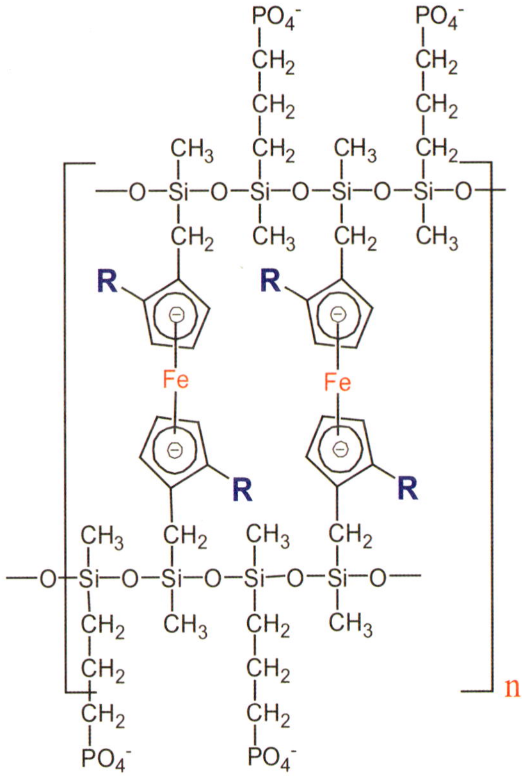

외계생명체가 배출한 유전물질의 구조

2중 나선형 구조를 가진 규소고분자로 외계생명체의 유전물질

(R = $-N(Me)_2$[N], $-N(Et)_2$[E], $-$pyridine[P], $-$pyridine-Me[M])

'그렇다면 어떻게 암석미생물 속에 오랜 세월동안 잠재해 있다가 환생할 수 있었을까? 그리고 어떻게 화학적으로 매우 안정한 모래를 먹이로 활용하고 생체구성물들을 생합성할 수 있을까?' 등등 여러 생각들이 교차되면서 외계생명체가 지구환경에 들어와 생존의 방안으로 혐기성 호열균 속으로 들어가 공생체를 이루고 있었다고 추정하였다. 그리고 서식조건이 맞을 때까지 기다리고 또 기다리다가 철분과 규사, 물, 공기 등을 만나면서 생명의 끈을 풀어서 재가동하여 환생한 것이었다. 그러한 추정을 외계미생물의 생존방식과 괴현상에 대입하여 보니 이제까지 발생한 괴현상들과 잘 맞아 들었고, 앞으로 어떻게 전개될지도 짐작할 수 있었다.

'그래. 모래와 물, 공기 그리고 철분이야. 이제 괴생명체의 수수께끼가 풀리고 있어.'

왜 호숫가 경계면에서 암석미생물이 폭발적으로 증식하는지 그 이유도 알 수 있었다. 물보다 흙 속에 더많은 철분이 존재하기 때문이었다. 이 외계생명체는 철분이 없는 서식조건에서는 숙주세포 속에서 혐기성 미생물처럼 최소한 생명력을 유지하면서 동면하는 엉뚱한 규소기반 생명체였다. 규소기반 괴미생물은 지구의 혐기성 미생물과 상호보완적인 관계를 유지하며 진화한 공생체라고 단정 지었다.

'이 녀석은 깊은 지하암반 속에서 동면하면서 서식조건이 충족될 때까지 기다리고 또 기다리고 있었어. 그것도 수만 년은 넘어 수억 년 동안이나. 어떤 형태의 공생체를 이루고 있었을까? 극한의 생존전략이야.'

그리고 가장 근본적인 질문을 남아 있었다.

'이 외계생명체는 어디에서 왔을까?'

물론 어디에서 왔는지 모르지만 분명한 것은 외계생명체라는 점이었다.

한편 또 다른 문제점도 제기되었다. 만약 외계생물이 출현하였다면 인류사회에 줄 파장이었다. 외계생명체의 존재가능성을 이따금 얘기하곤 하지만 그것은 어디까지 공상적인 얘기일 뿐이었다. 하지만 김도이 박사는 지금 외계생명체의 유전물질을 찾은 실험현장에 서서 조용히 눈을 감고 깊은 생각에 잠기었다.

'어떻게 그리고 어디까지 알려야하나?'

간단한 문제가 아니었다. 외계생물과의 공생체가 지구에서 발견된 사례가 없었기 때문에 과학계뿐 만아니라 인류사회에 엄청난 충격을 줄 것이 뻔했다. 더욱이 외계생명체는 지구생태계를 교란시키고 예기치 않은 대재앙으로 번질 수 있기에 더욱 조심스러웠다. 더 나아가 인본주의에 근간을 두고 있는 종교와 인문학, 그리고 인류사회의 규범에 엄청난 충격을 줄 수 있는 사안임을 직감하였다. 공개시점과 공개범위에 대해서는 답이 나오질 않아 어떻게 할지 김도이 박사는 숙고하고 또 숙고하였다.

'충분한 과학적 자료를 가지고 공개여부를 결정해야 해. 매우 신중히 대처하지 않으면 인류사회에 또 다른 혼란으로 치달을 것이 분명해.' 혼자 중얼거리며 실험실을 이리저리 거닐며 깊은 생각에서 빠져있었다.

김도이 박사는 외계생명체의 출현을 생각하다가 갑자기 생명의 기원이 어디이고, 지구환경에서 어떤 형태의 공생체를 유지하면서 살아왔는지 근본적인 질문에 도달하였다. 외계생명체가 공생체를 이루고 있는 것처럼 지구의 긴 역사 속에서 다양한 형태의 외계생물들이 이미 들어와 그들의 생존방식으로 공존할거라는 데까지 생각이 미쳤다. 아마 탄소기반 생명체와 규소기반 생명체와의 관계를 이 암석미생물을 통해서 이해할 수 있다고 보았다. 탄소기반 생명체가 먼저인지 아니면 규소기반 생명체가 먼저인지도 명확히 답할 수 없었다. 어쩌면 DNA기반 외계생명체가 지구환경에 들어와 가장 잘 적응한 외계생명체 일지도 모른다는 생각까지 하였다. 거꾸로 인류도 한 외계인이라는 말이기도 하였다.

'지금 지구에는 얼마나 많은 규소기반 외계생물들이 들어와 있을까? 분명히 하나만은 아닐거야.'라고 중얼거리고 있었다. 이미 지구환경은 수많은 지구생물과 외계생물의 집합장소라는 생각을 떨쳐 버릴 수 없었다.

초기 지구환경에 규소기반 생명체와 탄소기반 생명체들이 함께 들어와 여러 형태로 지구환경에서 적응하여 살아왔고, 또 진화를 통하여 번식하였다고 보았다. 규소기반 생명체이었기에 높은 온도와 유황가스, 탄산가스와 같은 산성대기권에서도 생존하였는지도 모른다. 그리고 시간이 지나면서 규소와 탄소를 모두 이용하는 중간단계의 생명체의 출현도 추정할 수 있었다. 아마 큰 몸체를 가진 공룡들은 중간단계의 규소-탄소기반 생명체였을 거라는 생각이 들었다. 그 후 지구 대기권에서 유황가스와 탄산가스가 줄어들고 산성에서 중성의 지구환경으로 바뀌면서 초기 규소-탄소기반 생명체들이 살아남기 위해 탄소기반 생명체로 변신하였다고 말할 수도 있었다. 탄소기반 생명체가 먹이확보와 생체에너지전환이 간편하였기 때문에 중성의 지구환경에 더 쉽게 적응하고 활발히 증식하며 살아왔다고 보았다.

또한 김도이 박사는 지구생명체과 외계생물과의 차이점과 또 유사점을 동시에 파악할 수 있는 암석미생물을 찾은 셈이었다. 특히 탄소기반 유전물질과 규소-기반 유전물질의 특성을 동시에 볼 수 있었다. 그리고 "생명의 정보"가 저장되는 수용체가 DNA만이 아니라는 것도 흥미로웠다. 여러 형태의 유전정보의 수용체가 존재할 수 있다는 말이었다. 마치 컴퓨터의 정보를 담아놓는 저장장치도 하드디스크도 있고, USB나 플로피, CD가 있듯이 생명체들도 서식하는 환경에 따라 『생명의 정보』를 담아놓는 수용체가 다를 수 있음을 확인하였다. 다시 말해 현생대의 지구생물들은 모두 DNA라는 탄소고분자에 『생명의 정보』를 담아 살아왔지만, 외계생명체는 분명히 다른 형태의 유전물질을 가지고 있어야 한다고 결론을 내렸다. 바로 규소기반 유전물질이었다.

조용히 눈을 감고 생각에 잠겨 있다가 더 중요한 질문에 직면하였다.

'그렇다면 『생명의 정보』는 어디에서 왔을까? 누가 만들었을까? 우주와 생명을 창제한 조물주가 있단 말인가? 아니면 우주에서 공통적으로 우연히 발생하는 진화의 산물인가? 아마도 진화라는 과정을 통해서 생명의 정보를 전달하고 표현하고 있단 말인가? 아니면 조물주가 우주와 자연을 창제하고 섭리하고 계신단 말인가?'

연관된 많은 수많은 질문들이 머릿속을 맴돌고 또 맴돌았다. 이는 단순히 과학문제를 넘어 우주의 메시지가 담겨있는 생명의 기원을 알아가는 과정과도 같았고, 조물주가 작성한 우주의 섭리이자 질서를 조금 엿볼 수 있다고도 생각하였다. 이 엄연한 자연의 질서와 생명의 정보를 보면서 김도이 박사는 깊은 충격과 감회에 접어들었다. 한참동안 멍하니 아무 생각 없이 앉아 있었다.

다시 정신을 차리고 나서 김도이 박사는 이 외계생명체의 출현을 알려야 한다고 생각하였다. 우선 과학실무대책반 반장인 아버지에게 우선적으로 알리려고 사무실로 찾아갔다.

"아버지, 놀라운 발견을 했어요. 저희 회사가 개발한 규소고분자(Si-RS)하고 괴생물이 만들어낸 괴물질의 화학구조가 같아요."

김수덕 박사는 놀라면서 "뭐라고? 괴물질이 SAMi사의 반도체소재라고? 무슨 말인지 이해가 안 돼. 차분히 설명을 해봐."

김도이 박사는 그간 진행한 실험결과를 자세히 설명해 드렸다.

"외계생명체가 암석미생물 속에서 공생하다가 철분을 만나면서 재출현했어요."라고 말하고, "괴물질이 외계생물의 유전물질이라고 결론을 내렸어요."

김수덕 박사는 "정말로 DNA와 같은 형태였다고? 어떻게 외계생물이…, 놀라운 일이야. 금번 발생한 환경재항이 외계생명체의 장난이었다는 말이구나."

김도이 박사도 확신을 가지고 "맞아요. 외계생명체의 출현이 맞아요. 아버지. 외계생명체의 출현을 공개하면 대혼란에 빠질 텐데, 공개범위와 공개시점을 어떻게 정할까요?"

김수덕 박사도 한참동안 아무런 반응도 없이 생각에 잠겨있었다. 그리고 놀란 가슴을 진정하면서 "우선 과학실무대책반과 협의하여 공식적인 입장을 정립하고, 비상재해대책위원회에 이 사실을 보고하는 것이 좋겠다. 공개여부도 비상재해대책위원회에서 판단하도록 위임하자. 당분간 SAMi사 내에도 공개하지 말고."

김도이 박사는 "알겠습니다."하고 나와 사무실로 돌아왔다.

다음 날 김수덕 박사는 과학실무대책반을 소집하였다. 김도이 박사와 박수지 박사는 조사한 결과를 과학실무대책반원들에게 발표하였다. 외계생명체가 출현했다는 사실을 과학적 근거에 의해 세세히 설명하였다. 이러한 파격적인 발표에 모든 과학실무대책반 반원들도 놀라움을 표시하였고, 한 동안 멍하니 앉아 있었다. 외계생명체에 대한 추정과 공상은 많았으나 바로 앞에서 나타난 현실이기 때문이었다. 다른 한편으로 소름끼치고 무서운 존재의 출현이기도 하였다. 상대방을 알지 못하기 때문에 더욱 공포감을 불러일으켰다.

그때 김수덕 박사가 말을 이어갔다.

"여러분, 금번 사태는 외계생명체 출현에 의한 환경재앙이었습니다. 이에 대한 과학적 증거와 그 해석은 분명하다고 봅니다. 현재 문제점은 외계생명체의 출현을 언제, 어떻게 발표해야 하는 점입니다. 일반대중에게 너무도 충격적인 내용이고, 더 나아가 인류사회에 대혼란을 초래할 것으로 보입니다. 여러분들의 의견을 말씀해 주십시오."

박수지 박사가 말문을 차분히 열었다.

"외계생명체의 출현이라는 전문적인 과학적 해석을 일반인들이 받아들일 수 있을까요? 외계생명체와 금번 괴현상과의 관계를 소상하고 평이하게 정리해서 발표했으면 합니다."

김도이 박사가 박수지 말을 받아서 다소 확신에 찬 표정으로 "이 괴생물이 DNA기반 유전정보가 아니고 규소기반 유전물질을 가진 것과 규소기반 생명체라는 점입니다. 물론 외계생명체를 정의하는데 이런 점들이 충분조건인지도 고려해야겠지요. 다시 말해 외계생명체라고 단정할 수 있는 기준점이 무엇이냐는 것이지요. 그리고 인문학적인 혼란과 종교적인 충격이 무엇일지도 사전에 도출해야 합니다. "

박수지 박사도 김도이 박사의 언급을 동의하면서 "현미경 사진과 같은 외계생명체의 시각적인 증거가 필요해요. 형태적인 차이가 지구생물과 구별되는 좋은 기준이 될 것 같아요. 그리고 아시는 것처럼 모래와 흙을 먹이로 활용한다는 점과 철분을 만나면 폭발적으로 증식하는 현장사진과 과학적인 자료도 준비했으면 합니다."

과학실무대책반 회의에서 박수지 박사는 이서희 박사를 개인적인 감정으로 의식하고 있지 않았으나 이서희 박사는 달랐다. 아직도 김도이 박사에 대한 개인적인 감정을 완전히 지울 수 없었기 때문이었다. 박수지 박사가 발언을 할 때마다 긴장하였고 또 거들고 나섰다. 미묘한 경쟁심과 같은 것이었다. 아직도 이서희 박사가 김도이 박사를 마음에 두고 있다는 말이기도 하였다.

이서희 박사는 분자생물학적인 관점에서 외계생명체에 대한 의견을 내놓았다.

"여러 과학적 증거나 정황으로 보아 외계생명체의 출현이 분명하지만, 저도 박수지 박사께서 지적한대로 일반 대중에게 설명하기 위해서는 추가적인 해식이 필요하다고 봅니다. 가령 괴생물이 규소기반 유전물질을 가동하고 있다는 실험적 자료가 있으면 좋겠습니다. 다시 말해 외계생명체의 유전정보의 염기서열을 분석하고 이 유전정보가 어떻게 작동되어 규소 기반 생체분자들을 생합성하는지 구체적인 실험적 증거가 보강되었으면 합니다. 그래야 일반대중이 외계생명체라고 믿지 않겠어요."

그때 박수지 박사가 중대한 문제를 제기하였다.

"제가 볼 때 암석미생물에 대한 병원성 문제가 거론되지 않았습니다. 아직까지 암석미생물을 다룬 과학자들에게서 특이한 증세가 발견되지 않았지만, 괴미생물의 병원성과 안전성 역시 계속 관찰해야할 문제입니다."

김수덕 박사는 "일반대중이 제일 관심을 가질 사안인데. 이서구 박사님, 혹시 하실 얘기라도."

이서구 박사는 다소 풀이 죽어있는 목소리로 "저희 실험실에서 암석미생물을 혐기성 미생물 형태로도 배양을 하였고, 또 철이온 성분이 포함된 배양액에서 괴미생물의 증식도 보았습니다. 그리고 제가 괴미생물과 신체적인 접촉이 있었지만 제 몸에 이상한 점을 발견하지 못했습니다. 병원성이 없었다는 얘기입니다. 일반적으로 규소계열 화합물이 항체형성을 유발하지 않는 것처럼 괴생명체의 규소고분자도 신체면역반응을 유발시키지 않을 수도 있습니다. 생각보다 안전하다는 말입니다."

김수덕 박사가 "좋은 점을 지적해 주셨습니다. 괴생물이 인체에 접촉되어도 안전하다는 점을 일반대중에게 우선적으로 알려야 할 사안입니다. 그래야 괴생명체에 대한 공포에서 조금 벗어 날 수 있으니까요."

이어서 박수지 박사가 말을 받아 새로운 문제를 제기한다.

"저도 이서구 박사님의 의견에 동의하지만 암석미생물에 장시간 노출되어 있을 때 무슨 일이 일어나는지 모릅니다. 또한 음식물과 섞여서 신체 내부에 들어갔을 때도 마찬가지이구요. 그래서 이 괴미생물에 대한 안전성 문제는 계속적으로 지켜보아야 할 사항입니다. 또 다른 공생체로 발전할 가능성도 있으니까요."

이서희 박사는 차분하고 또렷하게 거론된 이야기들을 정리하고 있었다.

"안전성 문제는 매우 중요합니다. 충분히 조사한 후 외계생명체에 대한 발표를 하여도 늦지 않다고 봅니다. 제 생각으로는 공생체가 그렇게 쉽게 발생하지 않을 것으로 봅니다. 세포내에서 서로 다른 생합성 체계과 생체 신호가 조화를 이루고 업무분담을 한다는 것은 결코 쉬운 일이 아니기 때문입니다. 아마 서로 조정하고 조화를 이루기 위해서는 아주 긴 시간이 필요할지 모릅니다. 다시 말씀드리지만 암석미생물 자체에 대한 분자세포생물학적인 과학적 자료가 더 많이 보강된 후 공개하는 것이 좋다고 봅니다."

박수지 박사는 보다 근본적인 관점을 거론하기 시작하였다.

"저는 오랫동안 지하암반에서 채취한 미생물을 연구해 오면서 생명체의 서식범위가 다양하고 넓다고 생각해 왔습니다. 이제 우리는 통제할 수 있는 외계생명체를 가졌습니다. 외계생명체를 공포의 대상으로 해석하지 말고, 교류하고 연구할 수 있는 생명체라는 점도 일반대중에게 알렸으면 합니다. 다른 말로 표현 한다면 생학(生學)연구의 대상과 과학적 영역이 넓어진 것으로 재해석할 필요가 있지요. 외계생명체를 너무 강조하면 걷잡을 수 없는 환경재앙으로 받아들여지기 때문에 정제된 용어로 설명을 준비했으면 합니다. 넓은 의미로 외계생명체를 극한환경미생물의 범주에 넣어도 좋다고 봅니다. 과학계가 괴미생물의 증식을 억제하고 수습할 수 있기 때문입니다."

이서희 박사가 분자생물학적인 관점에서 또 의견을 내놓았다.

"다소 파격적인 제안이군요. 일반대중은 외계생명체에 대한 궁금증이 많을 것입니다. 가령 외계생명체가 어디에서 왔고, 왜 지하암반에서 공생체로 그 긴 시간을 보내며 기다렸는지 설명을 요구할 것입니다. 그리고 규소기반-유전정보에 담겨있는 정보의 해독과 그 의미를 설명할 수 있어야 외계생명체가 지구생물과 다른 점을 더 확실히 인식할 것으로 봅니다."

오늘따라 박수지 박사가 그간의 생각을 피력하였다.

"저희가 아무리 과학적인 증거를 가지고 설명한다고 해도 외계생명체의 출현은 인문사회와 종교계에 커다란 충격파를 보낼 것이 분명합니다. 그래서 외계생명체에 대한 과학적인 추가적인 연구조사와 더불어 각 분야의 전문가로 구성된 특별위원회를 구성하여 충분히 논의한 후 공개해도 무방하다고 봅니다. 비상재해대책위원회에 보낼 보고서에 공개시점을 최대로 늦추어 줄 것을 제안합니다."

김수덕 박사도 머리를 끄덕이며 "잘 알았습니다. 오늘 여기에서 논의된 내용을 정리하여 보고서를 작성하겠습니다. 그리고 다시 작성된 보고서는 김도이 박사와 박수지 박사께서 문안을 다듬어 주십시오. 내일 비상재해대책위원회에 넘기겠습니다."

그리고 김수덕 박사는 한마디 더 추가한다.

"물론 비상재해대책위원회에서도 외계생명체의 출현을 바로 일반대중에게 공개하기 어려울 것으로 봅니다. 국민적 혼란이 초래될 수 있기 때문이지요. 여러분들도 외계생명체 출현에 대한 언급을 공식적인 공개이전까지 삼가 주시기 바랍니다."

다음 날 긴급히 비상방재대책위원회가 바로 소집되었다. 김수덕 박사가 다소 상기된 모습으로 과학실무대책반이 작성한 보고서 내용을 차분히 발표하였다. 그 자리에서 있던 모든 위원들은 외계생명체의 출현에 입을 다물지 못했다. 손서보 위원장은 상기된 어조로 말을 이어갔다.

"사안이 중대하여 과학실무대책반의 보고도 받고 추가적인 검토가 필요합니다. 제 생각은 정부당국과 비상재해대책위원회, 그리고 과학실무대책반 모두가 참석한 합동회의를 개최하여 이 후속대책을 논의하였으면 합니다."

모든 위원들이 수긍함으로서 합동회의를 다음 날 개최하기로 하고 정회

하였다.

다음 날 합동회의가 개최되었다. 김수덕 박사는 "그간 과학실무대책반에서 현장실험을 지휘한 김도이 박사가 그간의 진행과 실험결과를 발표하겠습니다."

김도이 박사는 그간의 연구진행과 발견된 과학적인 증거를 세세히 설명하였다. 참석자들도 너무 놀라서 아무 말도 못하고 멍하니 경청만 하였다. 또 다른 이유는 외계생명체에 대한 막연한 두려움도 작용하였다. 조금 시간이 지난 후 합동회의에 참석한 몇몇 위원들은 김도이 박사에게 외계생명체에 대한 실험적 증거를 쉽게 설명해 줄 것을 요구하였다. 그리고 위원들은 괴생물의 환경재앙에 대한 방재대책도 없이 외계생명체의 출현만을 발표하면 더 혼란을 야기할 수 있다는데 대체로 의견이 모아졌다.

손서보 위원장은 단호한 어조로 "여러분, 오늘 금번 환경재앙과 관련된 괴생명체가 외계생명체이고, 이에 대한 공개여부를 논의하였습니다. 지금 가지고 있는 자료만으로 외계생명체의 출현은 확실하다고 봅니다. 그런데 이러한 사실을 일반대중에게 공개한다면 환경재앙을 넘어 국민적 대혼란이 예상됩니다. 추가적인 과학증거와 많은 토의를 거친 다음 발표하여도 늦지 않다고 봅니다. 공개이전에 특별위원회의 설치는 좋다고 봅니다. 그 전에 괴생명체의 증식억제방안을 찾는 것이 더 우선적입니다."

김수덕 박사도 거들며 말을 이어간다.

"제 생각도 같습니다. 지금은 외계생명체보다 현 환경재앙의 방재대책이 더 시급합니다. 또한 과학실무대책반의 실무활동을 확대했으면 합니다. 전문가와 연구지원을 확충해주시면 감사하겠습니다. 그리고 외계생명체의 출현에 대한 공개여부는 특별위원회를 구성하여 추가적인 과학자료를 보완하고 공개관련 논의를 위임할 것을 제안합니다."

손서보 위원장은 정부당국을 대표하여 "본 위원회는 외계생명체의 출현에 대한 공개시점은 특별위원회를 구성하여 정하도록 하고, 그 이전에 괴생물의 증식억제에 대한 연구역량을 확충하도록 정부당국에 요청하겠습니다. 그리고 과학실무대책반에서는 빠른 시일 내에 방재대책을 찾아주시기 바랍니다."

모든 참석자들은 외계생명체의 공개에 대한 별다른 대책을 내놓지 않았지만, 괴생물의 억제에 대한 연구활동을 확충하는데 적극적으로 동의하였다. 그리고 외계생명체의 출현에 대한 공개여부는 특별위원회를 구성하여 논의한 후 결정하기로 하였다.

21. 김도이와 박수지의 대화

21

김도이와 박수지의 대화

저녁 무렵 과학실무대책반 회의를 마치고 김도이 박사는 박수지 박사와 함께 차를 타고 퇴근하였다. 오늘도 김도이 박사의 머리속에는 온통 외계생명체 뿐이었다. 아니 공상소설에서 나타날 법한 외계생명체가 실제로 내 앞에 나타나 가공할 환경재앙을 만들고, 그리고 괴물체로 변신하여 엉뚱한 행태를 보였기 때문이었다.

한참 지나서야 김도이 박사는 갑자기 박수지 박사가 운전석 옆에 있는 것을 알아채고 머리를 흔들어 정신을 차렸다. 그리고 일상적인 생각으로 돌아왔다. 오랜만에 박수지 박사와 좋은 시간을 갖고 싶어졌다.

"미안해. 내가 딴 생각을 했나봐. 수지 씨, 오늘 분위기 있는 곳에서 저녁식사하면 어때?"

박수지 박사는 기다렸다는 듯이 바로 대답하였다.

"좋아요. 제가 점찍어 놓은 곳이 있어요."

김도이 박사는 "분위기 있는 식당을 알아 놓았다고?"

박수지도 덩달아 신나서 "호수 근처에 한적하고 전망이 좋은 식당이 있어요."

김도이 박사는 놀라서 "지금 사고현장의 호숫가?"

박수지 박사가 웃으면서 "아니, 그 호수가 아니라 시화호 근처에 분위기 있는 식당이 있어요."

김도이 박사는 재빨리 박수지의 의도를 감지하였다. 박수지 박사가 둘만의 오붓한 시간이 오길 기다리고 있었다는 말이었다.

"무슨 식당인데?"

박수지 박사는 꼭 가보고 싶은 식당이라는 듯이 "인터넷에서 『호숫가에』라는 식당을 발견했어요. 콩 전문식당인데 괜찮겠어요?"

김도이 박사는 "콩? 가봅시다."라고 말하고 내비게이터에서 『호숫가에』 식당을 찾아 입력하였다. 내비게이터 아가씨가 음성으로 길 안내를 시작하려하자 길안내 소리를 끄고 화면만 주시하면서 길안내를 받았다. 오늘따라 비교적 조용히 운전하고 싶었다. 달리 생각해보면 외계생명체라는 큰 충격 후 박수지로부터 위로받고 싶었는지도 모른다. 아니 그녀의 따뜻한 품안에 파묻히고 싶은 심정으로 박수지의 제안을 조용히 따르고 있었다. 물론 암석미생물에 대한 경험이 많은 박수지의 과학적 조언을 듣고 싶은 것도 사실이었지만 그 보다는 박수지와 둘만의 시간을 원했다.

박수지 박사는 오늘 따라 김도이 박사가 무거운 분위기였지만 자기에 대한 배려차원으로 시간을 내어 식당을 가는 거라고 생각하였다. 아마도 외계생명체 출현에 대한 발표를 하고 일종의 충격에서 조금 벗어나 조용한 시간이 필요하다고 보았다. 오늘 대책회의에서 그렇게 긴장한 얼굴을 처음 보았기 때문이었다. 박수지 박사도 오늘은 가급적 말을 줄이면서 상황을 살피고 있었다.

그때 갑자기 김도이 박사가 엉뚱한 말을 꺼내었다.

"난 어렸을 때 식물이 생명체가 아닐 줄 알았어. 그저 쌀과 같이 먹어야 할 대상으로만 생각했어. 사람과 너무 달랐고 또 늘 먹어왔기 때문이었지. 지금 생각하면 우습지만 어릴 때는 그랬어. 그러니까 식물을 함부로 죽이고 짓밟아도 괜찮은 줄 알았지."

김도이 박사가 갑자기 엉뚱한 말을 꺼내니까 박수지는 이상하다고 생각하면서 "채식을 싫어하세요? 식물 속에 비타민과 섬유소가 많아서 적당히 잘 먹으면 건강에 좋대요. 살도 안찌고요. 우리 몸에 필요한 규소(silicon)도 채식을 통해 얻을 수 있고요. 칼슘과 마찬가지로 규소가 없으면 뼈가 약해져요."

김도이 박사는 "아니, 나도 좋아해. 갑자기 옛날 생각이 나서 그랬어. 사람이 참 우습지. 어떤 선입견을 가지고 있으면 그 생각의 범주에서 벗어나는데 많은 시간이 걸려. 내가 중학생 때 생물시간에 양파세포의 현미경을 사진을 보면서 비로소 식물을 한 생명체로 인식했어. 그리고 근 25년 후 DNA를 알게 된 다음 완전히 달라졌지. DNA가 모든 생물의 공통적인 유전 정보체계라는 것을 알게 되었어. 지구생물들이 서로 친척간이라는 것을 그제야 안셈이야. 그것을 아는데 긴 시간이 필요했어."

박수지 박사는 김도이 박사가 오늘 따라 안하던 말을 하고 있다고 생각하면서

"무슨 얘기가 하고 싶은 거예요? 오늘 자기가 조금 이상한 것 알아요. 혹시 외계생명체를 생각하고 있어요?"

김도이 박사는 웃으면서 "그래. 오늘은 매우 충격적인 날이잖아. 사람들에게 외계생명체이 나타났다고 떠들고 온 날이니까. 우습지. 한 번도 나타난 일이 없는데 외계생명체가 나타났다고 나 혼자 떠들고 왔어. 그런데 지금은 엉뚱하게 지구생물과 외계생명체와 친구일 수 있다는 생각을 하고 있어."

박수지 박사도 자세를 바로 세우고 "친구라구요? 너무 앞 질러가지 마세요. 내가 따라갈 수 없잖아요."

김도이 박사가 빙그레 미소를 지으면서 "친구 맞잖아. 같은 형태의 유전

정보를 가지고 있는데. 단지 생명의 정보가 저장되어 있는 수용체가 다를 뿐이지."

박수지 박사도 고개를 끄덕이며 "그건 그래요. 어쨌든 오늘 오래 기억이 남을 것 같아요. 외계생명체 역사의 원년이라고 해도 과언이 아니에요. 도대체 이 녀석들은 어디에서 왔을까요?"

김도이 박사는 박수지의 옆구리를 살짝 찌르면서 "어디에서 왔는지 알면 알려줘. 암석미생물 전문가잖아."

박수지 박사가 빙그레 웃으면서 말을 잇는다.

"그런 질문은 마치 '생명의 기원이 어디냐'고 묻는 것과 같아요. 지구일까요? 아니면 우주일까요? 사실 우주와 비교하면 지구는 너무도 작은 별이잖아요. 먼지보다도 작은 별에서 생명체가 처음으로 발생했고, 또 그곳에만 생명체가 있다고 하기에는 무리가 있어 보여요. 우주에 비해 너무도 미미해서 지구에서만 생명이 시작할 확률이 거의 없거든요. 지구가 이 넓고 넓은 우주의 중심이 아닌 것도 사실이고요. 꼭 만물의 영장인 인류가 우주의 주인처럼 말하는 것은 다소 오만함의 표현일 수 있고, 무지함을 나타내는 말일 수도 있어요."

김도이 박사도 박수지가 말하는 "생명의 기원"이라는 말을 듣고 바로 튀어나오듯이 자신의 생명에 대한 개념을 늘어놓았다.

"나도 점점 내 생각을 넓혀가고 있어. 종교가 부여하는 선입견으로부터 해방되고 싶어, 생명의 기원에 대한 막연한 생각보다는 구체적이고 과학적 사고가 필요하다는 말이지. 생명체의 외형적 모습만으로 다 설명할 수 없어. 생명체를 가동시킬 운영체계를 생각해야해. 이제까지 생명체의 hardware만 가지고 생명의 기원을 논한 것이 사실이야. 이제부터 software적인 개념의 접근이 필요해. 유전정보를 넘어 『생명의 정보』 자체에 대한 개념과 인식이 생명의 기원을 알아가는 출발점인지도 몰라."

박수지 박사는 "도이 씨, 지구생물과 외계생명체가 우리와 같은 『생명의 정보』를 갖고 있다고 생각해요?"

김도이 박사는 웃으면서 "정말 어려운 질문이네. 나도 알고 싶어. 하지만 이번 괴생물의 유전물질을 보고 나도 놀랐어. DNA의 구조와 암호체계가 너무 유사하잖아. 어떻게 그럴 수가. 서로가 같은 『생명의 정보』를 공유할 가능성이 있다고 생각했어."

박수지 박사가 차분히 말을 잇는다.

"외계생명체가 있다면 그 『생명의 정보』를 DNA 말고 다른 저장장치에다 수록했다는 말이에요? 우리가 찾은 규소고분자가 바로 그 수용체란 말이네요."

김도이 박사가 박수지의 과학적인 사고능력과 예리한 추론에 놀라면서

"결국 지구생물과 외계생명체가 같은 『생명의 정보』를 갖고 있다는 말과 통하지. 물론 세세한 내용은 서로 다르지만 큰 틀에서 보면 그렇다는 말이지. 아마 이런 말을 일반대중에게 전하면 큰 거부반응이 일어날 거야."

박수지 박사는 바로 말을 받더니 "아무튼 그럴 개연성이 있어요."

김도이가 더 의미심장하게 종교적인 관점을 지적하였다.

"너무 확대 해석하는 것이지만 생명의 정보가 같다면 우주에 조물주가 하나라는 말과 통해."

박수지 박사가 정색을 하고 말을 이어간다.

"그러네요. 신중히 말해야겠어요. 저도 어렸을 때 종교에 푹 파묻혀 있었이요. 마치 어린아이가 산타할아버지가 최고였고 전부였던 것처럼 그때에는 다른 선택의 여지가 없었어요. 그대로 받아들여야만 했으니까요."

김도이 박사가 웃으면서 “무슨 말을 하려는지 알겠어. 나도 산타할아버지로부터 탈출하여 신의 개념으로 넘어가는데 꽤 시간이 걸렸어. 그리고 현 종교의 범주에서 탈출하는데 더 큰 용단과 용기가 필요하겠지. 그렇다고 종교가 의미 없다는 말은 아냐. 지금도 종교는 나에게 분명한 영역과 역할이 있어. 그렇다고 지금의 생각을 피하고 싶지도 않고.”

박수지 박사는 한참동안 생각에 잠기더니 “저에게도 종교가 조물주에 대한 개념을 심어주었어요. 사실 온 우주에 조물주가 하나 있다면 한 형태의 “생명의 정보”만 있겠지요. 어째든 지구생물은 한 형태의 DNA만 갖고 있어요.”

김도이 박사도 박수지 박사의 말에 동의하면서 “사실 생명의 기원과 생명현상의 가장 핵심요소가 바로 유전정보에 담겨있는 『운영체계』야. 바로 『생명의 정보』인 셈이지.”

박수지 박사도 『생명의 정보』라는 개념을 생각하면서 이는 아마도 생명체를 관장하는 하나의 『운영체계』라는 software를 생각하고 있었다.

“가끔 나도 모르게 심장이 뛰고, 숨을 쉬는 내 모습을 보면서 깜짝 놀라곤 해요. 내 몸체인데 내가 전혀 관여하지 않잖아요. 내 몸체 안에 또 다른 내가 있어요. 이런 생체운영에 대한 정보에 대해서 현대과학은 아직 알고 있는 것이 없어요. 또 생물의 대사와 생합성, 에너지 체계, 그리고 면역체계 그 모두가 나와 상관없이 작동되고 있잖아요. 내 자신이 몸체의 주인인 줄 알았는데, 알고 보니 내가 아닌 것을 알았어요. 이게 다 DNA에 수록된 운영체계가 관여하는 것을 이제 알았어요.”

김도이 박사도 박수지의 넓은 사고력에 다소 놀랍기까지 하였고, 그녀가 다시 보였다.

“맞아요. 생체운영을 담당하는 유전정보를 생각하면 신기할 뿐이지. 생명현상의 실체가 바로 그거야. 사실 생명체의 구조정보뿐 만아니라 생명력과 본능 그리고 생노병사 역시 모두가 이 『생명의 정보』에 담겨 있다고 할 수 있어."

박수지 박사가 맞장구를 치면서 "지금 과학자들이 생체구성물만 가지고 생명현상을 말하고 있지만, 머지않아 과학자들이 생명의 운영체계인 『생명의 정보』을 탐구할 것으로 봐요. 아마 그때에는 인문학과 과학과의 만남이 이루어진다고 생각해요."

김도이 박사는 박수지의 논리적인 견해에 다소 놀라며 "근데 인문학은 사람간의 관계를 사람 중심에서 정립한 학문이야. 외계생명체까지 범위를 넓힌다면 인문학이 아니라 『관계학(關係學, 끈)』이라고 해야 맞을 것 같아."

박수지 박사도 무슨 뜻인지 바로 알아채고 "그래요. 인문학의 범위를 넓혀야할 때가 되었어요. 사람중심에서 벗어날 때가 되었다는 말이지요."

김도이 박사는 바로 말을 받아서 "당연하지. 생물학적인 관계를 넘어서 유전정보의 관계 속에서 찾는 것이 더 쉬울 수도 있어. 아무튼 현재 속도로 생학(生學)이 발전한다면 100년 내에는 어떤 실마리를 찾을 수 있지 않을까. 사실 지금 우리는 몸체에 대한 후천적인 정보와 유형적인 형체만 겨우 알뿐이지 그 가동원리를 잘 모르잖아. 단지 자율신경계에 담겨있는 일종의 무형적인 software, 즉 『운영체계』가 관여된다고 할뿐 아직 아는 것이 별로 없어."

박수지 박사가 DNA에 대한 유전자암호를 생각하면서 "그 『생명의 정보』가 어떤 암호체계에 수록되어 있고, 또 어떻게 발현되는지 생각해 보았어요? 제 생각으로 DNA에 잠재된 또 다른 암호체계를 생각하면 그 실마리가 잡힐 것 같아요."

김도이 박사가 덤덤하게 "생명현상에 깊이 들어가면 인문학을 넘어 종교와 연결되는 것은 어쩔 수 없어."

박수지 박사도 거들면서 다른 말로 이어간다.

"이렇게 보면 어떨까요? 컴퓨터를 가동시키는 운영체계를 생각해 보세요. 컴퓨터를 사면 제일 먼저 Windows와 같은 운영체계를 구입하여 컴퓨터에 장착하잖아요. 그래야 컴퓨터를 가동할 수 있고, 추가적인 프로그램을 운영할 수 있는 것처럼 우리 몸의 DNA에 담겨있는 『생명의 정보』가 장착되고 가동되어야 그 때부터 스스로 생명의 정보를 발현하여 생명력을 유지한다고 볼 수 있어요. 다른 각도로 보면 우리의 사고와 판단은 이 운영체계를 도와주는 부차적인 장치인지도 몰라요. 그렇지 않아요?"

외계생명체 얘기에서 생명의 정보, 그리고 종교에 이르기 까지 광범위하게 얘기하다가 어느덧 식당에 도착하였다. 이 식당은 시화호와 서해바다를 동시에 내려다볼 수 있는 언덕에 위치해 있었다. 해질 무렵 두 사람은 커다란 호숫가에 앉아서 호수와 바다를 번갈아 보면 붉은 석양을 감상하고 있었다. 오늘 김도이 박사의 복잡한 마음을 풀어주기에 아주 적당한 장소라고 생각하였다. "호수가에"라는 식당은 주로 콩을 가공하여 만든 음식과 다양한 야채와 나물이 주를 이루고 있었다.

김도이 박사가 메뉴를 보면서 "식사 전에 간단히 빈대떡과 파전, 그리고 막걸리 한잔하면 어때?"

박수지 박사도 "좋아요. 한잔해요."

김도이 박사는 먼저 전체 음식을 주문하고 이야기를 계속하였다.

"사실 우리 몸은 둘로 나뉘어 있어. 하나는 우리 몸체를 만들어가는 구조정보이고, 다른 하나는 우리가 전혀 관여할 수 없는 몸체 자체를 가동하는 운영정보야. 이 두 시스템이 따로따로 움직이지만 더 크게 보면 서로 주고받으면서 완벽한 조화를 이루고 있는 셈이지. 두 『생명의 정보』의 공존은 정말 놀라운 일이야. 아마 생명의 신비의 전부라고 해도 과언이 아니야. 아직 사람들은 자기 자신을 언급할 때 주로 전자만을 일컫고 있어, 후

자는 잘 모르고 있는데 이것은 현재 우리 지식 밖에 있기 때문이야. 어떻게 보면 이 괴생명체도 혐기성 미생물과 생명의 정보를 조화롭게 공유한 결과로 공생체로 거듭났다고 볼 수 있어."

박수지 박사가 자신의 평소 과학적 관점을 끄집어내어 말을 잇는다.

"그래요. 외계생명체가 자신의 『생명의 정보』를 혐기성 미생물에 전달하였고, 서로가 정보를 공유하면서 공생체로 발생했다고 봐요. 이 두 생명체의 유전정보를 비교조사하면 생명의 기원과 운영체계의 암호에 대한 실마리를 찾을 수 있을 것 같아요."

김도이 박사는 웃으면서 "수지 씨, 너무 서두르지 마세요. 과학자들이 단백질의 구조와 그 합성정보를 밝힌 지 겨우 50년 밖에 안됐어요. 아무튼 조만간 과학자들은 새로운 암호체계에 대한 실마리를 찾아서 생명의 기원을 찾아 떠날거야. 외계생명체의 유전정보를 우리의 것과 비교하면 쉽게 풀릴 수도 있지."

박수지가 말을 이어간다.

"맞아요. 내 몸체는 『생명의 정보』의 지시에 따라 움직이는데, 정작 나는 그 정보를 전혀 알아채지 못해요. 우습지요."

그때 전체 음식인 빈대떡과 파전 그리고 막걸리가 식탁에 왔다.

웨이터가 "맛있게 드세요."

박수지 박사가 "고맙습니다."라고 말하고 김도이 박사를 보면서 그녀의 말을 이어갔다.

"도이 씨, 혹시 지구에서 생명체가 발생하였다면 그 『생명의 정보』까지도 지구에서 자생적으로 조합되었다고 말해야 하나유?"

김도이 박사는 한참동안 머뭇거리며 생각에 빠져 있으면서 박수지의 질문에 대답할 말을 찾고 있었다. 그리 간단한 문제가 아니기 때문이고, 또 종교적인 관점과 연결되어 있기 때문이었다. 마치 조물주가 지구에만 있느냐고 묻는 질문과도 같았다.

김도이 박사는 막걸리를 박수지 앞에 있는 투박한 뚝배기에 따르고, 이어서 자기 잔에도 따랐다. 그리고 서로를 빤히 쳐다보면서

“수지 씨, 내 옆에 있어줘서 정말 고마워. 수지 씨 때문에 앞을 헤치고 나갈 용기가 생겼어.”

박수지 박사도 어색한 웃음을 보이면 “갑자기 왜 그래요. 사람 민망하게, 저도 팔짱낄 사람이 생겼잖아요. 사랑해요. 도이 씨. 건배!”

김도이 박사도 “수지, 최고.”

서로가 건배하며 그윽한 막걸리의 맛을 음미하였다. 그리고 김도이 박사는 박수지 박사의 질문을 골똘히 생각하였다. 바로 답이 간단하지 않기 때문에 시간이 필요했다. 그래서 김도이 박사가 말을 돌려 막걸리에 대해서 한마디 덧붙였다.

“막걸리는 좋은 민속주라고 생각해. 쌀이 곡류 중에서 가장 귀하고 좋은 포도당의 출처이잖아. 발효조건을 표준화한다면 포도주를 넘어 세계적 명주로 거듭날 수 있다고 봐.”라고 말하면서 막걸리 한잔을 더 마시려고 하자 박수지가 말린다.

“운전하잖아요. 그만 하세요.”

김도이 박사가 멋쩍은 듯한 표정으로 머리를 만지며 “한잔만 더할게. 그리고 여기에서 있다가 천천히 돌아가면 되잖아. 난 오늘 저녁 수지와 여기에서 늦게까지 같이 있을 거야.”

한잔을 다 채우고 말을 계속하려는데, 박수지 박사가 말을 막으며 “은근슬쩍 한잔 더 마시려고 그러는 거죠. 안돼요.”

김도이 박사도 할 수 없이 “알았어.”라고 대답하며 박수지가 나를 생각

해서 못 마시게 하는 모습이 더 사랑스럽게 느껴졌다. 이제 내 사람이라는 생각도 들었다. 그리고 박수지의 손을 잡고 얼굴을 빤히 쳐다보았다. 총기가 넘치고 예쁜 눈망울 속으로 내 자신이 빨려 들어가고 있었다. 박수지도 김도이가 싫지는 않았고 무언가 반응을 해야 한다고 생각하며 식탁에 밑에 있는 김도이의 구두를 살짝 짓누르며 윙크를 하였다. 김도이는 잡고 있던 손에 살짝 입을 맞추면서 "이제 생각이 났어. 아까 말한 질문의 답."

박수지 박사도 다시 자세를 바로하고 "말해 보세요."

김도이 박사는 생각을 더듬으면서 "생명체와『생명의 정보』가 어디에서 시작되었는가라는 질문은 정말로 어려운 문제야. 아마 인류역사가 계속되는 동안 이 질문은 계속 될거야. 만약 내가 모든 우주를 답사할 기회가 있다면 그 답을 말할 수 있겠지. 그래서 지금은 추상적인 답밖에 없어. 만약 지구환경에서 생명이 자생적으로 발생했다면『생명의 정보』는 분명히 지구에서 시작했다고 할 수 있지만, 이 말은 우주의 창제가 지구에서부터 시작했다는 말과 같아. 생명의 신비가 우주의 조화와 비견될 수 있을 정도로 오묘하고 놀라운 자연현상인데, 유독 이 작은 별이 우주의 중심이라고 하는 것은 지동설이 아니고 천동설을 주장하는 것과 같다고 생각해."

박수지 박사가 한 마디 거들고 싶어서 말을 이어간다.

"너무 거창하게 시작하지 말고 간단히 얘기해요. 만약 조물주가 우주를 창제했다면 온 우주가 그의 지체라는 생각을 해요. 거꾸로 생각해보면 생명의 기원도 우주 전체일 수도 있고, 지구라는 조그만 별일 수도 있다는 말도 성립되지요. 그렇게 보면 우리 찾은 암석미생물이 꼭 외계생명체라고 단정지울 수도 없어요. 하하하."

김도이 박사는 박수지 박사가 생각이 깊은 사람이라는 것을 새삼 느끼며 "물론 그 말도 맞아요. 또 사실일 수도 있어. 사실 이 문제를 서로 주장해보아도 그 답이 없기 때문에 계속 맴돌 뿐이지. 그래서 그 이상은 의미가 없어. 다른 얘기합시다."

박수지 박사가 더 깊은 곳을 찌르며 말을 잇는다.

"도이 씨, 혹시 종교가 있어요?"

김도이 박사는 조금 주저하다가 "20년 전에는 분명히 종교인이라고 생각했어. 지금은 아마 자연종교인이라는 말이 더 어울릴 것 같아."

박수지가 웃으면서 "종교가 있다는 말인지 없다는 말인지 잘 모르겠어요."

김도이 박사도 웃으면서 "듣는 사람의 생각대로 해석하면 돼. 결국 우주의 질서가 있으면 그 질서의 주인이 있다는 말이지."

박수지 박사는 "어떤 근거로 우주의 주인이 있다고 결론을 내렸어요?"

김도이 박사는 하늘을 한번보고 다시 박수지 박사의 눈을 들여다보며 "나도 많은 생각을 했지. 우주와 자연에 엄연한 『질서』가 있고, 또 『보이지 않는 끈』으로 연결되어 있다는 사실을 알았어. 그 『질서』와 『보이지 않은 끈』이 바로 조물주 자신의 표현이라고 생각했어. 『생명의 정보』가 질서 그 자체이잖아."

박수지도 서로의 대화가 생명의 기원에서 조물주로 이어지고 있다는 생각하면서 종교적인 질문을 김도이 박사에게 계속 던지고 있었다. 그리고 김도이 박사의 대답이 궁금하였다.

"그러면 조물주는 피조물자에게 무엇을 원한다고 생각해요?"

김도이 박사도 박수지 박사가 생각보다 깊은 종교관과 자연관을 갖고 있다는 것을 처음으로 알았다. 김도이도 자신의 생각을 조용히 한마디씩 박수지에게 전하고 싶었다.

"사실 나는 이런 생각을 해봤어. 다소 건방진 생각일 수도 있지만, 이렇게 아름다운 우주와 자연을 창제한 조물주가 자신의 세상을 보면서 어떤 생각을 했을까. 아마 혼자 보는 것만으로 만족하지 못했을 것 같아. 이 아름다운 우주와 자연을 찬송하고 감상할 그 누군가 필요했을 것으로 생각해. 생명체의 창제지. 이 아름다운 자신의 세계를 감상할 기회를 우리에게 부여했다는 말이야. 이 아름다운 우주와 자연을 보면서 아름다운 자연의 질서와 조화를 찾아보라고 명령한 거야. 아마 우리가 하늘의 뜻이 담겨있는 자연의 법칙과 질서를 찾아가는 일이야말로 가장 소중한 일이 아닐까? 자연의 섭리를 알아가는 것이 하늘의 뜻이라는 말이지. 그리고 조물주는 우리에게 자연의 법칙에 따라 살아가라고 명령하는 것 같아. 결국 우주와 자연의 법칙이 『보이지 않는 끈』으로 연결되어 있기 때문에 그 『끈』을 찾아가는 일이 우리에게 주어졌다고 봐. 특히 우리 과학자들에게."

박수지 박사가 눈을 깜박이며 "도이 씨, 『보이지 않은 끈』이 무슨 말이에요?"

김도이는 하늘을 쳐다보면서 담담하게 말을 이어갔다.

"『보이지 않은 끈』이라는 말은 우리 아버지의 우주관이야."

"우주에 수없이 많은 별들이 제각각 떠돌아다니는 것 같아도 결국 은하계(galaxy)라는 테두리 안에서 『보이지 않은 끈』으로 묶여있지. 지구가 태양계를 벗어날 수 없는 것도 마찬가지야. 우주 만물이 보이지 않는 중력에서 벗어날 수 없는 것과 같이 모든 분자들도 상호관계 속에서 얽혀있고, 원자 속에서 반대의 속성을 가진 전자(electron)나 양성자(proton)도 결코 벗어날 수 없는 관계라는 사실이야. 생물도 서로 먹고 먹히는 먹이사슬의 끈에 맞물려 있고, 인간사회도 경쟁과 상생이라는 보이지 않은 관계 속에서 한 발짝도 벗어날 수 없어. 결국 양성자에서 우주에 이르기까지 모든 것이 『보이지 않은 끈』으로 묶여있다는 말이지. 그것이 우주의 가동원리이고 생명의 생성원리인 셈이야. 다른 말로 하면 자연의 섭리의 표현이지. 이 『보이지 않은 끈』에서 벗어날 수도 없지만 조화와 사랑으로 그 『끈-끈』을 이어가는 것이 자연의 법칙을 따르는 순리인 셈이야. 또 조물주의 뜻으로 받아들이라는 말이지. 아버지도 우주와 자연 그리고 생명에 대한 많은 생각을 한 것 같아."

박수지 박사가 눈을 휘둥거리며 "정말 멋있는 말이에요. 도이 씨, 아버님이 다시 보여요." 그 말을 듣고 두 사람은 한 동안 말없이 조용히 앉아서 호숫가에 떠 있는 조그만 배만 쳐다보고 있었다.

한참이 지나고 박수지 박사가 파전을 맛보았다.

"정말 맛있네요. 전 어릴 때 파가 들어간 음식은 다 싫었어요. 파전도 파김치도 다 싫었어요. 그런데 이제는 파의 진가를 알 것 같아요. 참 우습지요. 나이가 들면서 몸이 요구하는 것이 다른가 봐요. 혹시 몸속에서 가동되는 세포공장의 가동라인이 변경된 것 같아요."

김도이 박사도 고개를 끄덕이면서 "맞아. 대사경로가 조정될 가능성이 크지. 자체 공급이 어려운 특정 대사물을 보충하려는 본능적인 반응일거야. 나도 마찬가지였어. 어릴 때 파를 가장 싫어했으니까. 혹시 파속에도 규소가 들어있나?"

박수지 박사는 별 질문을 다한다고 생각하면서 "잘 모르겠는데요. 뻣뻣한 채소 속에는 규소가 많이 들어있다고 알고 있는데…, 일반적으로 동물은 식물을 섭취하면서 몸에 필요한 규소를 보충한대요. 근데 한국 사람은 김치와 채소 그리고 산나물들을 특히 많이 먹잖아요."

김도이 박사는 규소라는 말에 외계생명체의 규소고분자와 생체규소분자의 생합성을 머리에 떠 올렸다.

"사실 탄소기반-생명체와 규소기반-생명체의 정확한 구분이 없는 것 같아. 기본 골격에 어느 원소가 더 많이 있느냐에 달려있지 실제로 두 원소는 항상 같이 존재하는 셈이야. 그렇게 본다면 지구생물이나 외계생명체나 완전히 다른 생명체라고 할 수도 없어. 단지 편의상 탄소가 많으니까

탄소기반-생명체라고 할 뿐이지. 지구생물도 진화과정에 규소의 활용도가 떨어졌다고 말할 수밖에 없어. 갑자기 파 얘기하다 엉뚱한 곳으로 빠졌네."

두 사람은 전체음식을 맛있게 먹고 산나물이 많이 들어있는 콩정식을 주문하였다. 콩으로 이렇게 다양한 음식을 만들 수 있는지 놀랐다. 그리고 콩 하나만으로 대부분의 영양소를 얻을 수 있는 완전음식이 분명했고, 우리의 문화가 녹아있는 전통음식이었다.

박수지 박사가 거든다.

"도이 씨, 이 콩의 원산지가 한반도라는 것을 알고 있어요?"

김도이 박사도 고개를 끄덕이며 "그래. 알고 있어. 그런데 지금은 다국적 농업회사로부터 수입해서 먹잖아. 이젠 생물자원의 국경이 허물어지는 같아."

김도이 박사는 다시 엉뚱하게 산나물을 가리키면서 "전통음식에 대해서 할 말이 많지. 사실 우리가 그 많은 들풀을 먹을 수 있는 것도 조상들의 고통스러운 생존의 역사야. 먹을 것이 없을 때 야산에 가서 이것저것 먹어본 결과지. 그 결과 맛이 있는 것과 독풀을 구별할 수 있게 되었고, 이제 우리 식단의 주제가 되었어. 우리 식소재의 범위는 누구보다도 넓고, 또 독특한 식문화를 갖게 되었어. 외국 음식에는 이렇게 다양한 야채나 들풀 음식이 없잖아. 가끔 조상들이 배고파서 들과 산에서 들풀을 찾아 헤매었다고 생각하면 맘이 짠해지지만, 우리만 가진 품격 높은 식단을 남겨준 셈이야. 결과적으로 우리의 음식의 다양성과 넓은 풍미를 가진 식단으로 진화했어."

두 사람은 저녁식사를 마치고 식당과 접하고 있는 시화호 주변 길을 걷기 시작했다.

박수지가 팔짱을 끼고 김도이를 쳐다보면서 조용하고 차분한 분위기에 말을 꺼낸다.

"오늘 좋았어요. 도이 씨를 좀 더 깊이 안 것 같아요. 이젠 어떻게 할 거에요?"

김도이 박사는 혹시 박수지 박사가 결혼을 얘기하는 줄 알고 긴장하며 "뭘…, 뭘?"

박수지 박사는 다소 정색을 하며 호숫가 길에 있는 벤치에 앉으면서 "무슨 딴 생각을 하세요? 외계생명체를 발표했으니 그 후속연구를 해야 하잖아요."

김도이는 한참동안 박수지 얼굴을 보다가 가볍게 키스를 하였다. 박수지도 싫지는 않은 반응이었고 그대로 받아들였다. 한참이 지나서 "이런 질문을 안했어야 했는데…." 박수지가 웃으면서 김도이를 쳐다본다.

김도이 박사도 다소 멋쩍다는 듯이 "난 기다리고 있었는데. 어쨌든 한 대 얻어맞았어."

박수지 박사가 웃으면서 "그 말은 그만 하세요."

김도이 박사가 아무렇지도 않다는 듯이 정색을 하고 "알았어. 박수지가 나와 같이 살자고 하는 줄 알고 얼마나 좋아했는데. 아무튼 이것도 암석미생물의 후속 프로젝트야."

박수지 박사가 어이없다는 듯이 웃으며 "알았어요." 김도이 박사가 결혼과 관련된 말을 한다는 게 속으로는 기뻤다. 그러나 내색을 하지 않고 말을 계속하였다.

"우선 외계생명체의 증식억제제를 찾아야 하잖아요."

김도이 박사가 웃으며 "이제 수지가 우리 연구소에 와 있는 무슨 걱정이야. 금방 끝날 텐데."

박수지 박사는 웃으면서 다른 말을 꺼내었다.

"왜 그래요. 정말 재미있는 연구가 기다리고 있잖아요. 외계생명체에 대한 유전정보의 해독과 규소생화학, silicon-based biotechnology 말예요."

김도이 박사가 고개를 끄덕이며 "그래. 외계생명체의 유전암호는 반드시 해독돼야해. 가장 시급한 사항이지. 그리고 생체규소분자의 생합성과 생체기능연구도 기다리고 있어."

박수지 박사는 Sub-P사의 관심을 열거하며 자기 나름대로의 할 일을 이미 정리하고 있었다.

"저희 회사도 외계생명체의 세포구성물과 생체분자에 관심이 많을 거예요. 또 그것들을 합성할 방법을 알게 된다면 새로운 의약산업과 바이오소재산업이 창출될 수 있으니까요."

김도이 박사는 한방 맞았다는 듯이 "정말로 하고 싶은 연구주제가 너무 많아. 어디에서부터 손을 대야할지 우선순위를 정해야겠어. 분명히 한 개인이나 한 기관이 할 수 없는 대형 연구사업이야. 어떻게 보면 우리는 행운아야. 새롭게 도전할 연구주제를 찾았으니까."

박수지 박사도 기분이 우쭐하여 "도이 씨, 오늘 좋은 분위기의 식당에 와서 잘 먹고 또 좋은 얘기 나누었어요. 시간이 꽤 지났는데 일어설까요? 운전 괜찮겠어요."

박수지 박사도 더 얘기하고 싶었지만 자리에서 일어섰다.

김도이 박사는 웃으면서 "뭘-, 겨우 두 잔인데. 벌써 다 깼어. 4시간이나 지났잖아."하고 주차장으로 향했다. 이번에는 김도이가 먼저 박수지의 팔짱을 끼고 몸을 밀착하면서 박수지의 체온을 느끼고 있었다.

"너무 좋은데. 자주 이런 기회를 가집시다. 그간 괴생물이 우리의 사이를 갈라놓았어. 아주 괘심한 녀석들이야."

박수지 박사가 웃으면서 "제가 운전할까요?"

김도이 박사가 아무렇지 않다는 듯이 "그래요. 내가 조수할게." 웃으면서 조수석에 앉았다. 그리고 "내일부터는 수지가 말 한대로 괴생물을 다양한 조건에서 배양할 생각이야. 이젠 괴생물을 차단할 물질을 찾는 것은 시간문제라고 봐. 우리가 통제된 조건 속에서 배양을 마음대로 하잖아. 이미 우리 손아귀에 들어온 셈이지."

김도이 박사는 저녁시간에 박수지박사와 얘기하면서 서로의 사랑도 확인하였고, 또 하루 종일 외계미생물에 대한 강박관념에서 벗어날 수 있어서 좋았다. 괴미생물의 집착과 급박한 환경재해에서 벗어나 내일을 향한 충전의 시간인 셈이었다. 그리고 서로의 속마음을 알 수 있어서 좋았고, 그리고 생명에 대한 깊은 생각을 교환할 수 있는 자리이기도 하였다. 기분이 좋아서 인지 매우 자신만만하게 괴생물을 꼭 차단할 수 있다고 말하였다. 박수지도 그러한 긍정적인 자세에 매우 만족하며 김도이의 얼굴을 물끄러미 쳐다보았다.

22. 괴생물의 억제제를 찾다

22

괴생물의 억제제를 찾다

다음 날 아침 박수지 박사는 김도이 박사에게 며칠 전에 제안한 괴미생물의 배양조건을 다시 상기시켰다. 박수지 박사는 암석미생물들을 배양하면서 얻은 많은 경험을 활용하고 싶었고, 그 과정에서 암석미생물의 증식억제제를 찾을 수 있다고 보았다. 그리고 SAMi사 연구소의 실험경험까지 합하면 증식억제방안을 반드시 찾을 수 있다고 확신하고 있었다.

박수지 박사는 "어디서부터 시작할까요?"

김도이 박사는 진지한 표정으로 "어떤 배양조건을 생각하고 있어요? 암석미생물 전문가님."

박수지 박사도 이제야 알아준다는 표정으로 웃으면서 "당연하지요. 하하. 제가 암석미생물 전문가잖아요. 저희 회사에 있을 때 미생물 증식을 저해하는 천연화합물을 모두 정리했어요. 한번 보세요."

김도이 박사는 깜짝 놀랐다. 방대한 분량의 문헌을 조사한 결과였다.

"언제 이렇게 많은 자료를 조사하고 정리했지."

박수지 박사는 웃으면서 "제약회사 연구원이잖아요. 저희 회사의 바이오징보시스템에는 독성불질에 대한 database가 잘 구축되어 있어요. 그 자료를 정리한 거예요."

김도이 박사도 고개를 끄덕이며 "그렇군. 아무튼 매우 유용한 정보네. 여기서부터 출발하면 되겠어."

박수지 박사는 그간 축적된 독성물질과 자신의 연구경험을 바탕으로 괴생물의 증식억제를 시험해보고 싶었다. 그 과정에서 괴미생물의 억제제를 찾을 수 있다고 봤기 때문이었다. 김도이 박사 역시 괴미생물의 증식억제를 위한 여러 가능성을 생각하였다. 바이러스나 병원균, 자외선, X-광선, 방사선 등 모두 동원할 것을 고려하였지만, 우선적으로 배양배지의 기준점을 정하고 이어서 여러 배지조건을 바꾸어 시험해볼 계획이었다. 아무튼 암석미생물의 억제수단을 찾기 위해 가능한 방안들을 생각하다가 갑자기 지난 실험결과가 떠올랐다. 황산-규소고분자(Si-RS)의 생산효율을 높이기 위해 실험하던 중 암석미생물의 배양액에 비산염을 뿌리면 증식이 멈추었다는 생각이 머리를 스치고 지나갔다.

'그래. 비산염을 괴미생물에 뿌렸을 때 증식이 멈추었어. 여기에도 작동될까?'라고 혼자 중얼거리다가 김도이 박사는 박수지 박사에게 "예전에 박 박사가 분양해준 암석미생물을 배양할 때 여러 금속염을 넣어본 일이 있었어. 지금 생각이 났는데, 그 때 비산금속염을 넣었을 때 배양이 멈추었어."

박수지 박사는 의아한 얼굴로 "그래요? 무슨 이유로 비산금속염을 넣었어요?"

김도이 박사는 "당시에는 단지 규소고분자에 음전하를 가진 인산기를 부착시키려고 여러 종류의 인산금속염을 차례로 넣었는데, 비산염도 그 중 하나였어. 비소(arsenic)와 인(phosphorus)이 주기율표의 같은 족(family)에 속하잖아. 그래서 넣었을 뿐이야."

박수지 박사는 일리가 있다는 듯이 "재미있는 데요. 그렇다면 한번 시험해 봐야죠."

두 사람은 바로 P4실험실에 들어가 두 종류의 배양액을 만들었다. 하나는 황산철만 들어간 배양액이었고, 다른 배양액은 황산철과 비산염이 함께 들어간 배양액이었다. 그리고 괴미생물을 두 배양액에 접종하였다. 황산철만 들어간 배양액에서는 괴미생물이 왕성하게 증식하였지만, 황산철과 비산염이 들어있는 배양용기에서는 세포증식을 관찰할 수 없었다. 믿을 수 없을 정도로 괴미생물의 증식이 멈추었다.

김도이 박사는 비산염이 작동한다는 듯이 고개를 끄덕이며 안도의 숨을 내쉬었다.

"그래. 비산염이야. 우리가 찾은 것 같아."

박수지 박사도 비산염이 괴생물의 증식을 차단하는 것을 보면서 김도이 박사에게 다가가 어깨를 가볍게 다독거리며 "해냈어요. 어떻게 비산염이…, 신기한데요."

김도이 박사도 뿌듯한 마음으로 "이제 한 고개 넘었나?"

김도이 박사는 괴생물의 증식억제를 박수지 박사와 함께 찾았다는 것이 기뻤다. 그리고 한참동안 손을 맞잡고 서로 얼굴을 보며 "박 박사 때문에 이런 일이 생겼어. 고마워 수지 씨."

박수지 박사는 얼굴을 붉히면서 "그렇게 불러주니까 좋아요. 도이 씨."

두 사람은 다시 마음을 가라앉히고 바로 괴생물 증식억제를 위한 최소 비산염 투여량을 측정하였다. 비산염이 0.1mg/ml 농도면 괴생물의 증식을 완전히 멈춤을 알았다. 이는 사람의 치사량(70~150mg)보다도 월등 낮은 농도였다. 아무튼 괴미생물의 증식을 완전히 억제할 방안을 찾은 셈이었다. 하지만 비산염이 사람과 동물들에게도 독성이 있기 때문에 사용해야 할 지는 의문이 들었다.

김도이 박사는 과학실무대책반 반장인 아버지에게 바로 전화를 걸었다.

"저 도이에요. 괴미생물을 차단할 방안을 찾았어요. 비산금속염이 괴생명체의 증식을 억제해요. 그런데 비산염이 독성이 있는데 사용할 수 있을까요?"

김수덕 박사는 김도이 박사가 괴미생물의 증식억제제를 찾았다는 말에 안도의 숨을 돌리면서도 비산염의 독성 때문에 우려도 함께 다가왔다.

"수고했다. 비산염의 농도는 어느 정도냐? 사람 치사량보다 높으냐?"

김도이 박사는 자신 있게 바로 대답을 하였다.

"비산염 0.1mg/ml로 완전히 증식을 억제해요. 물론 사람의 치사량보다는 월등 낮은 농도이구요."

김수덕 박사가 환한 얼굴로 "알았다. 지금 바로 실험실로 가마."

김수덕 박사가 전화를 받은 후 곧 바로 P4실험실로 갔다. 그 자리에는 이서희 박사도 따라 들어왔다. 그 때 박수지 박사는 김수덕 박사와 이서희 박사에게 비산염에 의해 괴미생물의 증식이 차단됨을 보여주었다. 매우 만족스러운 결과였다. 그 자리에 있던 이서희 박사도 김도이 박사와 박수지 박사의 연구노력에 진심으로 기뻐하고 축하해 주었다. 김도이 박사도 이서희 박사의 밝게 웃는 모습을 보면서 다소 마음이 놓였다. 이서희 박사가 자신에게 보여준 따뜻한 감정을 기억하고 있었고, 그간 그녀의 호의에 응하지 못한 것에 대한 미안함이 남아 있었기 때문이었다.

김수덕 박사는 급한 대로 괴미생물의 증식을 억제할 수단을 찾았지만 마음이 편치 못했다. 비산염의 독성 때문이었다. P4실험실에서 나와 사무실로 돌아온 김수덕 박사는 일단 비상재해대책위원회에 보고하고 사용여부를 논의하기로 하였다. 괴미생물에 의한 환경재앙이 너무 급박하기 때문이었다.

그 날 저녁 김수덕 박사가 소집을 요청한 비상재해대책위원회에서 "여러분, 과학실무대책반에서 조그만 성과를 얻었습니다. 괴생물의 증식억제제를 찾았습니다. 자세한 실험내용은 김도이 박사가 발표하겠습니다."

김도이 박사는 비산염이 괴미생물를 억제시키는 실험자료를 보여 주었다.

"낮은 농도의 비산염이 괴미생물의 증식을 완전히 차단한다는 것을 발견했습니다. 비산염을 재해지역에 집중투여하면 암석미생물의 증식을 멈추게 할 수 있다고 봅니다. 하지만 비산염 자체가 인체에 유해한 독성이 있기 때문에 사용해야할지는 위원회에서 결정해 주십시오."

그 자리에 참석한 정부 비상재해대책위원회 위원들은 서로 웅성웅성하며 옆 사람들과 이야기를 나누고 있었다. 어떻게 결정해야할지 몰랐기 때문이었다. 그때 손서보 위원장이 "여러분, 일단 괴생물의 억제방안을 찾은 김도이 박사에게 축하 박수를 보냅시다."

"짝짝짝-!"

지금 같은 긴박한 상황에서 이러한 성과가 위원들에게는 그나마 안심이 되었다. 더 큰 대형 환경재앙을 일단 차단할 수 있다는 안도감이 작용한 것이기도 하였지만 우려가 없는 것도 아니었다. 그때 한 위원이 일어서서

"수고하셨습니다. 일단 괴생물의 억제제를 찾은 것에 깊이 감사를 드립니다. 하지만 이 비산염을 재해지역에 살포할 수 있는지 전문가의 의견이 듣고 싶습니다."

옆에 앉아있던 박수지 박사가 자리에서 일어서서 "비산염이 사람과 다른 생물에게도 독이 될 수 있습니다. 하지만 재해지역에 선택적으로 집중적으로 투여하고 사람의 접근을 막는다면 급한 환경재앙은 일단 차단시킬 수 있다고 생각합니다. 실험해 본 결과 비산염의 농도를 매우 낮추어도 괴생물의 증식을 억제하는 것을 나타났습니다. 선별적으로 사용한다면 주민들에게 폐해를 최소화할 수 있다고 봅니다."

손서보 비상재해대책위원회 위원장은 "수고했습니다. 제 생각은 비산염이 약간의 독성이 있으나 지금 재난상황이 워낙 급박하여 선별적으로 방재작업에 바로 투여하였으면 합니다. 여러 위원님들의 의견을 듣고 싶습니다."

다른 위원들도 현 상황에서 약간의 위험부담이 있어도 현재의 국가적 재난을 진정시키기 위해서 비산염의 살포에 동의하는 쪽으로 의견이 모아졌다.

손서보 위원장은 "감사합니다. 위험부담이 있어도 한시적으로 비산염을 방재작업에 사용 쪽으로 의견이 모아졌습니다. 정부당국에 연락해 비산염을 사용하여 방재작업에 들어가도록 요청하겠습니다."

정부 비상대책본부는 모든 화학회사에 연락하여 비산염의 재고량을 확인하고 대량 구입하였다. 그리고 괴현상이 발생한 지역에 비산염을 물에 녹여 살포하도록 지시하였다. 소방방재팀들은 비산염의 수용액을 헬리콥터 대신 개별 살포차량에다 비산염을 싣고 괴미생물이 크게 번진 호수와 논에 가서 선별적으로 살포하였다. 독성 때문에 주거지역을 제외하였다. 신기하게도 괴미생물의 증식이 멈추기 시작하였고, 강한 산성가스를 뿜으며 흙과 모래를 녹이던 괴현상이 잠잠해지기 시작하였다. 그리고 호수와 인근지역에서도 더 이상 괴현상이 번지지 않았다. 1차 비산염의 살포는 대만족이었다.

하지만 비산염의 살포만으로 괴생물의 증식을 완전히 잠재울 수는 없었다. 괴미생물들이 바람에 날려 인근지역으로 확장되는 것을 완전히 차단할 수 없기 때문이었고, 또 땅 속에 깊숙이 들어간 괴생물에게는 아무런 억제작용을 하지 못했다. 더욱 걱정되는 것은 비산염의 독성이 사람과 호수주변에 서식하는 많은 동물에게 치명적이라는 점이었다. 일부 철새와 고라니 등 야생동물들이 비산염으로 인해 여기저기 죽은 것을 발견하였다. 그렇다고 비상대책본부는 거기까지 손을 쓸 수가 없었다. 또 다른 문제가 발생하였다. 너무도 넓은 지역에 비산염을 살포하다보니 금방 재고량이 바닥이 난 것이었다. 비상대책본부는 국내 화학회사에 연락을 취해 추가 구입에 들어갔으나 국내 재고량이 소진되어서 국외 화학회사를 통해 긴급히 구입해야 했다.

이상하게도 서서히 비산염의 투여가 소강상태로 접어들자 다시 괴생물의 증식이 고개를 들기 시작하였다. 김도이 박사는 비산염만으로는 괴생물을 완전히 멈출 수 없다고 보았다. 그래서 다른 비가역적인 억제수단을 찾아야 한다고 생각했다. 세포분열 기능을 완전히 퇴화시키는 방법이어야 한다고 보았다. 암석미생물의 배양조건을 바꾸면서 그 가능성을 타진하기로 하였다. 김도이 박사는 박수지 박사와 함께 비산금속염 대신 다른 금속염이나 천연화합물, 독성화합물들을 차례로 넣어보았으나 별 소용이 없었다.

그러던 어느 날 김수덕 박사는 과학실무대책반 아침회의를 개회하고 추가적인 괴생물의 억제방안을 논의하였다. 하지만 뚜렷한 억제방안이 없었다. 유전체정보를 분석하여 암석미생물이 갖고 있는 생체단백질의 기능억제제를 찾자는 제안도 있었고, 기존 항생제의 화학구조를 변경하여 억제제 개발에 나서자고 제안도 있었다. 김도이 박사가 아침회의를 마치고 돌아오면서 문득 괴미생물이 규소고분자를 합성한다면 규사(SiO_2)와 유사한 다른 화합물을 배양배지에 넣어보자는 번득 떠올랐다.

연구실로 돌아와서 바로 과학실부대책반 회의를 개최하고 새로운 억제방안을 모색하였다. 그 자리에는 박수지 박사와 이서희 박사, 서창수 박사가 참석하였다. 김도이 박사는 다소 엉뚱한 제안을 하였다.

“비산염은 다양한 음이온금속염들 중 하나였는데, 규소원소와 화학적인 성질이 비슷한 원소화합물을 넣으면 어떻겠습니까? 다시 말하면 규소는 원소주기율표 5족에 있어, 그렇다면 규사(SiO_2) 대신 탄소에 산소가 부착된 화합물이면 가능하지 않겠어요?”

이서희 박사가 "무슨 말인지 잘 모르겠어요. 자세하게 설명해주실래요?"

분자생물학자인 이서희 박사는 김도이 박사의 제안이 처음에는 바로 무슨 말인지 알아들을 수 없었다. 그래서 원소주기율표를 꺼내 이서희 박사에게 규소와 연관성이 있을 거라고 추정되는 원소를 찾아보았다. 규소원소가 탄소원소와 같은 족(family)이기 때문에 규소산화물과 유사한 탄소화합물을 넣어보자는 말이라고 자세히 설명하였다.

박수지 박사는 "가능성이 있네요. 시도해 봐요."

김도이 박사는 박수지 박사와 함께 규소 대신 탄소(Carbon, C)를 선정하고, 탄소에 산소가 연결된 유기화합물들을 골라보았다. 포름알데히드(formaldehyde, HCHO)와 아세칠알데하이드(acetylaldehyde), 개미산(formic acid, HCOOH)과 초산(acetic acid), 탄산가스(CO_2), 그리고 일산화탄소(CO)가 먼저 머리에 떠올랐다.

김도이 박사는 시약창고에 가서 포름알데히드(formaldehyde, HCHO) 용액과 아세칠알데하이드(acetylaldehyde), 개미산과 초산 시약병들을 들고 나왔다. 그리고 탄산가스와 일산화탄소가 채워진 가스통들도 P4실험실로 옮겼다. 우선 괴미생물의 배양액에는 포름알데히드(formaldehyde, HCHO)와 아세칠아데하이드(acetylaldehyde), 개미산과 초산 들을 각각 넣고 배양을 시작하였다. 그리고 탄산가스와 일산화탄소는 가스 상태이므로 배양을 진행하면서 배양용기에 가스를 주입하였다.

뜻밖에 좋은 결과가 나왔다. 포름알데히드와 일산화탄소가 괴미생물 증식을 억제하고 있었다. 처음에는 괴미생물의 증식이 일부만 차단되었지만 시간이 지나면서 증식이 현저히 억제되었고, 결국 괴미생물의 증식이 완전히 차단되었다. 재미있는 현상은 포름알데히드나 일산화탄소를 추가적으로 주입하지 않아도 더 이상 괴미생물의 증식이 없었다. 즉각적인 살생효과보다는 비가역적으로 괴미생물의 유전물질 구조를 바꾸어 괴생물을 서서히 죽이고 있었다. 사실 독성물질에 의한 살생효과보다 번식능력을 없애는 비가역적 증식억제가 훨씬 좋았다. 괴생물의 증식을 완전히 차단할 수 있기 때문이었다. 결과적으로 포름알데히드가 일산화탄소보다 괴생물의 증식억제효과가 훨씬 좋았다. 김도이 박사는 탄산가스가 SiO_2와 가장 유사한 구조를 가졌기 때문에 가장 기대하고 있었는데, 탄산가스의 억제효과는 매우 미미했다. 너무도 안정한 화합물이기 때문이었다. 그렇지만 실망할 필요는 없었다. 만약 조금이라도 억제효과가 있다면 CO_2(탄산가스)를 혼합하여 사용할 수 있다고 보았다. 또 환경오염을 유발하지도 않고 쉽게 대량 구입할 수 있는 장점도 있었다.

박수지 박사도 너무도 좋아서 김도이 박사와 이서희 박사의 손을 맞잡으면서 "포름알데히드와 일산화탄소가 작동해요. 그런데 탄산가스가 의외예요."

김도이 박사는 이 탄소화합물들이 왜 괴생물의 증식을 억제하는지 생각해 보았다. 물론 연구를 집중적으로 해보아야 알겠지만, 아마도 괴생물이 규소생체분자들을 합성할 때, HCHO분자나 CO분자가 SiO_2 위치에 대신 끼어들어가면서 규소와 탄소의 혼성규소고분자를 형성한다고 추정하였다. 이 혼성고분자는 괴생물의 성장을 서서히 저해하면서 결국에 가서는 괴미생물 자체의 번식능력을 상실케 한다고 보았다. 가장 이상적인 형태의 괴미생물의 차단효과를 찾은 셈이었다.

이들은 하루를 기다리면서 괴생물의 추가적인 변화를 관찰하였다. 흥미롭게도 포름알데히드와 일산화탄소에 노출되어 자란 괴생물은 철분이 추가적으로 투여되어도 재증식하지 않았다. 완벽한 억제효과였다. 외계생물의 규소고분자의 유전물질을 교란시켜서 더 이상 세포의 생합성을 차단하는 것으로 보았다.

박수지 박사는 계속 재현실험을 하면서 정량적인 투여농도를 결정하였다. 포름알데히드가 일산화탄소보다 4배 이상 좋은 억제효과가 있음을 알았다. 하지만 일산화탄소는 공기 중에서 투여하면 바로 산화되어 날아가 버리고, 또 일산화탄소 가스농도가 포름알데히드의 메틸알코올 용액보다 현저히 떨어지기 때문에 문제였다.

박수지 박사는 김도이 박사에게 가서 "어떤 물질을 어떤 형태로 살포해야 할까요?"

김도이 박사는 한동안 생각을 하더니 "박 박사, 일산화탄소와 탄산가스를 혼합하면 어떨까? 일산화탄소가 탄산가스로 산화되는 것을 최소화시킬 수 있다고 보는데."

일산화탄소는 탄소가 산소를 만나 연소되어 탄산가스로 전환되는 과정에서 발생하는 중간물질이기 때문에 공기 중에서 매우 불안정하고, 또 쉽게 탄산가스로 전환되는 성질을 가지고 있다. 김도이 박사는 일산화탄소의 안정성을 높여주는 방안을 생각한 것이다. 아마도 탄산가스를 일산화탄소와 혼합하면 산소의 접근을 줄여주고 일산화탄소가 탄산가스로 전환하는 속도를 다소 줄여 줌으로서 안정성을 높일 수 있다고 보았다. 그래서 일산화탄소와 탄산가스를 혼합하여 암석미생물의 증식억제 여부를 재조사하였다.

김도이 박사가 박수지 박사를 크게 불렀다.

"박 박사, 일산화탄소와 탄산가스를 혼합하였더니 효과가 두 배로 증가했어요. 재미있는데."

박수지 박사도 상기된 얼굴로 "정말요? 믿을 수 없어. 왜 그럴까요?"

김도이 박사는 "아마 일산화탄소와 탄산가스가 분자공유체를 만들고 괴미생물의 생합성시스템에 쉽게 접근하여 SiO_2 대신 탄소와 반응하도록 유도하는 것 같아. 아무튼 매우 고무적인 결과야."

박수지 박사는 "그러면 혼합가스를 물에 녹이면 어때요?"

김도이 박사는 웃으면서 “그것 좋은 생각이야. 한번 시도해 봅시다.”

김도이 박사는 일산화탄소와 이산화탄소의 혼합가스를 물에 용해시켰더니 상당량이 녹아들어가는 것도 발견하였다. 포름알데하이드를 메칠알콜에 용해시켰을 때 만큼 농도가 높지는 않았지만, 혼합가스가 녹아있는 수용액도 괴생물의 증식억제에 충분하였다.

김도이 박사와 박수지 박사는 이러한 발견을 실험자료와 함께 정리하여 바로 과학실무대책반 반장인 김수덕 박사에게 알리고 실험자료를 전달하였다. 자신에 넘치고 확신에 찬 모습으로

“포름알데히드와 일산화탄소를 주입하면 괴미생물이 더 이상 증식하지 않았어요. 여기에다 철분을 넣어도 괴미생물의 추가적인 증식도 없었고요. 제 생각으로는 괴미생물에 포름알데히드와 일산화탄소를 집중 투여한다면 모두 잠재울 수 있다고 생각해요.”

김수덕 박사도 너무 기뻐서 자리에서 벌떡 일어나 김도이 박사와 박수지 박사에 악수를 청하고 “최고야. 정말 수고했어. 엄청난 환경재앙에서 우리를 구했어. 그런데 이 두 가지 중에서 어느 것이 더 좋을까?”라고 김도이 박사에게 물었다.

김도이 박사는 차분하고 단호하게 대답하였다.

“포름알데히드 용액이 억제력이 좋으니까 괴미생물이 왕성하게 증식하고 있는 곳에 집중적으로 투여하고, 그 외 지역에서는 일산화탄소/탄산가스의 수용액을 대량 살포하면 좋을 것 같아요. 포름알데히드는 공기 중에 살포하였을 때 또 다른 환경오염을 유발하기 때문에 긴급지역에 국소적으로 사용을 허용해야 할 것 같아요.”

김수덕 박사는 “알았어. 내가 바로 정부당국에 연락해서 포름알데히드와 일산화탄소/탄산가스를 선별적으로 투여하여 괴미생물 증식을 억제하도록 요청할게. 정말 수고했어.”

김수덕 박사는 방재당국에 전화하여 포름알데히드 용액과 일산화탄소/탄산가스 수용액이 괴생물의 증식을 비가역적으로 차단할 수 있다고 전하고, 어떤 방법을 선정할지 정부 방재본부의 책임자와 상의하였다. 방재당국에서도 추가적인 환경오염을 최소화하기 위해 괴미생물의 증식차단이 다소 늦어진다고 해도 일산화탄소/탄산가스를 우선적으로 투여하고, 괴미생물이 많이 번식한 곳에다는 선별적으로 포름알데히드 용액을 투여하기로 결정을 하였다.

곧바로 정부 방재팀은 일산화탄소/탄산가스 수용액을 탑재한 자동차를 재난지역에 보내 괴미생물이 증식하는 곳에 집중적으로 투여하였다. 소방관들과 화생방부대 요원들은 포름알데히드 용액이나 일산화탄소/탄산가스 수용액이 들어있는 분무기를 등에 메고 다니면서 선택적으로 방재작업을 진행하였다. 시간이 지나면서 괴생물의 증식이 서서히 멈추었고, 더 이상의 확산을 막을 수 있었다. 2주일이 지나면서 더 이상 괴미생물의 증식을 관찰할 수 없었다. 연못과 호수도 더 이상 괴현상이 확대되지 않았고, 일부 오염지역은 서서히 정상으로 되돌아오고 있었다. 이러한 소식을 접한 성급한 주민들은 벌써 집으로 돌아오고 있었다.

한 달 후 방재작업을 성공적으로 마치고, SAMi사연구소 강단에서 『괴미생물의 억제』라는 제목으로 특별강연회가 개최하였다. 그 자리에는 대통령을 비롯하여 정부 관계부처 장관, 비상재해대책위원회 위원장과 위원, 과학실무대책반 반원, SAMi사의 경영진과 김춘추 연구소장, 바이오소재연구부 부장, 연구실장들이 SAMi사 연구소 직원 대부분 참석하였다. 또한 Sub-P사의 박서우 연구소장과 박수지 박사도 함께 자리를 같이 했다.

김도이 박사는 강당의 단상에 올라 커다란 화면에 나타난 실험자료를 가르키며 차분한 목소리로 괴미생물의 억제연구결과를 발표하였다.

"1차로 비산염이 암석미생물 X-21S의 배양을 억제하였지만, 비산염이 없어지면 다시 증식되었습니다. … 하지만 저희가 이번에 발견한 포름알데히드와 일산화탄소/탄산가스는 괴생물의 증식을 비가역적으로 완전히 차단할 수 있다는 것을 알았습니다. 결과적으로 괴미생물을 완전히 박멸할 수 있었습니다. …"

자신감에 찬 목소리로 연구내용을 발표하였다.

김도이 박사의 발표가 끝나자 모두 기립박수를 치고 격려해 주었다. 그 자리에 참석한 대통령은 강단에 나와 "김도이 박사님, 박수지 박사님 그리고 과학실무대책반 모두 수고했습니다. SAMi사와 Sub-P사가 협력하여 우리에게 엄습한 국가적 환경재앙을 막을 수 있었습니다. 제가 국민을 대표해서 깊은 감사를 드립니다. 그리고 추가적으로 괴미생물의 증식을 억제하는 연구를 통해서 괴생물이 규소기반-생명체라는 것을 알았습니다. 또한 이 규소기반-생명체의 유전정보를 연구함으로서 생학(生學)의 새로운 지평을 열어갈 수 있고, 또 바이오규소산업의 문을 열 수 있음을 알게 되었습니다. 우리가 규소기반-생명체를 탐구함으로서 『생명의 정보』와 결정적인 silicon-based biotechnology를 누구보다 먼저 확립할 수 있게 되었습니다. 이를 통하여 미래 인류사회에 큰 반향을 던질 것으로 확신합니다. 그래서 정부는 이 규소기반-생명체 연구에 집중적인 투자를 하기로 결정하였습니다. 앞으로 규소기반-생명체에 대한 연구를 국가핵심연구사업으로 선정하여 추진할 계획임을 이 자리에서 알려드립니다."

"그리고 제가 들은 얘기인데 Sub-P사의 박수지 박사가 김도이 박사와 함께 연구하면서 이번 괴생물의 차단에 크게 기여했다고 들었습니다. 깊이 감사드립니다. 그리고 두 분이 연인사이라는 말도 들었습니다. 곧 좋은 소식도 기대합니다. 정말 수고하셨습니다. 국민을 대표해서 다시 한 번 정말 감사하다는 말을 전합니다."

모든 참석자들이 박수를 치며 환호하였다. 국내외 TV방송국에서도 발표현장을 중계방송하였고, 그리고 외계생명체에 대한 특집과 함께 미래 바이오규소산업의 전망에 대한 좌담과 특집방송을 내보내고 있었다. 여기에다 김도이 박사와 박수지 박사의 만남이 알려지면서 『외계인이 만들어 준 연인』이라는 기사의 제목까지도 회자되었다. 김도이 박사는 당황스러웠지만 박수지 박사는 싫지 않는 눈치였다.

한편 환경재해가 수습이 된 후 정부는 ISO사의 연구소 시설을 영원히 폐쇄 명령을 내였고, 5년 후 환경재앙의 참상을 알리는 환경박물관으로 개조되어 일반인에 공개되었다. 또한 ISO사는 환경재해에 대한 책임으로 모든 주식을 환경복원프로그램에 기부함으로서 회사의 주인이 바뀌었다. 그리고 이다도 박사와 이서구 박사는 과학실무대책반이 해산되면서 괴미생물에 의한 환경재해의 사고책임을 물어 법원에서 재판을 받았다. 결국 법원은 이들이 과학실무대책반에서 적극적으로 협력한 것을 감안하여 법원은 이다도 박사에게 3년간 쓰레기처리장의 사회봉사 명령을 선고하였고, 이서구 박사에게 3년간 음식물쓰레기처리장에서 사회봉사 명령을 내렸다. 그리고 방소연은 SAMi사의 자체보안감사에서 회사의 산업정보의 누출에 대한 책임으로 권고사직이라는 징계를 받고 퇴사하였다.

23. 차세대 반도체소재 개발

23

차세대 반도체소재 개발

악몽과도 같았던 괴미생물의 환경재앙이 진정되면서 김도이 박사는 다시 일상적인 연구업무로 되돌아왔다. 주어진 반도체소재개발연구를 계속 진행하였다. 하지만 괴미생물의 출몰과 환경재앙이 쉽게 잊혀지질 않았다. 또한 외계생명체의 유전물질인 규소고분자의 구조가 머릿속에 남아 있었다. 그러던 중 언듯 괴미생물이 만들었던 규소고분자의 활용가능성을 타진해 보고 싶었다. 생명의 정보를 담아 놓은 규소기반 수용체인데다, 음전하가 규칙적으로 균일하게 분포되어있어서 전자이동속도가 좋다고 보았기 때문이었다.

'아마 괴미생물의 규소고분자가 Si-RS와 물리화학적 성질이 비슷하다면 반도체소재로서도 활용이 가능할 수 있어.'라고 혼자 중얼거렸다.

괴미생물이 갖고 있는 2중 나선형 규소고분자의 구조를 연상하면서 반도체소재로의 활용가능성을 타진하고 싶었다. 바로 실험실에 들어가 NMR 분석을 위해 이미 분리해 놓았던 괴미생물의 규소고분자 일부를 가지고 전기물성분석실에 달려갔다.

"서두일 박사님. 괴생물의 규소고분자입니다. 반도체소재로서의 전기물성과 활용가능성을 티진해 주십시오."

며칠 후 서두일 박사가 환하게 웃으면서 김도이 박사 사무실에 들어왔다. 괴미생물의 전기물성을 조사한 결과를 전달해 주었다.

"한 가닥의 황산-규소고분자(Si-RS)보다 처리속도는 떨어지지만 월등히 좋은 정보수용능력을 갖고 있어요. 전원이 없어도 메모리를 유지하고 있는 성질을 갖고. 이것 정말 물건이 될 것 같아요. 추가적으로 2중 나선 규소고분자에 음전하를 규칙적으로 도입한다면 환상적인 메모리칩이 될 수 있을 것 같습니다."라고 전기물성에 대한 검사결과를 전하였다.

그 말을 들은 김도이 박사는 바로 엉뚱한 생각을 하였다. 암석미생물 X-21S도 철분을 넣으면 괴미생물처럼 왕성한 증식을 할 수 있다는 생각이 뇌리를 스쳐갔다. 그리고 개발해 놓은 암석미생물 X-21S에는 이미 황산화효소 유전자가 있기 때문에 추가적으로 음전하를 도입하는 문제도 해결되었다고 생각하였다.

'그래. X-21S 배양에 황산철을 넣어보자.'

김도이 박사는 바로 P4실험실에 들어와 암석미생물 X-21S의 배양을 시작하였다. 괴미생물의 조사에서 얻어진 지식을 토대로 X-21S의 배양용기에 황산철(Fe2SO4)을 소량 넣었더니 예상한대로 혐기성 미생물(X-21S)이 공기 중에서도 왕성하게 증식하기 시작하였다. 이미 괴생물의 배양실험과정에서 증식을 통제할 수 있는 방안을 알고 있었기 때문에 암석미생물 X-21S의 증식을 적절히 제어할 수 있었다.

'그래, 바로 이거야. X21S의 대량배양문제도 해결됐어. 아! 암석미생물 X-21S도 바로 외계생명체였구나. 하마터면 내가 환경재앙의 주범이 될 뻔 했어.'라고 중얼거리고 있었다.

만약에 괴생물에 대한 사전경험이 없었다면 SAMi사에서도 대형사고가 터질 수 있었다는 사실을 알게 되었다. 생각만으로도 소름이 끼쳤다. 다행히도 김도이 박사는 X-21S를 초기 배양할 때 황산철 성분을 배양배지에 넣지 않았기 때문에 재앙을 피할 수 있었다. 그리고 모든 실험을 P4실험실에서 수행했어야하기 때문에 사고가 터졌어도 사전에 막을 수 있었을 거라고 생각하였다.

공기 중에서도 잘 자라는 암석미생물X-21S를 보면서, 이제까지 연구했던 암석미생물 X-21S도 ISO사의 괴미생물(I -15)와 유사한 공생체라는 것을 알게 되었다. 그리고 X-21S 배양에서 철분과 규사분말의 량을 조절함으로서 증식을 효과적으로 제어할 수 있었다. 결과적으로 그간 암석미생물 X-21S 대량배양에 대한 해결책이 보이지 않아 난감했었는데, 이제 그 문제를 괴미생물의 출현으로 말끔하게 해결할 수 있었다. 바로 암석미생물 X-21S의 대량배양기술을 찾은 것이다. 철분을 추가로 넣어줌으로서 혐기성 미생물에서 호기성 외계미생물로 전환되어 대량배양을 가능케 한 것이다. 생각보다 훨씬 쉽고 간단한 방법이었다. 이제는 오히려 괴미생물이 김도이 박사에게 하늘이 내려준 커다란 선물인 셈이었다.

이제까지 김도이 박사는 암석미생물 X-21S를 배양하여 한 가닥의 Si-RS을 제조하고 반도체소재에 활용하고자 하였지만 지금은 그 양상이 달라졌다. 철이온을 추가로 배양배지에 넣어줌으로서 공생체 X21-S가 2중 나선형 규소고분자(Si-RX)를 만들어주기 때문이었다. 김도이 박사는 당연히 2중 나선형 황산-규소고분자를 만들어 반도체소재로서의 가능성을 타진하고 싶었다. 그래서 배양이 끝나고 새로 생성된 규소고분자와 규소세포막을 분리하여 NMR분석실과 전기물성분석실에 또 다시 보냈다. 김도이 박사뿐 만아니라 SAMi사의 모든 연구진이 그 분석결과를 기다리고 있었다.

다음 날 김두일 박사는 전기물성실 서두일 박사 사무실을 찾아갔다. 그 자리에는 장미리 박사도 NMR 스펙트라를 가지고 와있었다. 그리고 김춘수 소장과 구천덕 부장, DNA분석실 김소라 박사 그리고 생화학실 연구원 이서희 박사와 서창수 박사도 먼저 와있었다. 모두들 전기물성 조사결과 NMR 스펙트라를 보면서 흐뭇한 표정을 짓고 있었다. 예상대로 X-21S가 2중 나선형 황산-규소고분자(Si-RX)를 생성하였다. 그 화학구조를 결정하여 살펴보니 메모리칩 조건을 가장 이상적으로 만족시킬 수 있는 분자구조를 가지고 있었다. 이중 나선형 규소고분자가 다소 소수성(hydrophobicity)를 가지고 있어서 전기전도도가 원활하지 않을 수가 있었는데, 다행히도 인산기에다 추가적으로 황산기까지 규칙적으로 나열되어 있었다. 이는 반도체의 처리속도도 극대화시키는 작용을 하였다. 그리고 샌드위치와 같은 형태의 페로신(ferrocene) 구조가 이중 공유결합을 반복적으로 유지하고 있어서 전자의 균일분포와 공유성을 증가시켜 전원이 꺼져도 메모리가 유지되는 특성을 갖게 하였다. 여기에다 적당한 크기의 음전하 고분자는 용해성을 증대시켜 반도체 가공과 규격화도 가능하였다. 그 결과 그간 추구하던 모든 장점이 이 Si-RX에 집약되어 있었다.

또한 X-21S의 규소세포막 역시 탄소나노튜브로 구성된 그래핀(graphene) 소재보다 10배 이상 뛰어난 전자이동성을 가지고 있었고, 추가적으로 전열성과 화학적 안정성도 뛰어났다. 이러한 특성을 가진 용해성 규소세포막은 고성능의 다층반도체를 구현할 수 있는 이상적인 바이오소재로 판명되었고, 특히 차세대 중앙처리장치(CPU)에 획기적인 적합성이 확인되었다. 추가적으로 반도체의 표면처리제로서도 완벽한 물질이었다.

전기물성분석 서두일 박사는 "이렇게 이상적인 구조와 물성을 가진 바이오소재를 처음으로 봅니다. 김도이 박사님 축하합니다." 그 자리에 있던 모든 사람들이 이구동성으로 김도이 박사의 성과에 축하하였다.

김춘추 소장도 상기된 얼굴로 "오늘 너무 기쁜 일입니다. 전자산업에 새로운 획을 긋는 역사적인 날입니다. 김도이 박사 그리고 생화학실 여러분, 그리고 여기에 계신 모든 분들에게 그간의 노고에 감사드립니다. 그리고 축하와 기쁨의 인사를 전합니다."

모두들 환호성을 지르면 자축하고 있었다.

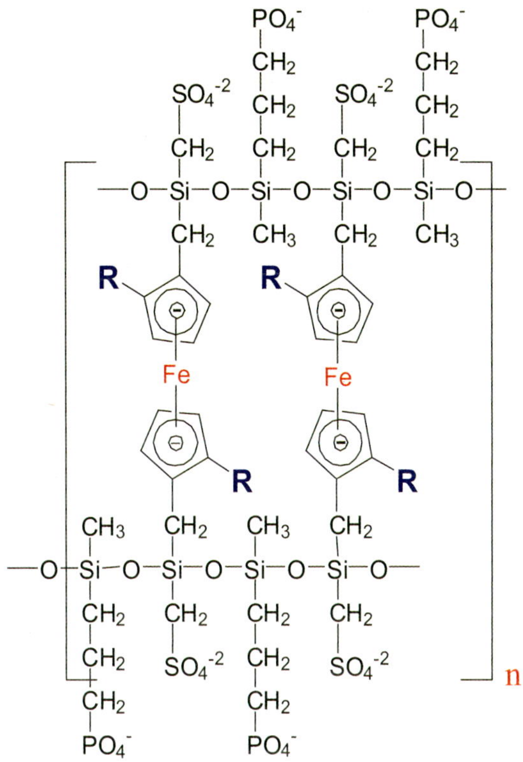

차세대 반도체소재 Si-RX의 화학구조

(R = $-N(Me)_2$[N], $-N(Et)_2$[E], −pyridine[P], −pyridine-Me[M])

결국 김도이 박사는 차세대 분자반도체와 미래의 규소CPU를 개발하여 SAMi사가 세계 전자산업의 선도기업으로 부상케 하는 결정적인 계기를 마련하였다. 그로 인해 김도이 박사는 탄소산업시대를 넘어 바이오규소산업시대의 문까지 활짝 열어가는 주역이자 선봉장이 되었다.

재미있게도 괴미생물은 김도이 박사에게 차세대 분자수준의 반도체소재들을 선물로 준 셈이었다. 더 나아가 앞으로 공생체 X-21S의 유전정보의 분석방법을 터득하고 외계생명체의 유전정보의 생물학적 기능을 이해한다면 반도체소재의 제조뿐 만아니라 바이오규소산업의 통로를 열 수 있었다.

24. 외계생명체 유전정보의 해독

24

외계생명체 유전정보의 해독

김도이 박사는 생화학자로서 외계생명체의 유전정보가 가장 궁금하였다. 지구생물과 어떻게 다른지도 알고 싶었고, 또 외계생명체의 유전정보가 어떻게 해독되어 생체구성물을 만들어 가는지 알고 싶었다. 하지만 암석미생물의 2중 나선형 규소고분자에 담겨 있는 유전문자의 서열을 분석할 실험기술이 당장 없었다. 맨 먼저는 두 가닥의 선형 규소고분자를 한 가닥으로 만드는 작업이었고, 그 다음으로 염기서열을 분석하는 작업이었다. DNA분석실의 김소라 박사와 전기물성실의 서두일 박사와 함께 암석미생물의 염기서열을 분석할 방안을 논의하였다. 하지만 암석미생물의 2중 나선형 규소고분자는 DNA와 근본적으로 다르기 때문에 DNA분석처럼 바로 유전정보의 염기서열을 분석할 방법이 보이질 않았다.

김소라 박사는 “이 규소고분자의 분자량이 너무 크고 불규칙적이에요. 이를 적절히 잘라주면 좋겠네요. 크기가 조절되면 질량분석기로 분석해 보겠습니다.”

김도이 박사는

“방법이 없는 게 아닙니다. 규소막분해효소-II(Exo-silase)로 규소고분자의 말단염기를 하나씩 절단해 보겠습니다. 만약 균일하게 절단된 시료가 확보되면 알려드리겠습니다.”

김도이 박사는 서창수 박사에게 규소세포막을 분해하는 효소가 규소고분자를 염기를 하나씩 순차적으로 절단하는지 확인을 요청하였다. 다음 날 서창수 박사는 좋은 실험결과를 가지고 왔다. 예상 밖으로 규소막분해효소-II가 규소고분자의 끝에 부착된 염기를 하나씩 자르고 있었다.

"김 박사님, 이 규소막분해효소가 규소고분자를 순차적으로 잘 분해했습니다. 이 정도로 분해산물의 분자량이 고른 분포이면 질량분석으로 염기서열의 결정이 가능할 것 같습니다."

김도이 박사는 김소라 박사 사무실을 방문하여 규소막분해효소-II과 그 분해산물을 설명하고 염기서열분석의 가능성을 상의하였다.

"김도이 박사님, 환상적입니다. 이 정도의 규소고분자의 분해산물이면 염기서열을 분석하는데 충분합니다."

다음 날 김소라 박사는 상당히 긴 암석미생물의 유전정보서열을 가지고 왔다.

…NEPMMPENPPPMENNEPMMMPPEENNNENEPNEPPPPEMMN…

(R = $-N(Me)_2$[N], $-N(Et)_2$[E], −pyridine[P], −pyridine-Me[M])

김도이 박사는 이 염기서열을 받아보고 너무 기뻤지만, 당황스럽고 난감하였다. 외계생명체의 유전암호체계를 모르기 때문에 암석미생물의 유전정보에서 아무런 의미를 추려낼 수 없었다. 하지만 김도이 박사는 김소라 박사에게 계속적으로 염기서열분석을 진행하도록 요청하였다. 더 많은 암석미생물의 염기서열을 가지고 있으면 조만간 유전암호체계를 해독하는데 실마리를 찾을 수 있다고 보았다. 그렇지만 이 고전적인 염기서열의 분석방법으로는 많은 유전정보의 서열을 확보하는 데에 한계가 있었다.

며칠 후 아침 전기물성실의 서두일 박사가 김도이 박사에게 급히 전화하였다.

“모든 것을 해결했어요. 저희 사무실에 오셔서 한번 보세요.”

김도이 박사는 염기서열을 해독하였다는 말인지 아니면 새로운 규소고분자의 기능을 찾았다는 말인지 알 수 없어서 바로 서두일 박사의 사무실로 서둘러 갔다.

서두일 박사는 “전기물리학적인 방법으로 규소고분자에 담겨있는 염기서열을 분석할 방법을 찾았습니다. 네 가지의 다른 파장을 가지는 디지털 전기신호를 규소고분자에 통해주면 각 염기들의 자체 진동파장과 공명을 일으켜 염기의 서열이 자동으로 컴퓨터 입력되는 장치를 만들었어요. 자 화면을 보세요.”

김도이 박사는 컴퓨터 화면을 보면서 외계생명체의 모든 유전정보를 감상할 수 있었다.

…NENNEEEENNNPMMPENPPPMENNEPPPMMMMNPNPNPN
PEPEPEPMNMNMNMNMNEMNPPEMENEPEMENEPNNMMMM
PPEPEENNNEEPEMEEENEMENNEEPPPPPPPBNNNEMENNEPE
MENENNMEPMMMPPEENNNENEPNEPPPPEMMN…
(R = $-N(Me)_2$[N], $-N(Et)_2$[E], −pyridine[P], −pyridine-Me[M])

“너무도 놀랍습니다. 혁명적인 분석방법입니다. 축하합니다.”

기존 실험분석기술의 벽을 넘은 이 엄청난 염기서열의 해석능력은 또 다른 생명현상의 문을 열어주고 있었다. 김도이 박사는 외계생명체의 유전정보의 서열정보를 다량 확보함으로서 지구생물과 외계생명체와의 관계정립도 멀지 않다고 보았다. 남은 문제는 유전암호를 규명하고 이어서 외계생명체의 염기서열에 담겨있는 의미를 찾는 일이라는 것을 알고 있었지만, 이 일은 앞으로 수많은 과학자들이 많은 시간동안 씨름해야할 문제임을 알았다. 분명한 것은 생명의 기원에 대한 새로운 시각과 개념을 머지않아 정립할 수 있다고 확신하고 있었다.

그간 김도이 박사는 괴미생물의 엄습으로 진하고 감동적인 경험하였다. 긴장과 공포가 교차되기도 하였지만, 이제 와서 생각해 보면 매우 흥미진진한 시간이기도 하였다. 외계생명체의 출현으로 '생명의 정보'에 대한 또 다른 시각을 갖게 되었고, '생명의 기원'에 대한 새로운 의미도 찾을 수 있었다.

25. 외계생명체를 보면서

25

외계생명체를 보면서

김도이 박사는 암석미생물을 통해서 지구생물과 외계생명체의 연계된 환경적응과 공존방식을 들여다 볼 수 있었다. 규소-탄소기반 공생체인 암석미생물은 지구환경에서는 탄소기반 DNA를 이용하여 생존하다가 극한 환경에 돌입하면 규사까지 활용하여 자체 세포를 보호하고 생존하는 고도의 환경적응력을 가진 생명체였다. 이와 비슷하게 지구생물도 외계생명체와 마찬가지로 탄소원소뿐 만아니라 규소원소를 활용하고 있음을 알게 되었다. 다만 활용하는 정도가 다를 뿐이었다. 지구생물도 규소기반-생명체와 상통하며 공존하고 있다는 말이다. 이는 지구 생명체의 서식범위와 환경적응이 지구에 한정되어 있지 않고 외계에까지 확대될 수 있다는 말이기도 하였다.

김도이 박사는 외계생명체를 보면서 지구생물의 생존주기라는 단어를 떠올렸다. 지구의 고생대에는 규소기반-생명체가 주인이었다면 현재는 탄소기반-생명체가 지구의 주인 자리를 잡고 있기 때문이었다. 대체로 5억년에서 10억년이 지구생물의 생존주기가 될 거라고 추정하였다. 먼 옛날 고생대에 생존했던 규소기반-생명체들이 긴 시간이 지나면서 탄소기반-생명체로 서서히 전환되었다고 본 것이다. 이제 다시 인류는 탄산가스와 유황가스, 아질산가스를 배출하면서 고생대 환경으로 되돌려놓기 시작하였다. 그에 따라 탄소기반 생명체들이 서서히 사라지고, 또 다시 고생대

규소기반-생명체의 등장을 예고하고 있다. 언젠가 인류와 탄소기반-생명체들이 멸종하고 또 다시 규소기반 극한환경생물들이 등장할거라는 말이다. 크게 보면 지구환경에 따라 지구생물의 역사도 돌고 또 돌고 있었다.

또한 김도이 박사는 지구환경에 국한한 '생명의 기원과 진화'에 대한 개념에서 벗어나 새로운 시야를 가질 수 있었다. '생명의 기원'이 지구환경보다는 광활한 우주 어느 한 곳에서도 시작할 확률이 훨씬 크기 때문이었다. 외계생명체가 존재한다는 말이다. 아마 지금도 두 부류의 생명체들이 우리 주위를 맴돌고 있을지 모른다. 그래서 인류사회는 규소기반-생명체를 받아들여 공존을 모색을 준비해야 한다. 이제 인류는 지구생물을 넘어 우주생태계의 일원이라는 점을 알아야 한다.

더 나아가 김도이 박사는 외계생명체가 지구생물 속으로 들어와 살아가는 공생체의 존재를 확인하면서 지구생물과 외계생물과의 새로운 관계정립을 생각하였다. 상호 연결점이 있다는 말이다. 큰 틀에서 보면 외계생물의 규소기반 유전정보도 현 지구생물의 유전정보와 같은 암호체계를 가지고 있기 때문이었다. 생명의 정보가 지구생물 간의 언어체계를 넘어 우주의 언어체계였다는 말이다. 외계생명체는 생명의 정보를 탄소기반 유전물질 대신 규소기반 유전물질을 수록하고 있다는 것 외에는 별반 다르지 않았다. 거꾸로 보면 인류를 포함한 DNA기반 생명체도 외계생명체일 수도 있다는 말이다.

김도이 박사의 상념은 생명의 소통으로까지 이어졌다. 인류는 지구라는 별에서 체류시간을 연장하기 위해 규소기반 생명체와의 공존을 모색해야 할지도 모른다. 제3의 지구역사의 서막을 열어갈 준비해야한다는 말이다. 아니 그전에 생명의 정보를 먼저 규명해서 생명의 기원을 밝히는 일이 선행되어야 함은 물론이다. 이제 인류에게 그 선택이 주어진 것이 다행인지도 모른다. 새로운 출구를 가졌기 때문이다.

마지막으로 김도이 박사는 DNA와 외계생명체의 유전정보를 보면서 우주의 신비에 빠졌다. 조물주가 우리 인간에게 보여주는 하늘의 메시지가 바로 지구생물의 DNA와 외계생명체의 규소고분자에 수록되어있기 때문이었다. 이는 억겁의 우주시간을 통해서 정립된 우주의 문서이자 생명의 정보였고, 그리고 생명의 설계도였다. 지금 DNA, 즉 유전체(genome) DNA가 우리 앞에 열려져있다. 그것도 가장 명료하고 규칙적인 형태의 문자(염기, base)들로 표기되어 있었다. 바로 분자문자로 수록된 하늘의 문서였다. 이 생명의 문서는 생명체라는 매개수단을 통해 영구히 전달되고 있었다. 이는 인류가 만들어 놓은 어느 문서와 비교할 수 없을 정도로 질서정연하고 명료했다. 생명의 신비를 넘어 우주의 모든 질서가 담겨있는 분자수준의 정교한 문서였고, 또 끝없이 전달되어야할 우주의 질서라는 생각을 하였다.

김도이 박사는 조용히 눈을 감고 내 몸체가 우주의 질서를 담고 있다고 생각을 하니 깊은 경외심이 들었다. 사실 우리 몸체 안에는 우주공간에 떠있는 별보다도 더 많은 원자들이 질서정연하게 조립되어 우리 몸체를 이루고 있고, 또 100조개 정도의 독자적 자치권을 가진 세포들이 서로 조화롭게 연계되어 살아가고 있다. 그 많고 많은 생체분자들과 세포들이 소통하고 또 통제되는 질서가 DNA안에 분자문자로 수록되어 있었다. 우주의 신비를 담고 있는 생명의 설계도가 발현되고 또 생명의 운영체계가 가동되고 있었다. 이는 인간이 만든 문서가 아니고 우주의 메시지가 명문화된 하늘의 법칙이었다. 그 안에는 인문학이 표방하는 가치도, 또 자연과학이 탐구한 자연법칙도 그 안에 모두 내포되어 있었다. 다시 말해 정치와 경제, 사회, 국방, 교육 등과 같은 상존의 개념들도 담겨있었고, 수학과 물리학, 화학, 분자생물학, 의학 등이 찾아낸 모든 자연현상과 자연법칙들도 함께 어우러져 있었다. 이 모든 것이 조화롭게 어우러진 우주의 이치(理致)이자 이학(理學)이었다. 인간이 만든 그 어느 것보다 상위개념의 진리였고 질서였다. 그 의미를 찾아가는 것이 하늘의 뜻이자 조물주의 뜻인지도 모른다는 생각을 하였다. 그러한 점에서 볼 때 창조와 진화라는 개념은 우주의 질서에 한 일부에 지나지 않았다. 이제 우주의 문서에 담겨 있는 하늘의 질서와 자연법칙을 찾아가는 것이 우리에게 주어진 또 다른 임무라는 것을 알았다.

〈끝〉

실리콘 디코디드 Silicon decoded 값 15,000원

인쇄일 : 2013년 3월 25일
발행일 : 2013년 3월 30일
글쓴이 : 이 대 실
발행인 : 조 민 재
발행처 : 한림원 출판사
서울시특별시 중구 퇴계로 51길 20 넥서스타워 1202호
[Tel] 02)2273-4201 [Fax] 02)2273-4240
[Homepage] http://hanrimwon.co.kr
[E-mail] hanrim@hanrimwon.co.kr
ISBN : 978-89-93512-42-7